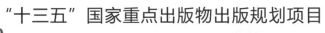

"十三五"国家重点出版物出版规划项目

SAFETY SCIENCE AND
ENGINEERING

# 灭火技术方法及装备

◎主　编　颜　龙　徐志胜

◎参　编　李晓康　陈添明　崔　飞　楚志勇

　　　　　罗俊礼　康文东　潘　飞　谢晓晴

U0379869

机械工业出版社
CHINA MACHINE PRESS

灭火技术方法及装备是消防工程专业的核心课程之一。本书作为该课程的配套教材，以灭火技术为主线，以火灾科学和消防工程学的基础理论为指导，系统介绍了火灾基础知识、灭火基础理论与方法、水灭火技术、泡沫灭火技术、干粉灭火技术、气体灭火技术、灭火类消防车技术及应用、举高类消防车技术及应用、专勤类消防车技术及应用、新型灭火技术及装备等内容。

本书主要作为高等院校消防工程、安全工程、消防指挥等专业的本科生教材，也可作为消防工程设计人员、消防装备研发人员、消防安全管理人员和消防救援人员的学习参考书。

## 图书在版编目（CIP）数据

灭火技术方法及装备/颜龙，徐志胜主编. —北京：机械工业出版社，2020.5（2023.8重印）

"十三五"国家重点出版物出版规划项目

ISBN 978-7-111-65564-0

Ⅰ.①灭⋯ Ⅱ.①颜⋯②徐⋯ Ⅲ.①灭火-高等学校-教材 Ⅳ.①TU998.1

中国版本图书馆 CIP 数据核字（2020）第 076606 号

机械工业出版社（北京市百万庄大街 22 号 邮政编码 100037）
策划编辑：冷 彬 责任编辑：冷 彬 臧程程
责任校对：王 欣 封面设计：张 静
责任印制：单爱军
北京中科印刷有限公司印刷
2023 年 8 月第 1 版第 5 次印刷
184mm×260mm · 15.75 印张 · 390 千字
标准书号：ISBN 978-7-111-65564-0
定价：45.00 元

电话服务 网络服务
客服电话：010-88361066 机 工 官 网：www.cmpbook.com
010-88379833 机 工 官 博：weibo.com/cmp1952
010-68326294 金 书 网：www.golden-book.com
**封底无防伪标均为盗版** 机工教育服务网：www.cmpedu.com

# 前　言

随着我国经济的快速发展，高层建筑、地下建筑、大空间建筑和各类工业建筑大量涌现，各种新材料、新技术、新工艺和新能源广泛应用，使得建（构）筑物的火灾危险性不断增强，灭火救援工作的形势更加严峻。特别是近年来先后发生的上海"11·15"教师公寓火灾、南昌"2·25"综合体建筑火灾、江苏响水"3·21"化工厂火灾等事故，造成了重大人员伤亡和恶劣社会影响。如何有效进行火灾防控已成为消防安全领域的一项重要任务。为了适应新时代灭火救援工作的需求，满足消防工程和安全工程专业的教学需求，培养专业人才，中南大学消防工程系牵头组织了本书的编写。

本书在中南大学、中国人民警察大学、西南林业大学等院校的消防工程专业教学和科研成果的基础上，结合消防装备设计人员和消防救援人员的工程实践编写而成。全书以当前广泛应用的灭火技术方法和装备为基础，系统地阐述了火灾的基础知识、灭火的基础原理与方法、各种灭火剂的特点及应用、各种消防技术装备的工作原理和应用。本书的编写注重火灾科学与消防工程学的交叉结合，注重理论与实际应用的结合，是一本基础扎实、内容充实、体系完整、实用性强的本科生教材，也可供消防安全领域的研究人员和消防救援人员学习参考。

本书由颜龙和徐志胜担任主编。全书共10章，具体编写分工如下：颜龙（中南大学）编写第1、2、6章，李晓康（中国人民警察大学）编写第3章，徐志胜（中南大学）编写第4章，罗俊礼（湖南广播电视大学）编写第5章，徐志胜和陈添明（三一汽车制造有限公司）共同编写第7章，谢晓晴（中南大学）、陈添明和潘飞（三一汽车制造有限公司）共同编写第8章，楚志勇（中南大学）和康文东（中南大学）共同编写第9章，崔飞（西南林业大学）编写第10章。全书由颜龙负责统稿。

本书在资料调研、图片绘制、书稿整理和排版过程中得到了中南大学研究生邓楠、贾宏煜、郭星、周寰、冯钰微、谢晓江、陶浩文等的大力支持和帮助，在此谨对他们表示衷心的感谢。同时，本书在编写过程中参考了国内外相关文献资料，在此向参考文献的作者表示衷心的感谢。

由于编者水平有限，书中难免有疏漏和不妥之处，恳请广大读者和专家批评指正，以使本书更趋完善。

编者

# 目　录

# 1

# 第1章

# 火灾基础知识

**本章学习目标**

教学要求：认识和掌握火灾发生、发展的基本规律及防火灭火方法；掌握火灾的分类与特点；了解灭火技术的研究内容、研究现状及发展趋势。

重点与难点：火灾发生、发展基本规律及防火灭火方法。

## 1.1 火灾及火灾危害

火的发现和使用极大地推动了人类社会的变革，促进了人类文明的发展和社会财富的积累。火给人类社会带来温暖和光明的同时，也会因使用不当而造成严重的灾难。若火在时间或空间上失去控制则会酿成火灾，对人类社会和自然界造成危害。人类用火的历史同火灾防治的历史相伴而生，认识和掌握火灾发生和发展的规律，尽可能降低火灾危害，是人类不断追寻的目标。

当前，全球火灾形势依旧严峻，其发生频率居于各种灾害之首，造成的直接经济损失也仅次于干旱和洪涝灾害。根据联合国"世界火灾统计中心"的统计，全球范围内火灾造成的损失呈逐年上升趋势，其中美国的火灾损失不到 7 年翻一番，日本平均 16 年翻一番，中国平均 12 年翻一番。在美国，每年火灾会造成约 1.2 万人死亡和 30 万人受伤，直接和间接经济损失高达 110 亿美元。美国的百万人口火灾死亡人数高达 57.1 人，居欧美国家之首，比排名第二的加拿大（百万人口火灾死亡人数 29.7 人）高出一倍，人均火灾经济损失也比加拿大高出三分之一。

随着城市化进程加快，我国火灾的危险性和复杂性日益增加，重特大火灾时有发生，并造成了严重的群死群伤事故。例如，2010 年 11 月 15 日，上海市中心胶州路教师公寓发生特大火灾事故，造成 58 人遇难，直接经济损失 1.58 亿元。2015 年 8 月 12 日，天津市滨海新区天津港的瑞海公司危险品仓库发生特大火灾爆炸事故，造成 165 人遇难，直接经济损失高达 68.66 亿元。2019 年 3 月 21 日，江苏响水天嘉宜公司发生特大火灾爆炸事故，造成 78 人遇难。表 1-1 给出了 2008～2017 年我国的火灾事故统计数据。从表中可以看出，我国近十年的火灾发生次数呈先增加后减少的趋势，火灾的直接经济损失也基本趋于平稳，但 2017 年直接经济损失仍然高达三十多亿元。整体而言，我国仍然处于一个火灾易发和高发的阶段，火灾安全形势仍不容乐观，消防安全整治工作不容有失。

**表 1-1 2008～2017 年我国火灾事故统计数据**

| 年份 | 火灾发生次数（万次） | 死亡人数（人） | 受伤人数（人） | 经济损失（亿元） | 火灾发生率（起/十万人口） | 火灾死亡率（人/百万人口） |
| --- | --- | --- | --- | --- | --- | --- |
| 2017 | 28.1 | 1390 | 881 | 36.0 | 20.2 | 1.0 |
| 2016 | 32.4 | 1591 | 1093 | 41.3 | 23.4 | 1.2 |
| 2015 | 34.7 | 1899 | 1213 | 43.6 | 25.5 | 1.4 |
| 2014 | 39.5 | 1815 | 1513 | 47.0 | 28.9 | 1.3 |
| 2013 | 38.9 | 2113 | 1637 | 48.5 | 28.6 | 1.6 |
| 2012 | 15.2 | 1028 | 575 | 21.8 | 11.2 | 0.8 |
| 2011 | 12.5 | 1108 | 571 | 20.6 | 9.3 | 0.8 |
| 2010 | 13.2 | 1205 | 624 | 19.6 | 9.9 | 0.9 |
| 2009 | 12.9 | 1236 | 651 | 16.2 | 9.7 | 0.9 |
| 2008 | 13.7 | 1521 | 743 | 18.2 | 10.3 | 1.1 |

火灾对人类生命财产和生态环境构成巨大威胁，其主要危害表现在：危害生命安全、造成严重的经济损失、破坏文化遗产、影响社会稳定、破坏生态平衡等方面。面对火灾这一严重的社会问题，预防和控制火灾已成为世界各国的共识。而了解火灾的成因与发展、分类、特点及防治技术对于有效预防和控制火灾具有重要意义。

# 1.2 火灾的成因与发展

火灾是指在时间和空间上失去控制的燃烧所造成的灾害，而燃烧是可燃物与氧化剂之间发生的一种化学反应。从本质上讲，火灾中的燃烧也是一种强烈的氧化还原反应过程，并伴有大量的热生成，通常还会产生一定的光。

## 1.2.1 火灾的发生条件

**1. 燃烧三要素**

火灾是失去控制的燃烧现象，而燃烧的发生和发展，必须具备三个必要条件即燃烧的三要素：可燃物、助燃物（氧化剂）和点火源（温度）。

（1）可燃物

凡是能与空气中的氧或其他氧化剂起化学反应的物质，均称为可燃物，如木材、氢气、汽油、煤炭、纸张、硫等。可燃物按其化学组成可分为无机可燃物和有机可燃物两大类；按其所处的状态又可分为固体可燃物、液体可燃物和气体可燃物三大类。

（2）助燃物

凡是与可燃物结合能导致和支持燃烧的物质，称为助燃物。燃烧过程中的助燃物主要是空气中游离的氧，其中各种不同的可燃物发生燃烧均有本身固定的最低氧含量。当氧含量过低时，即使其他必要条件已经具备，燃烧也不会发生。

（3）点火源

凡是能引起物质燃烧的热能源，统称为点火源。在一定条件下，不同可燃物只有达到一定能量才能引起燃烧，在此能量激发下，可燃物和助燃物发生剧烈的氧化还原反应。

燃烧三要素中，无论缺少了哪个条件，燃烧都不能发生。即使具备了以上三要素并相互结合、相互作用，燃烧也未必发生。要使燃烧发生，以上三个要素必须达到一定的量，如点火源有足够的热量和一定的温度，助燃物和可燃物有一定的浓度和数量。燃烧发生时"三要素"之间形成了封闭的三角形，即着火三角形，如图1-1a所示。

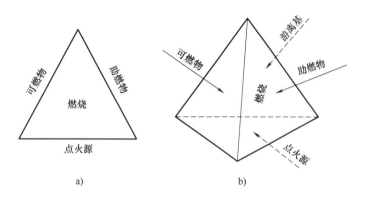

a)　　　　　　　　　　　b)

图1-1　着火三角形与着火四面体

根据链锁反应理论，很多燃烧的发生需要"中间体"游离基（自由基），也就是说游离基是这些燃烧不可或缺的条件，因此需要构建着火四面体以更加准确地描述燃烧的条件，如图1-1b所示。

**2. 燃烧三要素的具体情况**

着火三角形及着火四面体表明了燃烧发生的最基本条件，这也是燃烧发生的必要条件。但燃烧是否发生还取决于"三要素"的具体情况，即与燃料相关的燃烧极限、与氧相关的极限氧浓度，以及与能量相关的引燃能量大小。

（1）燃烧极限

可燃气体和空气的混合物并不是在任何比例下都可以燃烧，每种可燃气体的混合物都有一个可燃烧的浓度范围，即燃烧极限。高于燃烧上限（UFL）或低于燃烧下限（LFL）都不会燃烧。低于下限时混合物中可燃气体比例太低，无法维持自身的反应；而高于上限时，混合物中可燃气体比例过大，氧化剂太少，也无法燃烧，只有当可燃气体的浓度处于可燃浓度范围内，可燃混合气体才能够燃烧。

可燃混合气体的燃烧极限受环境温度的影响。温度升高，燃烧下限值下移，燃烧上限值上移，可燃气体的燃烧浓度范围扩大，这主要与温度升高使可燃气体分子内能增加，更容易引发燃烧反应，使原本在燃烧下限的可燃气体或原本高于燃烧上限的可燃气体发生燃烧有关。几种常见碳氢烃类燃料在空气中的燃烧下限与温度的关系如图1-2所示，并可用以下经验公式计算燃烧极限随温度的变化情况：

$$LFL_T = LFL_{25} - \frac{0.75}{\Delta H_c}(t - 25) \tag{1-1}$$

$$UFL_T = UFL_{25} - \frac{0.75}{\Delta H_c}(t - 25) \tag{1-2}$$

式中　　$\Delta H_c$——燃烧热（4.19kJ/mol）；

　　　　$t$——温度（℃）。

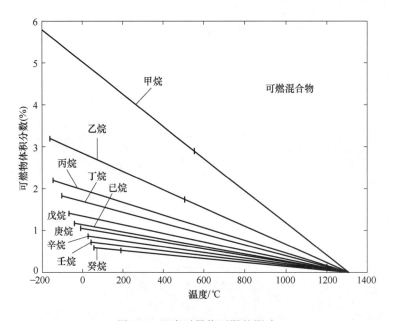

图 1-2　温度对燃烧下限的影响

此外，压力对燃烧极限也有重要的影响。对燃烧下限而言，当压力高于 0.0067MPa 时，可燃混合气体的压力变化对燃烧下限（LFL）的影响很小。但压力对燃烧上限的影响较大，压力增加，燃烧上限显著升高，燃烧爆炸浓度范围随之扩大。下面的经验公式可以估算压力对燃烧上限的影响：

$$UFL_p = UFL + 20.6(\lg p + 1) \tag{1-3}$$

式中　　$p$——绝对压力（MPa）。

从安全的角度出发，燃烧下限一般比燃烧上限更重要，因为燃烧下限表示可以发生燃烧的燃料的最低浓度。但有些物质的燃烧上限几乎是百分之百，如乙炔、氧化乙烯、正丙基硝酸盐等，即使没有空气，也能燃烧，危险性较大。表1-2列出了部分可燃性气体和蒸气的燃烧极限数据。

表 1-2  部分可燃性气体和蒸气的燃烧极限数据

| 物质 | 下限（LFL）（%） | 上限（UFL）（%） | 物质 | 下限（LFL）（%） | 上限（UFL）（%） |
|---|---|---|---|---|---|
| 甲醇 | 6.7 | 36 | 石脑油 | 0.8 | 5 |
| 乙醇 | 3.3 | 19 | 甲苯 | 1.2 | 7.1 |
| 丙醇 | 2.2 | 14 | 二甲苯 | 1.1 | 6.4 |
| 异丁醇 | 2.0 | 11.8 | 苯乙烯 | 1.1 | 6.1 |
| 1-丁醇 | 1.7 | 12.0 | 环丙烷 | 2.4 | 10.4 |
| 二乙醚 | 1.9 | 36 | 环己烷 | 1.3 | 7.8 |
| 二甲醚 | 3.4 | 27 | 环庚烷 | 1.1 | 6.7 |
| 甲烷 | 5.0 | 15 | 甲基环己烷 | 1.1 | 6.7 |
| 乙烷 | 3.0 | 12.4 | 丙酮 | 2.6 | 13 |
| 乙烯 | 2.7 | 36 | 乙醛 | 4.0 | 60 |
| 丙烷 | 2.1 | 9.5 | 氧化乙烯 | 3.6 | 100 |
| 丁烷 | 1.8 | 8.4 | 氧化丙烯 | 2.8 | 37 |
| 1-丁烯 | 1.6 | 10 | 氯甲烷 | 7 | — |
| 1,3-丁二烯 | 2.0 | 12.0 | 氯乙烯 | 3.6 | 33 |
| 正戊烷 | 1.4 | 7.8 | 氯乙烷 | 3.8 | — |
| 己烷 | 1.2 | 7.4 | 一氧化碳 | 12.5 | 74 |
| 庚烷 | 1.05 | 6.7 | 硫化氢 | 4.0 | 44 |
| 乙炔 | 2.5 | 100 | 氨 | 15 | 28 |
| 丙烯 | 2.4 | 11 | 氢 | 4.0 | 75 |

（2）极限氧浓度

着火三角形和着火四面体关系表明，一般火灾中没有氧是不会发生燃烧的。但对可燃性气体而言，并不是在任何氧浓度下都可以发生燃烧，存在一个可引起燃烧的最低氧浓度，即极限氧浓度（LOC）。低于极限氧浓度时，燃烧反应就不会发生，因此极限氧浓度也称为最小氧浓度或最大安全氧浓度。可见，从安全角度考虑可燃性气体的防火防爆时，极限氧浓度就是可燃混合气体中氧的最高允许浓度。对可燃性气体常采取的防火防爆措施之一就是在混合物体系中提高惰性气体的浓度比例，从而降低氧的浓度，使其降低至极限氧浓度以下，这种通过稀释氧浓度来防火防爆的方法被称为可燃气体的惰化防爆。极限氧浓度表示燃烧反应时氧气的量占燃烧反应物质总量的体积百分比，因此通过简单换算由燃烧下限来计算极限氧浓度，即：

$$LOC = \frac{氧气的量}{燃烧反应物总量} \times 100\% = \frac{燃料的量}{燃烧反应物总量} \times \frac{氧气的量}{燃料的量} \times 100\% = LFL \times \frac{氧气的量}{燃料的量} \times 100\%$$

$$= z \cdot LFL \times 100\%$$

（1-4）

式中  $z$——燃烧反应中氧的化学计量系数，即：燃料 $+ zO_2 \rightarrow$ 燃烧产物。

（3）引燃能量

各种可燃性物质，在被外界火源引燃时都存在一个最小的引燃能量或点燃能量，称之为最小引燃能（MIE），低于这个能量就不会发生燃烧。因此，最小引燃能是表示可燃混合物爆炸危险性的一项重要参数，MIE 越小则火灾危险性越大。表 1-3 列出了部分化合物的最小引燃能。

表 1-3　部分化合物的最小引燃能

| 化 学 物 质 | 最小引燃能/mJ | 化 学 物 质 | 最小引燃能/mJ |
| --- | --- | --- | --- |
| 甲烷 | 0.28 | 丙烯乙醛 | 0.13 |
| 乙烷 | 0.25 | 丙酮 | 1.15 |
| 丙烷 | 0.25 | 丁酮 | 0.27 |
| 丁烷 | 0.25 | 二乙醚 | 0.19 |
| 异丁烷 | 0.52 | 二甲醚 | 0.29 |
| 异戊烷 | 0.21 | 甲醇 | 0.14 |
| 己烷 | 0.24 | 异丙醇 | 0.65 |
| 庚烷 | 0.24 | 乙胺 | 2.4 |
| 异辛烷 | 1.35 | 三乙胺 | 1.15 |
| 环丙烷 | 0.17 | 乙酸 | 0.62 |
| 环己烷 | 0.22 | 氨 | 680 |
| 环戊烷 | 0.23 | 丙烯腈 | 0.16 |
| 环氧乙烷 | 0.065 | 苯 | 0.20 |
| 氯丁烷 | 1.2 | 甲苯 | 2.5 |
| 氯丙烷 | 1.08 | 二硫化碳 | 0.009 |
| 氯化丙烷 | 0.23 | 氯 | 0.019 |
| 乙烯 | 0.096 | 硫化氢 | 0.077 |
| 丙烯 | 0.282 | 丙醛 | 0.32 |

可燃物的引燃能还与体系压力、可燃物类型、惰性气体含量等有关。通常，引燃能随体系压力增加而降低，随体系中氮气浓度的增加而增大，随氧气浓度降低而增大。此外，粉尘的引燃能明显高于可燃性气体的引燃能。

此外，引燃能还因点火源的不同而存在明显差异，而能引发火灾的点火源多达数千种。常见的点火源包括明火类（如火柴、燃气炉、电焊火花等）、冲击或摩擦类（包括物体下落撞击产生火花、物体之间摩擦生热或产生火花等）、高温类（如高温蒸气管道表面、加热炉和加热釜等高温物体及其表面）、静电类（包括静电放电、静电火花等）等。各种点火源产生的能量大小则需要根据实际情况进行测定，但部分点火源可以提供粗略估算值进行参考。例如，普通的火花放出的能量约为 25mJ，在地毯上行走摩擦产生的静电能量可达 22mJ，这些能量足够引燃表 1-3 中的大多数碳氢化合物。此外，将点火源的能量大小与可燃气体及粉尘的最小引燃能相比较，可以有效预测引燃引爆的可能性。

### 1.2.2　火灾的发展阶段

了解火灾各个阶段的特点和规律是研究火灾防治技术的关键，也是开展防火阻燃设计的基础。火灾的发生和发展过程可以分为三个阶段：火灾初期增长阶段（或称轰燃前火灾阶段)、火灾充分发展阶段（或称轰燃后火灾阶段）和火灾衰减阶段（或称火灾的熄灭阶段）。火灾的成长过程如图 1-3 所示，其中曲线 A 表示室内火灾生成发展的基本过程。

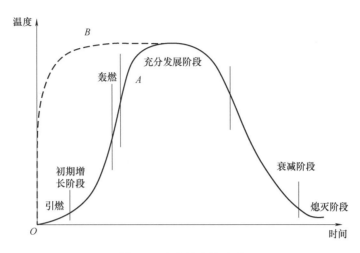

图 1-3　火灾的成长过程

**1. 火灾初期增长阶段**

　　火灾初期增长阶段是火灾的重要环节，是指轰燃或剧烈的不可控燃烧发生之前的阶段。从火灾发展过程来看，火灾发生时着火区的体积不大，燃烧状况与敞开环境中的燃烧相近，如果没有外来干预，火焰会在原先的着火物体上扩展并引燃着火点附近的其他物体，导致着火区逐步增大。当着火区的规模增大到整个受限空间的体积时，火场的通风状况将对着火区的继续发展起到重要作用。在火灾初期阶段，由于总的热释放速率不高，所以火场的平均温度还比较低，而火焰和着火物体附近存在局部高温。如果空间的通风足够好，着火区域将继续增大，并达到轰燃阶段，轰燃标志着火灾由初期增长阶段转到充分发展阶段。在轰燃阶段，受限空间中所有可燃物都将着火燃烧，火焰基本上充满整个空间。由于轰燃阶段所占时间是比较短暂的，通常将轰燃看作一个时间点，而不是看作一个单独的阶段。

**2. 火灾充分发展阶段**

　　火灾进入充分发展阶段后，燃烧强度仍会增加并使热释放速率逐渐达到某一最大值，此时火场的温度通常会升到 800℃以上。该阶段的高温会严重损坏室内的设备及建筑物本身的结构，甚至造成建筑物的部分破坏或全部倒塌，人员逃生也极其困难。此外，高温烟气还会携带着可燃组分从起火室的开口蹿出，并将火焰扩展到邻近房间或相邻建筑物中。

**3. 火灾衰减阶段**

　　随着可燃物数量的下降，火灾燃烧强度减弱，温度逐渐下降，进入火灾的衰减阶段。通常认为火灾衰减阶段是从火场的平均温度降到其峰值的 80% 左右开始的。随后火场的温度逐渐下降，火焰熄灭，可燃固体变为炽热的焦炭，火灾进入熄灭阶段。由于燃烧释放的热量不会很快散失，室内平均温度仍然较高，并且在焦炭附近仍存在局部的高温。

　　在实际灭火过程中，灭火措施的介入会改变火灾的发展进程。如果在轰燃发生前将火扑灭，就可以有效地保护人员的生命和财产安全，因此火灾初期的探测报警和及时扑救具有重要的意义。当火灾进入充分发展阶段后，灭火措施虽能有效控制温度升高和火势蔓延，但灭火较为困难。如果灭火过程中，可燃物的挥发组分未完全析出且火场仍维持较高温度，一旦达到合适的温度与可燃物浓度，会出现"死灰复燃"的现象。

图 1-3 中曲线 *B* 为易燃液体和部分可熔化固体物质的火灾温升曲线。该类火灾的主要特点是火灾初期的温升速率很快，在较短时间内温度便可高达 1000℃。若火区的面积不变，形成固定面积的池火，则火灾基本上按固定速率燃烧；若形成流淌火，燃烧强度将迅速增大。整体而言，该类型火灾的可用探测时间极短，供初期灭火准备的时间也很有限，并在较短时间内达到高温，极易对人和建筑物造成严重危害，因此需要采取特殊措施防止和扑救这类火灾。

## 1.3 火灾的分类及特点

### 1.3.1 火灾的分类

火灾可以根据损失的严重程度、火灾场景和燃烧对象性质等进行分类。

**1. 根据燃烧对象的性质不同划分**

根据燃烧对象性质的不同，火灾可以划分为以下六类：

1）A 类火灾：木材、布类、纸类、橡胶和塑胶等固体物质火灾。

2）B 类火灾：可燃性液体或可熔化固体物质火灾。

3）C 类火灾：煤气、天然气、甲烷等气体火灾。

4）D 类火灾：钾、钠、镁等可燃性金属或其他活性金属的火灾。

5）E 类火灾：带电火灾。

6）F 类火灾：烹饪器具内的烹饪物（如动植物油脂）火灾。

**2. 根据火灾损失严重程度不同划分**

根据火灾损失严重程度的不同，火灾可以分为以下四类：

1）特别重大火灾：指造成 30 人以上死亡，或 100 人以上重伤，或直接财产损失 1 亿元以上的火灾。

2）重大火灾：指造成 10 人以上 30 人以下死亡，或 50 人以上 100 人以下重伤，或者直接财产损失 5000 万元以上 1 亿元以下的火灾。

3）较大火灾：指造成 3 人以上 10 人以下死亡，或 10 人以上 50 人以下重伤，或者直接财产损失 1000 万元以上 5000 万元以下的火灾。

4）一般火灾：指造成 3 人以下死亡，或 10 人以下重伤，或者直接财产损失 1000 万元以下的火灾。

"以上"包括本数，"以下"不包括本数。

根据火灾发生场景的不同，火灾还可以划分为森林火灾、草原火灾、建筑火灾、工业火灾、海上油井火灾等。

### 1.3.2 现代火灾新特点

火灾与水灾、气象灾害、地震灾害等自然灾害一样，都存在着突发性、随机性等特点，但在灾害强度、规模、发生频率等方面存在较大差异。火灾作为与人类社会经济活动密切相关的灾害，其发生的频率明显高于其他自然灾害，但其灾害强度和规模小于其他自然灾害。随着经济迅速发展，建筑结构与形式的变化以及新型装饰材料的广泛应用，使得现代火灾呈现出许多新特点，主要表现在以下几个方面。

**1. 火灾集中化**

城市是政治、经济和文化的中心。城市规划使得住宅群集中化，商业圈集中化，诱发火灾的因素也变得更为集中，同时也使得火灾的发生更加集中。

**2. 火灾复杂化**

随着建筑技术的发展和社会经济水平的提高，超高层建筑、地下建筑、大空间建筑、钢结构建筑、装配式建筑以及具有特殊功能的复杂建筑等新式建筑大量涌现，这些建筑的火灾特性与传统建筑存在着巨大差异，火灾形式也更加复杂多变，使得火灾的扑灭及救援难度增加。

**3. 可燃物多样化**

现在人们接触的主要可燃物已不仅仅是木材、秸秆、棉花、枝叶等天然材料，更多的则是各种高分子聚合物材料，如塑料、橡胶、合成纤维等。相比于普通天然材料，这些物质具有更强的易燃性、更高的燃烧热值，因此火灾危险性也更高。此外，城市中修建的大型燃油和燃气储罐，以及遍布在城乡、矿区、交通沿线以及各种建筑物中的燃气和燃油输送网络，增添了火灾诱发因素，增加了火灾发生频率，一旦发生火灾，火势不易控制且易引发一系列连锁性次生灾害。这些生活环境的改变使得人类生活中接触到的可燃物更加多样化，进而对防火及灭火技术和手段提出了新的挑战。

**4. 火灾突发性强**

随着电力设施和热力设施的广泛使用，使得电气火灾频发且呈逐年上升趋势。电气火灾具有突发性强、不易预防和有效监测的特点，其中电线短路、接触不良、线路过载、接地不良等均易引起电气火灾。此外，燃气燃油设施、城市煤气管网、建筑地下车库、管道井、电缆井等火灾危险源的大量存在，也显著增大了火灾的突发性和扑救难度。这些新的点火源引发的火灾大多都是瞬间发生的，使得火灾突发性强，给扑救带来很大的困难。

### 1.3.3 典型火灾的特点

火灾的发展规律和特点因可燃物类型、燃烧条件和火灾场景的不同而存在明显差异。下面重点对建筑火灾、石化火灾的特点进行论述。

**1. 建筑火灾的特点及规律**

建筑物按其层数或高度的不同可分为单层、多层、高层、超高层和地下建筑等，其中建筑物的火灾特点和规律与其类型、结构和功能等因素有关。

（1）高层建筑的火灾特点

1）火灾蔓延迅速。高层建筑的楼梯间、电梯井、管道井、电缆井、风道、排气道等竖向和横向管道数量多、分布广且往往贯穿整个楼层，火灾时烟囱效应明显。这使得高层建筑发生火灾时烟气能迅速从建筑物底层扩散到顶层。

2）人员疏散困难。高层建筑发生火灾时会产生大量烟雾，给人员的疏散和逃生带来极大的困难。此外，火灾中的有毒烟雾除了向上蔓延外还会向下沉降，其中着火房间内烟气层下降到 0.8m 左右的时间仅为 1~3min。

3）易发生轰燃现象。高层建筑发生火灾时，热量和烟气不易扩散，室内氧气浓度下降迅速，物品燃烧不充分，会产生大量不完全燃烧的可燃气体，易发生轰燃现象。

4）易造成人员伤亡。高层建筑火灾的人员伤亡80%以上由火灾烟气造成。高层建筑火灾常处于密闭状态，物质不完全燃烧，易产生大量一氧化碳、二氧化碳，导致人员窒息死亡。有机高分子等装修材料在燃烧过程中还会产生大量的有毒气体，极易导致人员中毒身亡。此外，高层建筑的结构复杂，人员逃生困难，被困人员行动盲目且易做出不理智行为，进而导致人员伤亡。

（2）地下建筑的火灾特点

地下建筑特殊的内部空间和结构形式决定了其火灾的特殊性，其主要火灾特点包括以下几个方面：

1）高温高热。在地下建筑封闭的空间内，一旦发生火灾，由于密闭的环境使着火点周围的温度急剧升高，引起大量可燃物的瞬时全面燃烧，同时释放巨大热量且不易散失，室温可达800℃以上。

2）烟雾浓。地下建筑发生火灾时物质燃烧生成的热量和烟气由于地下空间封闭的影响而滞留在建筑内部，得不到有效排除。同时，由于空间封闭，火灾时氧气浓度不足致使材料不完全燃烧，使得烟气生成量增加，烟气迅速充斥整个地下空间，加剧烟气的危害。

3）毒性重。地下建筑中高分子材料的大量应用会在火灾中产生大量有毒有害气体。此外，地下空间的缺氧状态还会导致材料的不完全燃烧，加大了烟气的毒害性。

4）火势蔓延快。地下建筑中可燃物质的大量存在，加上排烟和通风的作用，使得初期增长阶段很短。如不能及时控制，火势很快进入充分发展阶段，在短时间内火灾将蔓延到整个建筑。

5）易形成火风压。地下建筑的空间较为封闭，对外开口少，火灾烟气难以排出，使得地下空间的压力随着烟气浓度的升高而加大，当火势发展到一定程度时易形成一种附加的自然热风压，即"火风压"。火风压会随着火势的发展而加大，反过来又会推动烟气流动，造成火灾危害区域的扩大，导致火势加剧。火风压的出现还会破坏地下建筑原有的通风系统，甚至导致通风网络中的某些风流突然反向，使远离火场的区域也出现烟气。

6）较易出现轰燃现象。地下建筑的排热性差，热量积累较快，使得地下建筑相比于地面建筑更易发生轰燃现象。

7）泄爆能力差。地下建筑属于封闭空间，易燃易爆物品发生爆炸时，泄爆能力差，易导致建筑结构严重破坏。

8）火灾扑救难度大。地下建筑结构复杂、火灾危害大，相比于地面建筑需要动用更多的灭火人员和装备，火灾扑救困难。

9）易造成群死群伤。地下建筑具有热、烟、毒等多种火灾危害，一旦发生火灾事故，人员极易恐慌而发生拥挤，造成重大人员伤亡。

**2. 石化企业的火灾特点**

石化企业是以石油、天然气及其副产品为原料的相关企业，包括炼油厂、石油化工厂、石油化纤厂、乙烯厂等。石化企业的生产装置复杂、可燃物较多、管道网路复杂、高温高压设备多、火灾危险性大。石化企业一旦发生火灾，扑救困难，且易发生二次着火、爆炸，极易造成人员窒息和中毒。石化火灾可分为石化生产装置火灾和石化储罐火灾两大类。

（1）石化生产装置火灾的特点

1）爆炸和坍塌发生概率高。石化生产装置发生火灾时，既有物理爆炸发生，也有化学爆炸发生。由爆炸而引发燃烧，或由燃烧而引发爆炸，二者均可导致建筑物及装置倒塌、管线设备移位和破裂、物料喷洒流淌等，火场情况极其复杂。

2）燃烧面积大，易形成立体火灾。大型设备和管道破坏时，化工原料流体将会急速涌泄而出，造成大面积流淌状火灾。此外，生产设备高大密集呈立体布置，其框架结构孔洞多，火势难以有效控制，易形成立体火灾。

3）扑救难度大，灭火力量要求高。石化装置火灾发展迅速、爆炸危险极大。一旦发生火灾，需要大量的灭火力量才能有效控制和扑救。

4）火灾损失和社会影响极大。石化装置发生火灾，不仅破坏物资和设备，还易造成人员伤亡和环境污染，经济损失和社会影响极大。

（2）石化储罐的火灾特点

1）爆炸引发火灾。储罐发生爆炸后随即形成稳定燃烧，爆炸后从罐顶或裂口处流出的油品和因罐体移位流出的油品易造成地面流淌火灾。

2）火灾引发爆炸。石化储罐发生火灾后在强热辐射作用下，若冷却力量不足或冷却不均匀则易发生物理性爆炸，导致火势增大，甚至出现连锁性爆炸现象。

3）火焰高、辐射热强。爆炸后散开式的储罐火灾，火焰高达几十米，并伴随着强烈的辐射热。

4）易形成沸溢与喷溅。重质油品储罐由于含有一定水分或有水垫层，发生火灾后，易出现沸溢和喷溅现象。

5）易造成大面积燃烧。重质油品储罐发生沸溢和喷溅后，会导致带火油品的溢出或喷发，形成大面积火灾，直接威胁灭火人员及其他装置和设备的安全。

# 1.4　火灾的防治

## 1.4.1　防火灭火方法

火灾防治分为"防"和"治"两种基本途径，为了有效预防火灾危害，需要深入了解防火及灭火的基本原理和方法，以发展出更可靠和有效的火灾防治技术。

根据燃烧三要素，防火灭火的基本原理是基于消除、抑制和控制可燃物、氧气或其他助燃物质及点火源这些环节中的一个或几个，以防止火灾的发生、发展或使火灾得到控制和扑灭。

防火的基本原则是防止燃烧条件的产生，即采取限制、削弱燃烧条件发生的办法阻止燃烧三个条件相互结合并发生作用。阻止火势蔓延是防火的基本原理，预防火灾的发生和限制火灾的发展是防火的基本原则。常用的防火措施包括控制可燃物、隔绝助燃物、消除或控制点火源、阻止火势蔓延等方法。

灭火的基本原则是破坏燃烧的条件，使燃烧得到控制、抑制直至熄灭。根据着火四面体的观点，通过消除可燃物或将可燃物浓度充分降低，隔绝氧气或将氧气含量降低，或将可燃物冷却至燃点以下，均可达到灭火的目的。目前，常用的灭火方法包括隔离法、窒息法、冷却法和化学抑制法，其中冷却、窒息、隔离的灭火方法是通过控制着火的物理过程灭火，化学抑制法则是通过控制着火的化学过程灭火。

灭火过程中具体采用哪种方法需要根据可燃物的性质、燃烧规律、火场情况及消防装备情况而定。

1）对于 A 类火灾，一般采用冷却灭火和窒息灭火方法，最常用的灭火剂有水灭火剂、泡沫灭火剂和 ABC 类干粉灭火剂。水的比热容大，可以显著降低火灾区域的整体温度，同时水受热蒸发产生的水蒸气也可以产生窒息效应，通过冷却和窒息双重作用抑制火焰的燃烧。但对于珍贵图书、档案资料等应该使用干粉灭火剂、卤代烷、氮气和二氧化碳灭火以防止水渍造成的损失。此外，在扑灭 A 类火灾过程中通常还需要采取隔离法作为辅助灭火措施。

2）对于 B 类火灾，一般采用窒息法和化学抑制法进行灭火，常用的灭火剂有泡沫灭火剂、惰性气体灭火剂、ABC 和 BC 类干粉灭火剂等。干粉灭火剂主要通过中断燃烧的链反应灭火，气体类灭火剂主要通过降低燃烧区域内的氧气浓度以抑制和终止燃烧反应灭火。此外，在扑救 B 类油罐火灾过程中通常还需辅以冷却法降低容器壁的温度，减缓可燃气体生成速率，以抑制火灾的发展。

3）对于 C 类火灾，一般采用化学抑制法和窒息法进行灭火。由于气体扩散燃烧导致火焰蔓延速度快且极易产生爆炸，因此着火后应立即关闭气体阀门，阻止气体的扩散。灭火过程中常采用 ABC 类、BC 类干粉灭火剂通过化学抑制作用抑制火焰的燃烧，或通过向燃烧区域充入惰性气体灭火剂起到窒息灭火的目的。部分惰性气体如二氧化碳还具有冷却作用，可以有效降低体系温度，达到冷却灭火的目的。

4）对于 D 类火灾，一般采用化学抑制法和窒息法进行灭火。金属在燃烧时产生的温度很高，普通的灭火剂极易发生热分解失去灭火作用，而水、二氧化碳等灭火剂会与部分活泼金属（如钾、钠、锂等）发生化学反应而失去灭火作用。在扑救 D 类火灾时，通常采用氮气等惰性气体稀释燃烧区域中的氧浓度或者使用膨胀石墨、铜粉、滑石粉和 D 类干粉灭火剂覆盖在可燃物上，通过隔绝氧气以灭火。此外，对于小规模的 D 类火灾，多采用干砂、铁粉、干食盐等进行扑救。

5）对于 E 类火灾，一般采用窒息法进行灭火。在扑救 E 类火灾时，要先切断相关设备的电源，然后采用水喷雾、$CO_2$、$N_2$ 和 IG541 等气体灭火剂降低可燃物和氧浓度，抑制燃烧的进行。

6）对于 F 类火灾，一般采用窒息法进行灭火，最常用的方式是采用锅盖、湿棉被、防火毯以及其他不燃物质覆盖在燃烧物上以隔绝氧气达到窒息灭火的作用，也可以采用二氧化碳、氮气等气体灭火剂或干粉灭火剂进行灭火。

## 1.4.2 灭火技术的研究内容

灭火技术是人们为扑救火灾而开发出来的技术方法与装备，主要涉及灭火基础理论、灭火剂、灭火器、固定灭火系统、火灾扑救装备及灭火救援技术等方面的内容。

1）灭火基础理论是指根据火灾的发生及发展规律建立的相关灭火理论方法，主要包括热理论、链锁反应理论、扩散燃烧理论和活化能理论等灭火基础理论。现代火灾的新特点对诸多火灾理论提出新的难题，了解火灾机理和灭火理论才能更好地研发新的灭火技术与方法。

2）灭火剂是指能够利用冷却、隔离、窒息和化学抑制等方法有效破坏燃烧条件并使燃烧终止的物质。灭火剂种类很多，主要包括水及水系灭火剂、泡沫灭火剂、干粉灭火剂、气体灭火剂、金属灭火剂等，其中各种灭火剂的研发和应用都离不开特定的灭火系统和装置。

针对现代火灾的特点，开发出清洁、高效、环保的新型灭火剂并将其应用推广是灭火技术研究的重要课题。

3）灭火器是一种轻便的灭火工具，主要借助驱动压力将所充装的灭火剂喷出达到灭火的目的。灭火器的结构简单、操作方便，被广泛用于扑救各类初起火灾，主要有手提式、背负式和推车式等类型。

4）固定灭火系统是建筑中普遍应用的自动灭火设施，也是现代消防设施的重要组成部分，主要有自动喷水灭火系统、水喷雾灭火系统、细水雾灭火系统、泡沫灭火系统、气体灭火系统和干粉灭火系统等类型。不断开发高效、可靠、安全和环保的新型固定灭火系统并加强固定灭火系统的工程应用是灭火技术研究的重要内容。

5）火灾扑救装备是火灾时用于灭火救援与战勤保障的消防装备总称，包括灭火类消防车、举高类消防车、专勤类消防车、保障类消防车等类型。火灾扑救装备的技术水平是国家消防装备整体水平的体现和综合实力的象征，大力开发出适应新时期火灾特点的各种新型火灾扑救装备并进行推广应用，既是现代消防的迫切需求，也是灭火技术研究的重要内容。

6）灭火救援技术是指灭火过程中采取的扑救原则、消防力量配置、组织指挥等基本方法和策略。针对目前高层建筑、大型城市综合体、油罐区以及地下空间等场所的火灾特点，结合现有消防力量制定出合理的灭火和救援策略是成功扑救火灾的关键。

### 1.4.3 灭火技术的研究现状及发展趋势

经过多年发展，各类自动灭火系统、新型灭火剂、消防员火灾防护技术、消防机器人、消防无人机、新型消防装备等灭火技术都取得了长足的进步和发展，其中环保型细水雾、气溶胶、环保型泡沫灭火剂等多种新型灭火剂和灭火系统都已经成功应用于各个行业和领域。

**1. 灭火理论**

灭火理论研究方面，国内外将火灾学、燃烧学、材料学、化学、数学、流体力学、安全科学技术和计算机科学技术等学科领域知识应用于研究火灾的基本原理和规律，并基于热理论、链锁反应理论、扩散燃烧理论及着火三角形理论等发展出相关灭火理论。但随着科技的进步和发展，建筑结构类型和可燃物种类不断增多，使得火灾的环境和现象变得更加复杂化和多样化，相关灭火基础理论需要与新的火灾行为和规律研究相结合，才能更有效地推动灭火技术的创新和发展。火灾是包括传热传质、湍流运动和化学反应及其相互耦合的复杂过程，涉及诸如飞火、火旋风、火蔓延、阴燃、轰燃等多种复杂现象。针对火灾的复杂性，只有深入了解火灾现象以及可燃物的燃烧行为，才能更有效地开展火灾扑救工作。此外，还需要注重学科交叉性和联合性，将火灾学科与其他学科的相关技术和理论结合起来应用于灭火理论的研究。

**2. 灭火剂**

灭火剂是灭火技术的重要组成部分，目前广泛应用的灭火剂有水、泡沫、干粉、气体灭火剂等。水是最主要和常用的灭火剂，但其流动性较强，无法充分发挥其灭火效能。适当添加一些添加剂，可以提高水的灭火效能，常用的添加剂有润湿剂、增稠剂、减阻剂、抗冻剂、灭火强化剂、缓蚀剂等。国内对水系灭火剂进行了大量的研究，目前已经研发出了强化水、乳化水、润湿水、抗冻水、黏性水、流动改进水、水胶体灭火剂、湿式化学灭火剂、冷水灭火剂、SD 系列水灭火剂、植物型复合阻燃灭火剂等。此外，通过改变水的物理特性还可以提高水的灭火效能，其中水喷雾、细水雾、超细水雾灭火技术便是这方面研究的热点。相比于普通水滴，超细水雾的比表面积增大了1700倍，在火场中吸热效果更高、冷却效果更好，并可以进入火区深部，进而表现出更高的灭火效能。泡沫灭火剂是扑救可燃易燃液体的有效灭火剂，目前已研发出蛋白、成膜氟蛋白、水成膜、抗溶型、非抗溶型、压缩空气、七氟丙烷泡沫、多功能环保型等多种泡沫灭火剂。干粉灭火剂以其灭火速率快、制作工艺简单、无毒、安全等优点被广泛应用于各个领域，其中常用的干粉灭火剂包括BC类干粉灭火剂、ABC类干粉灭火剂、D类金属干粉灭火剂等。为了提高干粉灭火效率，目前还发展出了超细干粉、纳米干粉等灭火剂，通过提高干粉在火场中的分散和悬浮效果，以发挥更好的窒息、冷却和抑制作用。此外，催化型干粉、载体型干粉、多元组分干粉、抗复燃型超细磷酸铵盐、气溶胶等新型高效干粉灭火剂的研发和应用进一步丰富和拓宽了灭火剂的研究领域。气体灭火剂应用方面则逐步由哈龙灭火剂过渡到七氟丙烷、IG541、氮气、二氧化碳、全氟乙基异丙基酮等环保型气体灭火剂。总体而言，开发出清洁、高效和环保的新型灭火剂以及实现灭火剂的高效应用是当前灭火剂研究的重点和主要方向。

**3. 固定灭火系统**

在灭火剂研究的基础上，目前已经开发出了自动喷水灭火系统、固定消防炮灭火系统、细水雾灭火系统、泡沫灭火系统、干粉灭火系统、气溶胶灭火系统、惰性气体灭火系统、超细干粉灭火系统等适用于不同火灾场景的固定灭火系统。固定灭火系统作为建（构）筑物火灾防治的重要环节，如何实现高效灭火，正成为其研究的重点和方向。此外，还需结合高层建筑、超高层建筑及大型城市综合体等建筑的火灾特性及规律，针对性研究固定灭火系统的工程应用参数、设计方法及灭火机理等内容，为设计和开发更新和更有效的灭火系统提供技术指导和理论支撑。

**4. 火灾扑救装备**

火灾扑救装备主要以消防车、泵及炮等系统和装备为代表，并不断向大功率、高效能、多功能、轻量化和智能化等方向发展。此外，根据现代火灾特点，还发展出了消防机器人、消防无人机、消防飞机、智能头盔、智能搜救器材等新型消防装备与器材。整体而言，我国消防车发展较晚，相对于欧美发达国家，在消防车辆的高科技产品和关键技术方面还存在一定的差距，包括关键零部件需要进口、消防车整体技术含量不高、消防车辆专用底盘缺乏、消防车耐久性和可靠性不足等方面。因此，需要加强灭火救援装备的理论研究和关键技术创新，研发出高端消防技术装备以满足现代火灾的灭火需求。

总体而言，世界各国在高层建筑、大型城市综合体、地下建筑、石油化工、核电、矿井和森林等重特大火灾的扑救和救援问题上仍面临许多关键技术需要解决，需要进一步研究灭火基础理论和研发新的灭火技术装备。

# 1.5 | 本书的主要内容

本书以当前广泛应用的灭火理论和火灾扑救技术为基础，着重介绍和分析了为扑救火灾而研发的各种灭火剂及消防技术装备。本书主要内容分为三部分：第1章和第2章为第一部分，论述火灾基础知识和灭火基础理论与方法；第3章至第6章为第二部分，介绍灭火剂的基本知识和基础应用；第7章至第10章为第三部分，介绍消防车及部分新型灭火技术。具体内容如下：

第 1 章：火灾基础知识。本章简要介绍了火灾及其危害、火灾发生及发展规律、火灾分类及特点、灭火技术的研究现状及发展趋势。

第 2 章：灭火基础理论与方法。本章主要介绍灭火的基础理论，主要包括燃烧的基础知识和灭火的基本理论，分别从热理论、链锁反应理论、扩散燃烧理论和活化能理论等燃烧理论进行灭火理论分析。在此基础上，给出冷却、隔离、窒息和化学抑制四种基本方法并介绍其在典型火灾中的应用情况。

第 3 章：水灭火技术。本章主要介绍水灭火理论、水系灭火剂、细水雾灭火技术以及其他常用水系灭火技术装备。

第 4 章：泡沫灭火技术。本章主要介绍泡沫灭火剂的分类、灭火原理、性能参数及常用泡沫灭火装备等内容，重点阐述合成泡沫灭火技术、压缩空气泡沫灭火技术、泡沫炮灭火技术及其他泡沫灭火技术。

第 5 章：干粉灭火技术。本章主要介绍干粉灭火剂的分类、组成、灭火机理、主要性能参数、应用范围及常用干粉灭火技术及装备等内容。

第 6 章：气体灭火技术。本章主要介绍气体灭火剂的分类、灭火机理、特点及应用范围，重点阐述了惰性气体技术、七氟丙烷技术及其他常用气体灭火技术及装备。

第 7 章：灭火类消防车技术及应用。本章主要介绍水罐消防车、泡沫消防车、干粉消防车、涡喷消防车和其他灭火类消防车的分类、组成、灭火原理及灭火应用情况。

第 8 章：举高类消防车技术及应用。本章主要介绍举高喷射消防车、云梯消防车、登高平台消防车、重型粉剂多功能举高喷射消防车及举高破拆消防车的分类、组成、性能参数、工作原理及火场应用情况。

第 9 章：专勤类消防车技术及应用。本章主要介绍排烟消防车、通信指挥消防车、抢险救援消防车及照明消防车等专勤类消防车的分类、组成、工作原理及火场应用情况。

第 10 章：新型灭火技术及装备。本章主要介绍超高层消防供水技术及装备、远程灭火技术及装备、航空灭火技术及装备、消防机器人及新能源汽车灭火技术及装备。

## 复 习 题

1. 火灾发生条件有哪些？

2. 火灾的主要危害表现在哪些方面？

3. 火灾发展的基本过程有哪些？

4. 举例解释室内火灾发展的基本过程。

5. 简要说明高层建筑的火灾特点。

6. 简述地下建筑的火灾特点。

7. 简述石化储罐的火灾特点。

8. 防火和灭火的基本原则是什么？

9. 根据可燃物性质划分，火灾如何分类？

10. 根据灾害损失程度，火灾如何分类？

11. 火灾的危害与特点有哪些？

12. 简单阐述灭火技术的研究现状及发展趋势。

# 第 2 章
## 灭火基础理论与方法

**本章学习目标**

　　教学要求：了解物质燃烧与火灾之间的相互关系；掌握燃烧的基本原理和灭火相关理论知识；认识和掌握基于热理论、链锁反应理论、扩散燃烧理论和活化能理论的灭火基础理论；了解灭火的基本原理和方法；熟悉典型火灾的灭火方法。

　　重点与难点：燃烧熄灭与终止的基本原理；灭火的相关基础理论。

## 2.1　燃烧理论及灭火基础理论

### 2.1.1　燃烧的本质与特征

　　本质上来说，燃烧是一种氧化还原反应，是指可燃物跟助燃物（氧化剂）发生的一种剧烈的发光、发热的氧化反应过程。以往人们认为燃烧反应是直接发生的，但现代研究发现很多燃烧反应并不是直接进行的，而是自由基和原子等中间产物在瞬间进行的循环链锁反应，热和光是燃烧过程中的物理现象，游离基的链锁反应则是燃烧反应的本质。

　　燃烧区别于一般氧化还原反应主要在于燃烧过程伴随放热、发光、火焰和烟气等现象，其基本特征如下：

　　（1）放热

　　在燃烧的氧化还原反应中，反应过程属于放热过程，使得燃烧区的温度急剧升高。在火灾中，这种高温会对人员、设备及建筑物造成严重的威胁。

　　（2）发光

　　燃烧过程中白炽的固体粒子和某些不稳定的中间物质分子内的电子会发生能级跃迁，产生发光现象。

（3）火焰

火焰是气相状态下发生的燃烧的外部表现，具有发热、发光、电离、自行传播的特点。

根据燃料与氧化剂的模式不同，火焰可以分为扩散火焰与预混火焰。扩散火焰是指两种反应物在着火前未相互接触，其火焰主要受混合、扩散因素的影响，火灾中以扩散火焰为主；若在着火前两种反应物的分子已经接触，所形成的火焰称为预混火焰。按流体力学特征，火焰可分为层流火焰和湍流火焰，火灾中绝大部分属于湍流火焰。按状态不同，火焰可分为移动火焰和驻定火焰。按反应物初始物理状态不同，火焰可分为均相火焰和多相火焰，其中多相火焰也称为异相火焰。

（4）烟气

据统计，火灾中80%以上的死亡者是由于吸入了烟尘及有毒气体昏迷后致死的。烟气主要由燃烧或热解作用下产生的悬浮于大气中的细小固体或液体微粒组成，其中固体微粒主要为碳的微粒即碳粒子。

## 2.1.2　燃烧的基本形式

**1. 根据燃烧的发生相态划分**

火灾中涉及的燃烧形式很多，根据燃烧发生的相态不同，燃烧可以分为均相燃烧和非均相燃烧。

（1）均相燃烧

均相燃烧是指可燃物与助燃物属于同一相态，如天然气在空气中燃烧。

（2）非均相燃烧

非均相燃烧是指可燃物和助燃物属于不同相态，如油类火灾属于液相在气相中燃烧，固体表面燃烧属于固相在气相中燃烧。非均相燃烧较为复杂，比如塑料制品燃烧涉及熔融、蒸发及气相燃烧等现象。

**2. 根据燃烧物的形态划分**

根据燃烧物形态的不同，燃烧可以分为气体燃烧、液体燃烧和固体燃烧。

（1）气体燃烧

气体燃烧是指气体在助燃性介质中发热发光的一种氧化过程，由于不需要经历熔化和蒸发过程，其所需热量仅用于氧化或分解，燃烧速度快。按照燃烧中可燃物与氧化剂的混合形式不同，气体燃烧可分为扩散燃烧和预混燃烧。

1）扩散燃烧。扩散燃烧是可燃气体与空气或其他氧化性气体一边进行混合一边进行燃烧的燃烧方式，可燃气体的混合是通过气体的扩散来实现的，而且燃烧过程要比混合过程快得多，因此燃烧过程只处于扩散区域内，燃烧的速度主要由气体混合速度来决定。

2）预混燃烧。预混燃烧是可燃气体先与空气或其他氧化性气体进行混合，然后再发生燃烧的燃烧方式，这种燃烧方式主要发生在封闭性或气体扩散速度远小于燃烧速度的体系中，其燃烧火焰可以向任何有可燃预混气体的地方传播。该类燃烧方式的火灾具有燃烧速度快、温度高等特点，建筑物的爆燃便属于该形式，通常发生在矿井、化工厂和石化储罐等场所。

（2）液体燃烧

液体燃烧是指可燃液体在助燃性介质中发热发光的一种氧化过程。可燃液体只有在闪点温度以上（含闪点温度）时才会被点燃。在闪点温度时只发生闪燃现象，不能发生持续燃烧现象。只有液体温度达到其燃点时，被点燃的液体才会发生持续燃烧的现象。液体物质的燃烧过程如图2-1所示，液体物质持续受热形成可燃蒸气，蒸气与空气混合后形成可燃性混合气体，并在达到一定浓度后遇火源才会发生燃烧。

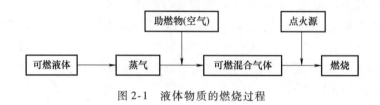

图 2-1 液体物质的燃烧过程

（3）固体燃烧

根据可燃固体的燃烧方式和燃烧特性不同，固体燃烧可以分为五种：蒸发燃烧、表面燃烧、分解燃烧、熏烟燃烧（阴燃）和动力燃烧（爆炸）。大部分固体可燃物的燃烧不是物质自身燃烧，而是物质受热分解出气体或液体蒸气在气相中燃烧，这个过程极其复杂，为了简化问题，可以视作物质因受热而发生的燃烧过程。典型固体可燃物的受热燃烧过程如图2-2所示。

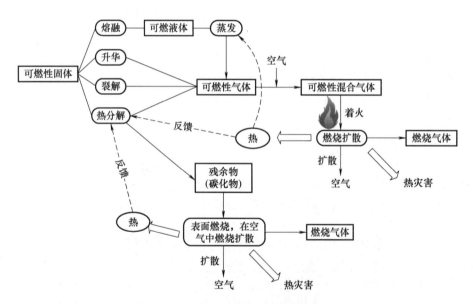

图 2-2 典型固体可燃物的受热燃烧过程

## 2.1.3 燃烧的基本过程

从燃烧发展的微观角度来看，可以将燃烧分为以下几个阶段：

第一阶段：吸热过程。在外部热源或火源作用下，材料的分子运动加剧，分子间距增大，材料温度逐渐升高。该过程中材料的升温速率除了与外部热流速率和温差有关外，还与材料的比热容、热导率、炭化及蒸发等相关。当材料温度升高到一定程度时，转入第二阶段。

第二阶段：热解过程。随着温度的进一步升高，材料开始受热分解，并释放出 CO、

$CO_2$、$H_2O$、$CH_4$ 等多种热解产物，高分子聚合物材料在热解过程中还会释放出甲醛、醇类和醚类等有机化合物，其中聚合物材料的热分解过程如图 2-3 所示。聚合物材料在较低温（300℃）热解时，生成挥发物和仍可继续热解的固相产物。挥发物由气体和固体颗粒组成，气体包含有机小分子化合物、一氧化碳和二氧化碳等气体。而固体颗粒可能形成烟的主要组成部分，尤其在无焰燃烧条件下，可继续热解的固相产物经高温热解可生成高温挥发物和最终的固体残留物。该热解过程还分高温热氧分解和高温无氧分解两种情况：高温热氧分解过程中，高温挥发物主要是二氧化碳和少量一氧化碳等；而在高温无氧分解过程中，高温挥发物主要是高沸点多环芳烃类物质。

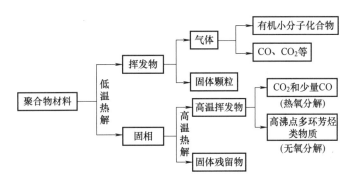

图 2-3　聚合物材料的热分解过程示意图

第三阶段：着火阶段。当材料分解出的可燃气体与氧气充分混合后，就可能发生着火。材料着火过程与点火源和可燃组分浓度有关，并受材料属性如闪点、燃点、自燃点及氧指数等影响。

第四阶段：燃烧阶段。材料着火后释放大量热量加剧材料的分解，使得燃烧更加剧烈并发生扩散现象。材料的燃烧过程极其复杂，涉及传热、材料的热分解、分解产物在气相和固相中的扩散和燃烧等一系列环节。图 2-4 是聚合物材料在燃烧过程中的物理和化学反应过

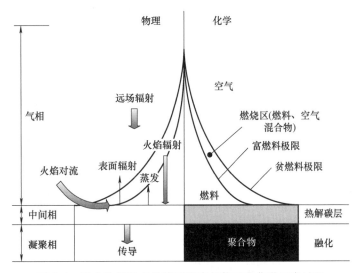

图 2-4　聚合物材料在燃烧过程中的物理和化学反应过程

程。聚合物燃烧时部分热量被聚合物材料吸收用于材料进一步热分解，而热分解产物生成的可燃气体或挥发分进入气相作为燃料以维持燃烧进行。

第五阶段：燃烧传播阶段。在热作用下，材料的表层被首先引燃，火焰向周围传播，而处于内部的材料难以被引燃。火焰的传播速率不仅取决于燃烧物质以及周围可燃物的性质，还与材料的表面状况以及暴露的程度有关。此外，燃烧的传播必须将材料表面温度提高至引燃温度，这种升温是向前火焰传播的热流量引起的。图2-5为可燃物水平燃烧传播和垂直燃烧传播过程。

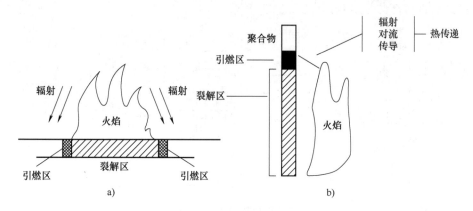

图 2-5　可燃物燃烧传播图
a）水平燃烧　b）垂直燃烧

## 2.1.4　燃烧与火灾的相互关系

火灾是一种特殊的燃烧现象，人们通常认为燃烧与火灾的过程是同步的，甚至完全是一个事物，但二者的关系并非如此简单，下面将更进一步明确燃烧与火灾的关系。

**1. 二者存在或产生的关系**

并非所有的燃烧都造成火灾。我们可以把不造成灾害的燃烧称为有利燃烧，把造成灾害的燃烧称为不利燃烧。有利燃烧失控会转变为不利燃烧，不利燃烧本身就是失控的，二者都可造成火灾。如前者在实际中可能是用火不慎，后者可能是放火。因此，当不利燃烧出现或有利燃烧失控时火灾才随之开始，但只要有火灾产生就一定有不利燃烧存在。由此可见燃烧是火灾的必要条件。

**2. 二者发展过程的关系**

对于通常情况下的火灾，其燃烧过程一般都经历三个基本阶段：①不利燃烧产生或有利燃烧失控；②失控燃烧后发展壮大；③燃烧衰落熄灭。在失控燃烧发展的过程中，火灾的灾害程度不断累积增大，其既不会缩小也不会消失，只是增长速率的大小发生了变化。由此可见，燃烧失控状态并不是度量火灾灾害程度的标尺。

**3. 二者结束和延续的关系**

一般情况下，随着燃烧失控状态的终止，火灾灾害也停止增长，这通常被认为是火灾已被成功扑救。然而某些时候即使燃烧失控状态已终止，不利燃烧受控恢复为有利燃烧或燃烧彻底被熄灭，但灾害却仍有继续增长的可能。例如，火灾被扑灭后，建筑物的倒塌、化学危险物品的泄漏等次生灾害造成的人员伤亡或环境污染等其他问题。因此，火灾灾害程度的增长并不一定随燃烧受控或终止而停止。

### 2.1.5 燃烧熄灭与终止的基本原理

正确认识燃烧现象，了解燃烧熄灭和终止的基本原理，是有效控制火灾和提高灭火效率的基础。

**1. 燃烧熄灭的基本原理**

（1）热自燃理论

热自燃理论认为，着火是反应放热因素与散热因素相互作用的结果。如果体系中放热速率大于散热速率，体系内温度就会升高，反应加速，最终发生自燃；相反，如果系统的放热速率小于散热速率，体系的温度不断下降，则不能发生自燃。热自燃理论的简化模型如图2-6所示。

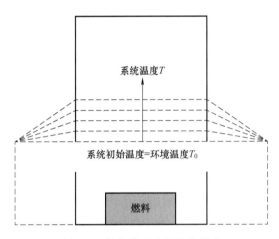

图 2-6 热自燃理论的简化模型

单位时间内容器内可燃物质化学反应的放热量 $Q_f$ 计算如下：

$$Q_f = WQV \tag{2-1}$$

式中　$W$——化学反应速率 $[kg/(m^3 \cdot s)]$；

　　　$Q$——单位体积内可燃物质的反应热 $[J/(kg \cdot m^3)]$；

　　　$V$——容器的容积（$m^3$）。

由燃烧化学动力学知，化学反应速率为

$$W = kc^n = k_0 e^{-E/RT} c^n \tag{2-2}$$

式中　$c$——可燃物质的浓度（$kg/m^3$）；

　　　$n$——可燃物质总体反应的反应级数；

　　　$E$——可燃物质总体反应的活化能（$J/mol$）；

　　　$k_0$——频率因子。

将式（2-2）代入式（2-1）得：

$$Q_f = VQk_0 c^n e^{-E/RT} \tag{2-3}$$

单位时间容器壁对环境的散热量 $Q_s$：

$$Q_{s} = \alpha A_{F}(T - T_{0}) \tag{2-4}$$

式中　$\alpha$——容器表面散热系数；

　　$A_{F}$——容器与环境的接触面积（$m^2$）；

　　$T$——某时刻容器内可燃混合气体温度（K）；

　　$T_{0}$——环境温度（K）。

单位时间内容器内积累的热量 $Q_{L}$ 为

$$Q_{L} = c_{V} V \frac{dT}{dt} \tag{2-5}$$

式中　$c_{V}$——单位体积内可燃物质的比定容热容 [J/（kg·K）]。

根据能量守恒定律可知，容器内积累的热量等于可燃物质反应放出的热量与器壁对环境的散热量之差，即：

$$Q_{L} = Q_{f} - Q_{s} \tag{2-6}$$

由式（2-6）可以看出可燃物质的着火特点，进而推导出着火的临界条件。

热自燃的充分必要条件为放热量和散热量相等且二者随温度的变换率也相等，数学表达式如下：

$$Q_{f} \big|_{T=T_{c}} = Q_{s} \big|_{T=T_{c}} \tag{2-7}$$

$$\frac{dQ_{f}}{dT} \big|_{T=T_{c}} = \frac{dQ_{s}}{dT} \big|_{T=T_{c}} \tag{2-8}$$

式中　$T_{c}$——体系熄火温度（K）。

热自燃温度计算式如下：

将式（2-3）和式（2-4）代入式（2-7）可得：

$$VQk_{0}c^{n}e^{-\frac{E}{RT_{c}}} = \alpha A_{F}(T_{c} - T_{d}) \tag{2-9}$$

式中　$T_{d}$——临界环境温度（K）。

将式（2-3）和式（2-4）求导后代入式（2-8）中可得：

$$VQk_{0}c^{n}e^{-\frac{E}{RT_{c}}} \frac{E}{RT_{c}^{2}} = \alpha A_{F} \tag{2-10}$$

式（2-9）代入式（2-10）可得 $T_{c}$ 的一元二次方程：

$$\frac{R}{E}T_{c}^{2} - T_{c} + T_{d} = 0 \tag{2-11}$$

解此方程可得：

$$T_{c} = \frac{E}{2R}\left(1 - \sqrt{1 - \frac{4RT_{d}}{E}}\right) \tag{2-12}$$

该式即为谢苗诺夫公式。实际上 $\frac{4RT_{d}}{E} \leqslant 1$，所以可把 $\sqrt{1 - \frac{4RT_{d}}{E}}$ 展开成级数，略去高次项，则：

$$\sqrt{1 - \frac{4RT_{d}}{E}} \approx 1 - 2\frac{RT_{d}}{E} - 2\left(\frac{RT_{d}}{E}\right)^{2} \tag{2-13}$$

将式（2-13）代入式（2-12）得

$$T_{c} = T_{d} + \frac{R}{E}T_{d}^{2} \tag{2-14}$$

$$\Delta T_{\mathrm c} = T_{\mathrm c} - T_{\mathrm d} \approx \frac{R}{E} T_{\mathrm d}^{2} \tag{2-15}$$

着火情况下自燃温度在数值上与给定的初始环境温度相差不多，因此在近似计算中不需要去测量真正的自燃温度，实际应用中测量也比较困难，故常把 $T_{\mathrm d}$ 当作自燃温度。

（2）链锁燃烧理论

链锁自燃理论认为，使反应自动加速并不一定需要热量积累，而可以通过链的不断分支来迅速增加链载体的数量，从而导致反应自动地加速，直至着火。

假设反应过程中的 $w_1$ 为由链引发而生成链载体的速率，$w_2$ 为由链分支造成的链载体增加速率，$w_3$ 为链载体的销毁速率，$c$ 为链载体的瞬时浓度。则链载体随时间的变化关系为

$$\frac{\mathrm{d}c}{\mathrm{d}t} = w_1 + w_2 - w_3 \tag{2-16}$$

将 $w_2 = fc$ 和 $w_3 = gc$ 代入式（2-16）得：

$$\frac{\mathrm{d}c}{\mathrm{d}t} = w_1 + fc - gc \tag{2-17}$$

式中　$f$——链载体净增加速率常数；

　　　$g$——链载体销毁速率常数。

令 $\varphi = f - g$ 代入式（2-17）得：

$$\frac{\mathrm{d}c}{\mathrm{d}t} = w_1 + \varphi c \tag{2-18}$$

有初始条件：

$$\begin{cases} t = 0, c = 0 \\ t = t, c = c \end{cases} \tag{2-19}$$

对式（2-18）积分，有：

$$\int_0^t \mathrm{d}t = \int_0^c \frac{\mathrm{d}c}{\varphi c + w_1} \tag{2-20}$$

$$c = \frac{w_1}{\varphi}(\mathrm{e}^{\varphi t} - 1) \tag{2-21}$$

反应过程中，只有参加分支链式反应那部分链载体才能生成最终反应产物。

对于不分支链式反应 $f = 0$，$\varphi = -g$，当时间趋于无穷大时，对式（2-21）取极限得：

$$\lim_{t \to \infty} c = \lim_{t \to \infty}\left[ -\frac{w_1}{g}(\mathrm{e}^{-gt} - 1)\right] = \frac{w_1}{g} \tag{2-22}$$

即链载体浓度为定值，所以不分支的链式反应不会引发着火现象。

如果温度提高，则 $\varphi > 0$，反应体系进入非稳定状态，随着链载体的不断积累，体系自动加速到着火；如果温度降低，则 $\varphi < 0$，反应速率趋于一定值，链载体无法积累，体系进入稳定状态。故 $\varphi = 0$ 这一情况正好为体系稳定状态和自行加速的非稳定状态之间的临界条件，因此，称 $\varphi = 0$ 的条件为链锁自燃条件，相应温度为链锁自燃温度。如图 2-7 所示为上述三种情况下的分支链式反应速率随时间的变化规律。

（3）强迫点燃理论

点燃和热自燃在本质上没有多大的差别，但在着火方式上则存在较大的差异。热自燃时，反应和着火在可燃物质的整个空间内进行。而点燃时，可燃物质的温度较低，只有很少

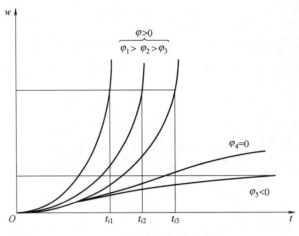

图 2-7　链锁着火条件示意图

一部分可燃物质受到高温点火源的加热而反应，而在可燃物质的大部分空间内，其化学反应速率等于零。点燃时，着火是在局部区域首先发生的，然后火焰向可燃物质所在的其他区域传播。因此，点燃成功表现为可燃物质在局部区域着火并且出现稳定的火焰传播。

强迫点燃的参数包括点燃温度、点燃孕育时间、点燃浓度界限以及点火源尺寸。影响点燃过程的因素除了可燃物质的化学性质、浓度、温度和压力外，还有点燃方法、点火源和可燃物质的流动性质等，而且后者的影响更为显著。

1）强迫点燃方法。工程上常用的强迫点燃方法包括：炽热物体点燃、电火花点燃、火焰点燃。

2）炽热物体点燃理论。把一炽热物体放在静止的气体中，气体的温度为 $T_0$，炽热物体表面温度为 $T_{wi}$，且 $T_{wi} > T_0$（其中 $i = 1，2，3$），炽热物体与周围气体的换热情况如图 2-8 所示。

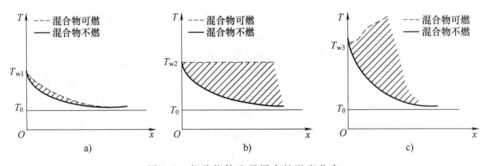

图 2-8　炽热物体边界层内的温度分布

如果气体是不燃气体，这就是普通的炽热物体与气体之间的换热现象，其温度分布如图 2-8 中实线所示。在物体的壁表面处，气体的温度为 $T_w$，离开壁表面温度迅速降低到 $T_0$。随着 $T_{wi}$ 的升高，温度的分布情况没有本质的变化，物体表面处的温度梯度表示为 $(dT/dx)_w < 0$。

如果气体是可燃气体，在 $T_w = T_{w1}$ 时，可燃气体只有微弱的化学反应、产生少量热量，这时温度分布如图 2-8a 中虚线所示，化学反应使温度分布发生了变形。图中阴影部分表示化学反应造成的温升，此时物体表面温度梯度表示为 $(dT/dx)_w < 0$。

物体表面的温度升高可以增大可燃气体的化学反应速率，进而增大反应的放热量，导致温度的下降趋势减缓，阴影区域扩大。随着物体温度的不断升高和阴影区域的逐渐扩大，此时 $T_w = T_{w2}$，在该温度下，气体中的温度分布曲线在物体壁面处与物体壁面相垂直（如图 2-8b 中虚线所示），此时炽热物体表面与气体没有热量交换，壁面处则形成了零值温度梯度，即 $(dT/dx)_w = 0$。当 $T_w = T_{w3}$ 时，反应速率进一步加快，壁面附近可燃气体反应放出的热量将大于散发的热量，热量积累会使反应自动地加速至发生着火现象。这时火焰温度表示为图 2-8c 中虚线，所以在壁面处温度梯度将出现正值，即 $(dT/dx)_w > 0$。

通过上述分析可知，当炽热物体的壁温从低于 $T_{w2}$ 过渡到高于 $T_{w2}$ 时，可燃气体将从低温氧化状态过渡到着火燃烧状态，壁面处温度梯度会由负值变为正值。由此可见，$T_{w2}$ 即为这种情况下的临界温度，称为强迫点燃温度。用数学形式表示炽热物体的点燃条件则如下：

$$\left( \frac{dT}{dx} \right)_w = 0 \tag{2-23}$$

**2. 终止燃烧的物理化学机理**

图 2-9 列举了一些终止燃烧的方法和机理，并做简要的介绍。

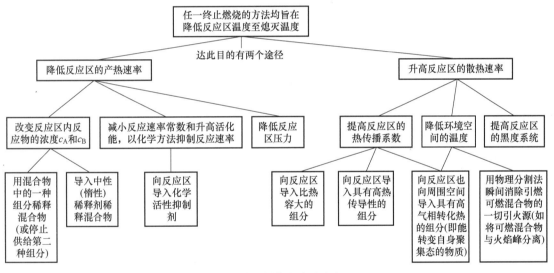

图 2-9　终止燃烧的方法和机理

（1）降低反应区压力

化学反应速率取决于可燃物与氧化剂分子的有效碰撞数量，且碰撞数量与反应区单位体积的分子数成正比。所以，燃烧的强度与压力相关。压力降低时，反应区内单位体积的分子数降低，可燃物与氧化剂分子的碰撞数量也随之降低，燃烧的强度也就降低。负压情况下，体系内的产热速率大大降低，反应区的温度则可降到火焰熄灭温度，从而使燃烧熄灭。

（2）提高反应区辐射介质黑度系数

一些可燃物料（如氢、镁等）燃烧时的火焰温度很高，同时燃烧区散发出很多的热量[⊖]，但由于火焰无颜色，因而其黑度系数很小，反应区的热散失速率也很小。向火焰中导

---

⊖　因为 $q''_2 = \varepsilon\delta(T_{燃烧} - T_{终止})$。

入可提高火焰辐射能力的物质，能够增大反应区的散热速率，从而可以使燃烧熄灭。

（3）降低产热速率

降低产热速率的途径包括：①改变反应混合物的浓度组分；②改变化学反应速率常数 $K$ 和活化能 $E$。停止向反应区供给可燃物或氧化剂是改变燃烧的化学反应区混合物组分最简单的方法。

### 2.1.6　灭火过程概述与基本原理

灭火过程就是破坏燃烧所具备的基本条件从而使燃烧终止的过程。灭火过程中需要满足两个基本条件：一是防止形成燃烧的基本条件，二是切断基本条件之间的相互作用。

从物理角度看，灭火就是终止各种燃烧的过程，即在燃烧区消除任何形式燃烧过程（有焰燃烧、无焰燃烧、阴燃等）继续进行所需的条件。燃烧的充分条件可用"火三角"表示（图2-10）。

在这个示意图中，如果完全断开火三角的一个边，燃烧即不能进行，如断绝向火场提供可燃材料，或将可燃物与燃烧区隔绝，或降低体系中氧气含量，燃烧就会终止。因此，灭火基本原理包括以下四个方面：一是控制可燃物，可燃物是燃烧过程的物质基础，通过限制或减少燃烧区的可燃物而使燃烧熄灭；二是隔绝助燃物，通过限制和稀释体系中氧气供应达到灭火效果，一般认为维持燃烧所需的最低浓度约为15%；三是消除火源，通过隔离火源或降低火场温度均可以控制和消除点火源，以达到灭火目的；四是阻止火灾

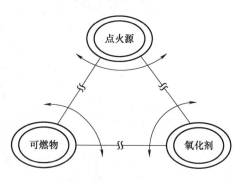

图2-10　典型的火三角示意图

蔓延，防止新的燃烧条件产生是阻止火灾蔓延的重要途径，常用方法包括隔离法、化学抑制法等。

正确认识燃烧现象，了解燃烧过程的发展规律和基本原理，掌握燃烧熄灭和终止的相关基础理论，是有效控制火灾和提高灭火效率的基础。而这些燃烧基础理论不是孤立的，它们与灭火原理之间存在着密切的联系，下面将重点介绍基于热理论、链锁反应理论、活化能理论和扩散燃烧理论等燃烧理论的灭火原理。

## 2.2　基于热理论的灭火基础理论

在非绝热情况下，混合气体的质量分数变化计算比较复杂，为了计算简便，乌里斯提出一个假想的简单开口系统，在这个系统上进行着火和灭火分析，建立了理想的"零维"模型，通过这一分析可以看出着火与灭火之间的本质关系。

在任何反应系统中，可燃混合物一方面在进行缓慢的氧化作用放出热量从而使得整个反应系统的温度升高；另一方面，整个系统又会向外散热，使得整个反应系统的温度降低。热理论认为，着火是反应放热与散热相互作用的结果。如果反应放热大于散热，则系统温度升高，系统的化学反应加快，可能发生自燃；如果反应散热大于放热，则系统温度降低，系统

的化学反应减慢，不能发生自燃。

## 2.2.1 简单开口系统

在真实的非绝热环境下，计算混合气体浓度比较复杂，为此假设一个简单开口系统来进行着火和灭火分析。虽然这个简单开口系统的实际应用价值不大，但可以借此分析着火和灭火之间的基本关系，具体如图 2-11 所示。

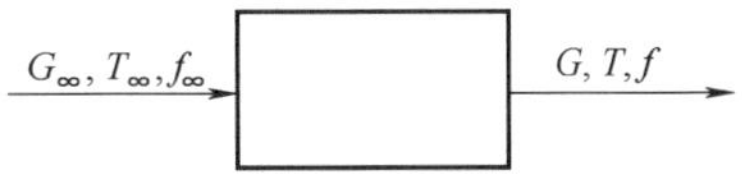

假设存在一个两端开口的容器，其内部充满了进行反应的混合气和已燃气，并作如下简化：

1）假设混合气的初温为 $T_\infty$，浓度为 $f_\infty$，且反应物进入容器便迅速反应。

图 2-11 简单开口系统

2）容器反应过程中混合气的温度为 $T$，浓度为 $f$，并均匀分布。

3）假设容器右出口燃烧产物温度和浓度分别为 $T$，$f$。

4）开口系统的质量流量为 $G$。

5）假设容器壁为绝热壁。

6）假设反应是单分子或是一级反应。

利用这个理想化模型，并对这个系统中热量和质量的输入、输出进行分析，形成相对简单的热平衡和质量平衡关系式。并据此建立该反应系统的质量分数和温度间的关系，进而将两个变量简化为一个变量。

## 2.2.2 简单开口系统的守恒定律

简单开口系统中，在单位体积、单位时间内由化学反应产生的热量，也就是其放热速度可以近似用下式表示：

$$\dot{q}_g = \Delta H_c \omega = \Delta H_c K \rho_\infty f e^{-E/(RT)} \tag{2-24}$$

式中　$\Delta H_c$——物质的燃烧热（kJ/mol）；

　　　$\omega$——化学反应速度 [kg/(m³ · s)]；

　　　$K$——反应速度常数；

　　　$E$——活化能（J/mol）；

　　　$\rho_\infty$——混合气的初始密度（kg/m³）；

　　　$R$——通用气体常数，取 8.314J/(mol · K)。

系统散热实际上是燃烧产物带走的热量，因此单位体积和单位时间内的散热速度用下式计算：

$$\dot{q}_l = \frac{Gc_p}{V}(T - T_\infty) \tag{2-25}$$

式中　$G$——质量流量（kg/s）；

　　　$c_p$——比等压热容 [kJ/(kg · K)]；

　　　$V$——物质的体积（m³）。

系统单位时间内反应的产物：

$$\dot{g}_g = V\omega = VK\rho_\infty f e^{-E/(RT)} \tag{2-26}$$

系统单位时间内反应物的减少可表示为

$$\dot{g_l} = G(f_\infty - f) \tag{2-27}$$

由热量平衡和质量平衡，可知在稳态情况下有 $\dot{q_g} = \dot{q_l}$，$\dot{g_g} = \dot{g_l}$，即：

$$\Delta H_c K \rho_\infty f e^{-E/(RT)} = \frac{Gc_p}{V}(T_\infty - T) \tag{2-28}$$

$$VK\rho_\infty f e^{-E/(RT)} = G(f_\infty - f) \tag{2-29}$$

由式（2-28）和式（2-29）可得：

$$c_p(T - T_\infty) = \Delta H_c(f_\infty - f) \tag{2-30}$$

整理式（2-30）又可得：

$$\frac{T - T_\infty}{f_\infty - f} = \frac{\Delta H_c}{c_p} = T_m - T_\infty \tag{2-31}$$

式中　$T_m$——系统绝热燃烧温度（K）。

对于单分子反应，由于 $f_\infty = 1$，式（2-31）可进一步简化：

$$f_\infty - f = \frac{T - T_\infty}{T_m - T_\infty} \tag{2-32}$$

$$f = f_\infty - \frac{T - T_\infty}{T_m - T_\infty} = \frac{T_m - T}{T_m - T_\infty} \tag{2-33}$$

### 2.2.3　简单开口系统的灭火分析

利用热着火理论进行灭火分析的出发点是使已着火系统的放热速率小于散热速率，使体系在燃烧过程中的温度不断下降，最后由高温氧化态逐步转化为低温氧化态。已着火系统的放热速度方程在假定为开口系统、绝热过程及一级反应后，可用下式表示：

$$\dot{q_g} = \Delta H_c K \rho_\infty \left( \frac{T_m - T}{T_m - T_\infty} \right) e^{-E/(RT)} \tag{2-34}$$

散热速度方程可相应地变为

$$\dot{q_l} = \frac{Gc_p}{V}(T - T_\infty) \tag{2-35}$$

从式（2-34）和式（2-35）的分析可以看出，在体系可燃混合物质确定后，环境温度、散热条件以及氧化剂浓度对体系散热速度和放热速度都将产生影响。为了研究问题的方便，在三个变量（压力 $p$、表面传热系数 $h$、环境温度 $T_\infty$）中固定两个变量后，就可以得到 $\dot{q}$-$T$ 之间的二维函数关系，即散热曲线和放热曲线的平面示意图，如图 2-12 所示，图中纵坐标为放热速度和散热速度，横坐标为温度 $T$。

（1）降低环境温度

降低燃烧区的温度是灭火的重要手段，可以依据燃烧反应体系的热平衡做出定量分析。图 2-12 为保持压力 $p$，表面传热系数 $h$ 不变，改变环境温度 $T_\infty$ 的 $\dot{q}$-$T$ 曲线。从图中可以看出，由于开口容器中有浓度变化，使得其临界现象不同于密闭容器。当燃烧区的温度为 $T_{\infty E}$ 时，反应体系的放热曲线和散热曲线出现切点 $E$ 和一个交点 $D$；当燃烧区的温度在 $T_{\infty E}$ 和 $T_{\infty C}$ 之间时，反应体系的放热曲线和散热曲线出现 $A$、$B$、$A_1$ 三个交点，其中第三个交点 $A_1$

代表高水平的稳定反应状态——稳定燃烧
态；当燃烧区的温度为 $T_{\infty C}$ 时，反应体系
的放热曲线和散热曲线出现切点 $C$ 和交
点 $A_2$。

　　假设燃烧发生，体系的温度处在点 $A_3$
（燃烧发生后，散热曲线与放热曲线一定
处于相交状态），当 $T_{体系} > T_{A_3}$ 时，散热曲
线高于放热曲线，体系的温度降至点 $A_3$；
当 $T_{体系} < T_{A_3}$ 时，放热曲线高于散热曲线，
体系的温度又升至点 $A_3$，因此点 $A_3$ 是一
个稳定燃烧点。继续降低环境温度，当温
度降至散热曲线与放热曲线相切时（相交
状态的交点燃烧状况均同点 $A_3$），放热曲
线和散热曲线除切点 $C$ 外还在点 $A_2$ 处相

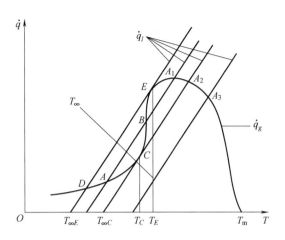

图 2-12　不同环境温度 $T_\infty$ 时的
放热曲线和散热曲线关系图

交。同理，当 $T_{体系} > T_{A_2}$ 时，散热曲线高于放热曲线，体系的温度降至点 $A_2$；$T_{体系} < T_{A_2}$ 时，
放热曲线高于散热曲线，体系的温度又升至点 $A_2$，因此点 $A_2$ 同样也是一个稳定燃烧点。由
热着火理论分析可知，$T_C$ 为着火临界点，$T_C$ 不可能自发达到，故不能实现反应体系自身温
度下降直至灭火。当温度降至放热曲线与散热曲线相交于点 $A_1$ 时，同样点 $A_1$ 也为稳定点，
不能实现灭火。直至环境温度继续下降至放热曲线与散热曲线相交至点 $E$ 时，体系的放热速
度等于散热速度，环境温度稍有下降扰动，反应体系的放热速度将小于散热速度，体系温度不
断下降直至灭火。因此，切点 $E$ 标志着系统将由高水平稳定反应态向低水平的缓慢反应态过
渡，即灭火，$T_E$ 即为体系的熄火温度。

　　值得注意的是，灭火和着火都是由稳态向非稳态过渡，但它们是由不同的稳态出发的。
因此，它们不是一个现象的正反两个方面，即着火和灭火不是可逆的过程。系统的灭火点为
$T_E$ 时，系统灭火所要求的初温 $T_{\infty E}$ 小于系统着火时的初温 $T_{\infty C}$。初温 $T_\infty$ 在 $T_{\infty E}$ 和 $T_{\infty C}$ 之间
时，如果系统原来是燃烧状态，则系统不会自行灭火；如果要使已经处于燃烧态的系统灭
火，其初温必须小于 $T_{\infty E}$，而 $T_\infty = T_{\infty C}$ 的状态下是不能使系统灭火的，也就是说灭火要在更
不利的条件下实现，这种现象称之为灭火滞后现象。

　　（2）改变散热条件

　　通过改变系统的散热条件，也能达到灭火的目的。图 2-13 为保持压力 $p$、环境温度 $T_\infty$
不变，改变系统的散热情况，改变散热条件即改变式（2-35）中 $G/V$ 的比值大小，而 $G/V$
的比值大小在 $\dot{q}\text{-}T$ 图上就是散热曲线的斜率，与图 2-13 的情况类似，当系统在 $A_2$ 稳定燃烧
时，若想灭火，必须改善体系的散热条件。系统的散热状态改善即增加散热速度，则散热曲
线的斜率逐渐增大。当 $\dot{q}_{l3}$ 变到 $\dot{q}_{l2}$ 的位置（即着火位置）时，放热曲线与散热曲线相切于点
$C$ 并相交于点 $A_1$，由于点 $A_1$ 为稳定点，因此不能实现灭火。继续增大散热曲线的斜率，只
有使 $\dot{q}_{l3}$ 变到 $\dot{q}_{l1}$ 的位置时，放热曲线与散热曲线相切于点 $E$，系统才达到实现灭火的临界条
件。因点 $E$ 为不稳定点，散热条件稍稍扰动（向左）就可实现灭火。同样，改善散热条件
也存在灭火滞后现象。

（3）降低可燃物或氧气浓度

燃烧是可燃物与氧化剂之间的化学反应，缺少任何一种都会导致火焰的熄灭。图 2-14 为环境温度 $T_\infty$、对流换热系数 $h$ 不变，改变压力 $p$ 的 $\dot{q}$-$T$ 曲线。由图可见，当体系处于已燃烧状态时，散热曲线与放热曲线应处于相交状态，即如图所示的 $\dot{q}_l$ 与 $\dot{q}_{g1}$ 处于相交状态，并在交点 $A_1$ 处稳定燃烧。为实现灭火，降低体系燃烧混合气密度 $\rho_\infty$，当 $\rho_\infty$ 从 $\rho_{\infty1}$ 下降到 $\rho_{\infty2}$ 时，相应的放热曲线由 $\dot{q}_{g1}$ 下降到 $\dot{q}_{g2}$，放热曲线与散热曲线处于相切状态，即放热速度等于散热速度，达到灭火的临界条件，体系混合气浓度稍有下降即可实现灭火。

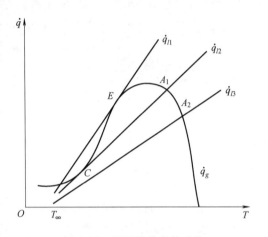

图 2-13　不同散热条件时的
放热曲线和散热曲线关系图

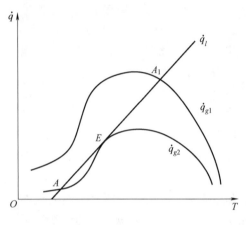

图 2-14　不同系统混合气密度的
放热曲线和散热曲线关系图

由以上分析可知，系统着火就是由一种低水平的稳定态向高水平的稳定态的过渡，或者说由缓慢的氧化态向燃烧态的过渡。而系统灭火则是由高水平的稳定态向低水平的稳定态过渡，或者说由燃烧态向缓慢氧化态过渡。发生这种过渡的临界条件可以统一由下式表示：

$$\dot{q}_g = \dot{q}_l \tag{2-36}$$

$$\frac{\mathrm{d}\dot{q}_g}{\mathrm{d}T} = \frac{\mathrm{d}\dot{q}_l}{\mathrm{d}T} \tag{2-37}$$

根据着火和灭火的相关研究进一步指出，改变初温 $T_\infty$ 对着火的影响较大，对灭火的影响比较小；改变混合气或氧的浓度对灭火的影响比较大，对着火的影响比较小。

综上所述，在热理论中要使已着火的系统灭火，可采取下列措施：

1）降低系统中氧或可燃气浓度。降低氧含量或可燃气含量，对灭火来讲比降低环境温度的作用更明显；相反的，从防止着火角度来看，降低环境温度要比降低氧浓度或可燃气浓度的效果更显著。

2）降低系统环境温度，使其低于灭火条件相对应的环境温度。

3）改善系统的散热条件，使其超过灭火条件的临界散热条件，使系统的热量更易散发出去。

4）降低环境温度和改善散热条件，都必须使系统处于比着火更不利的状态，系统才能灭火，此即上面所说的灭火滞后现象。

## 2.3 基于链锁反应理论的灭火基础理论

### 2.3.1 链锁反应理论

链锁反应理论认为，着火并非在所有情况下都是依靠热量的逐渐积累，也可以是在一定条件下使反应物产生少量的活性中心（自由基），引发链锁反应，随着链锁反应的不断进行，自由基逐渐积累，直至整个体系发生着火。自由基是一种瞬变的不稳定化学物质，可能是源自分子或其他中间物质，它们的反应活性非常强，往往是反应中的活性中心。链锁反应一旦发生，就可以经过许多链锁步骤自动发展下去，直至反应物全部消耗完为止，体系内自由基的全部消失会导致链锁反应的中断，反应物的燃烧反应也就此终止。

**1. 链锁反应**

燃烧反应往往不是两个分子间直接反应生成最后产物，而是活性分子自由基与分子间的作用。反应生成一个活性自由基后，这个活性自由基与另一个分子作用产生另一个新的自由基，新的自由基又迅速参与反应，如此延续下去形成一系列反应，即为链锁反应（又称链式反应）。整个过程将一直持续到活性自由基形成稳定的生成物中断链为止。

**2. 链锁反应过程**

链锁反应机理一般由链引发、链传递和链终止三个步骤组成。

（1）链引发

链锁反应中通过各种方法使反应物分子断裂产生自由基的过程称链引发。反应物一般都是比较稳定的物质，要使反应物中的分子化学链断裂，产生第一个自由基，就需要很大的外来能量进行引发。因此链锁反应的引发过程较为困难，其中常用的引发方法有热引发、光引发和添加引发剂引发等。

（2）链传递

自由基与反应物分子发生反应，在消耗旧自由基的同时又产生新的自由基的过程称为链传递。在此过程中，自由基与反应物中的分子发生反应，在消耗旧自由基的同时能够生成新的自由基，因而可以保证自由基的数量，使链锁反应可以一链传一链，保证化学反应能够持续进行下去。链传递是链锁反应的主体，自由基等活泼粒子是链的传递物。

（3）链终止

活性自由基逐渐消失，导致链锁反应中断的过程称为链终止。自由基如果与器壁发生碰撞，或两个自由基结合，或自由基与第三个惰性分子相撞失去能量而成为稳定分子，导致链锁反应中的关键物质自由基消失，则链锁反应被终止。

下面将通过反应式来阐明链式反应的过程。

1）总反应：

$$A + B \longrightarrow AB$$

2）链引发过程：

$$A_2 + M \longrightarrow 2A \cdot + M$$

3）链传递过程：

$$A \cdot + B_2 \longrightarrow AB + B \cdot$$

$$B \cdot + A_2 \longrightarrow AB + A \cdot$$

4）链终止过程：

$$A \cdot + B \cdot + M \longrightarrow AB + M$$

M 称第三体，在链引发中，M 是大能量分子，在链终止中 M 可能是惰性分子，也可能是器壁。

**3. 链锁反应分类**

根据链锁反应在整个链传递中自由基数目的变化，可以分为直链反应和支链反应两种类型。

（1）直链反应

所谓直链反应是指在链传递过程中每消耗一个自由基，只产生一个新的自由基，在整个链传递的过程中自由基的数目保持不变，直至链终止。直链反应的特点在于自由基与价键饱和的分子反应时活化能很低，反应后仅能生成一个新的自由基。

溴和氢的反应就是典型的直链反应，反应式如下。

1）总反应：

$$H_2 + Br_2 \longrightarrow 2HBr$$

2）链引发：

$$M + Br_2 \longrightarrow 2Br \cdot + M$$

3）链传递：

$$Br \cdot + H_2 \longrightarrow HBr + H \cdot$$
$$H \cdot + Br_2 \longrightarrow HBr + Br \cdot$$
$$H \cdot + HBr \longrightarrow H_2 + Br \cdot$$

4）链终止：

$$M + 2Br \cdot \longrightarrow Br_2 + M$$

从以上的链锁反应可以看出，在链的传递过程中每消耗一个 Br · 得到相应反应产物的同时，伴随着一个新的 Br · 的生成，而一旦产生 Br ·，就会按照链传递过程反复进行，但 Br · 的数目在整个反应过程中始终保持不变。

（2）支链反应

所谓支链反应，就是指在一定的温度条件下，自由基在链传递过程中，每消耗一个旧自由基的同时能够产生两个或两个以上的新自由基，导致整个反应体系中自由基的积累，因此支链反应中自由基的数目会逐渐增加，反应速率也会逐渐加快。支链反应的特点是一个自由基能生成两个或两个以上的自由基活性中心。

**4. 链锁反应中的着火条件**

通过链锁反应逐渐积累自由基的方法可使反应自动加速，直至着火。在链锁反应过程中，外加能量使链引发产生自由基后，链的传播会持续进行下去，随着自由基数量的积累，反应速度加快，最后导致燃烧。但在链锁反应过程中，也有使自由基消失和链锁中断的反应，所以链锁反应的速度是否能得以增长以致燃烧，取决于自由基增长因素与自由基销毁因素的相互作用。

设 $v_1$ 为因外界能量的作用（链引发作用）而生成自由基的速度，$v_2$ 为链传递过程中自由基的生长速度，$v_3$ 为自由基销毁速度，则自由基与时间的变化关系：

$$\frac{dn}{dt} = v_1 + v_2 - v_3 = v_1 + fn - gn \tag{2-38}$$

式中　　$n$——自由基浓度;

　　　　$f$——分支反应速度常数;

　　　　$g$——链终止反应速度常数。

令 $\varphi = f - g$,则上式可写为下式:

$$\left( \frac{dn}{dt} = v_1 + \varphi n \right) \tag{2-39}$$

设初始条件: $t = 0$, $n = 0$, $(dn/dt)_{t=0} = v_1$,并设 $\alpha$ 为链传递过程中,由一个自由基参加反应而生成的最终产物分子数(如在氢氧反应中链传递时,消耗一个 $H \cdot$,生成两个 $H_2O$ 分子,则 $\alpha = 2$)。根据以上条件,链式反应中生成最终产物的反应速度 $v$ 可用下式表示:

$$v = \alpha fn = \frac{\alpha f v_1}{\varphi}(e^{\varphi t} - 1) \tag{2-40}$$

由于链的引发过程很难发生,通常温度下的 $v_1$ 值很小,对链的发展影响很小。因此,链分支速度 $f$ 和链中断速度 $g$ 是影响链发展的主要因素,而 $f$ 和 $g$ 会受温度、压力和容器尺寸等外界条件的影响。由于分支过程是稳定分子断裂成自由基的过程,需要吸收能量,使得温度对 $f$ 具有很大影响,温度升高将导致 $f$ 增大;而链终止反应不需要吸收能量,因此可将 $g$ 近似看作与温度无关。随着温度的变化,$\varphi$ 将变化,从而可找出着火条件。

在低温时,由于链的分支速度很小,而链的中断速度相对较大,因此 $\varphi < 0$。故式(2-40)可变换为下式:

$$v = \frac{\alpha f v_1}{-|\varphi|}(e^{-|\varphi|t} - 1) = \frac{\alpha f v_1}{|\varphi|}\left( 1 - \frac{1}{e^{|\varphi|t}} \right) \tag{2-41}$$

当 $t \to \infty$, $\dfrac{1}{e^{|\varphi|t}} \to 0$,于是有:

$$v = \frac{\alpha f v_1}{|\varphi|} = 常数$$

这说明,当 $\varphi < 0$ 时,反应速度趋向某一定值,即自由基数目不能积累以加速反应,因此系统不会自动着火。

当温度升高到某一数值,使链分支速度等于链中断速度时,即 $\varphi = 0$,则:

$$n = v_1 t \tag{2-42}$$
$$v = \alpha f v_1 t \tag{2-43}$$

这说明当 $\varphi = 0$ 时,反应速度随时间线性增加,而不是加速增加,所以系统不会着火。

## 2.3.2　链锁反应理论的灭火分析

根据链锁反应着火理论,要达到灭火的目的必须使系统中链的中断速度大于链分支速度,即反应过程中自由基的销毁速度超过其增长速度,降低自由基在链锁反应中的增长数量。基于链锁反应理论的火灾的扑救可采取以下措施。

**1. 降低系统温度,减慢链分支速度**

在链传递过程中,由支链反应产生的自由基增长是一个分解过程,而在分解过程中需要从外界吸收能量。温度越高,获取能量越容易,支链反应速率越大;温度越低,获取能量越难，支链反应速率越小，产生自由基的数目越少，从而导致整个链锁反应的终止，使火灾熄灭。因此，降低温度可以减少反应体系中自由基的数量，促进链终止。

**2. 增大链的中断速度，提高自由基销毁速度**

（1）增加自由基在固相器壁的销毁速度

自由基在与固相器壁发生碰撞时，将自身携带的能量大部分转移给固相器壁，然后互相发生结合效应转变成稳定的分子物质。因此，可以通过增加容器壁的比表面积，以提供更多的表面积（器壁），或在着火系统中加入惰性固体颗粒，如砂子、粉末灭火剂等，通过这些方式来增加自由基与器壁或固体颗粒表面的碰撞机会，降低链锁反应中的自由基数量。

（2）增加自由基在气相中的销毁速度

活性自由基在气相中与稳定的分子发生碰撞时，会失去能量生成稳定的分子。因此，在着火系统中喷洒卤代烷、水蒸气、二氧化碳、氮气等灭火剂，可以增加自由基的销毁速率，从而促进链终止。此外，还可通过向着火系统加入受热能分解出 HBr、HCl、惰性气体或惰性自由基的灭火剂进行灭火，如溴系阻燃剂、氯系阻燃剂及磷系阻燃剂等。ABC 类磷酸盐灭火剂作为有机磷系阻燃剂的一种，在热解过程中形成的气体产物中含有游离基 PO·，它可以捕获游离基 H· 和 OH·，致使火焰中 H· 和 OH· 浓度大为下降，进而起到抑制燃烧链锁反应的作用，具体反应如下：

$$H_3PO_4 \longrightarrow HPO_2 + PO \cdot + 其他$$
$$PO \cdot + H \cdot \longrightarrow HPO$$
$$HPO + H \cdot \longrightarrow H_2 + PO \cdot$$
$$PO \cdot + OH \cdot \longrightarrow HPO \cdot + O \cdot$$

（3）增加反应系统中的大气压力

在高压作用下，自由基与惰性介质发生碰撞的机会增多，自由基的销毁速率增大，整个反应体系中的自由基数量逐渐减少，从而促进链终止。

## 2.4 基于扩散燃烧理论的灭火基础理论

### 2.4.1 扩散燃烧理论

液体燃料和固体燃料燃烧时的质量损失速率应满足下式：

$$\dot{m}_F'' = \frac{\dot{q}''}{L} \tag{2-44}$$

其中：

$$L = h_{fg} + \int_{T_1}^{T_s} c_p dT \tag{2-45}$$

式中　$h_{fg}$——液体温度为 $T_s$ 时，单位质量液体蒸发所需的能量；

$\int_{T_1}^{T_s} c_p dT$——单位质量的液体燃料从初始温度 $T_1$ 升高到蒸发温度 $T_s$ 所需的能量，也被称为
　　　　　　显能。

考虑准稳态燃烧过程，且限定液体燃料只受到气相对流加热作用，具体过程如图 2-15 所示，其关系式表达见下式：

$$\dot{q}'' = -\left(-\kappa \frac{\mathrm{d}T}{\mathrm{d}y}\right)_{y=0} = \dot{m}_F'' L \tag{2-46}$$

式中 $\kappa$——气相的热导率 $[W/(m \cdot K)]$。

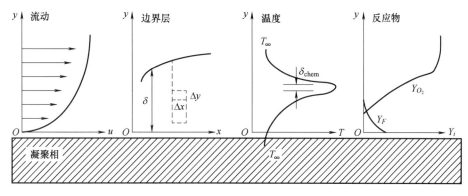

图 2-15 滞留层模型

## 2.4.2 扩散燃烧理论的灭火分析

如图 2-15 所示，取液体燃料上方一宽度为 $\Delta x$，厚度为 $\delta$ 的一个平面区域为控制体。燃烧过程中的热量、质量和动量等变化都发生在此边界层中，燃烧发生于边界层中且燃烧速率服从阿累尼乌斯定律：

$$\dot{m}_F'' = A(Y_F, Y_{O_2})\mathrm{e}^{-E/(RT)} \tag{2-47}$$

式中 $A$——指前因子。

边界层中的任意一点都满足式（2-47）。在扩散火焰中，通常认为燃料和氧气之间的相互渗透并不多。若扩散时间远大于反应时间，则上式可表示为下式

$$\frac{t_{chem}}{t_{diff}} = \frac{1}{Da} = \frac{u_\infty^2 \rho c_p T}{\alpha A \Delta H_c [E/(RT)]\mathrm{e}^{-E/(RT)}} \tag{2-48}$$

即：

$$\frac{t_{chem}}{t_{diff}} = \left(\frac{u_\infty x}{v}\right)^2 = \frac{v^2 \rho c_p T}{\alpha x^2 \Delta h_c [E/(RT)]\mathrm{e}^{-E/(RT)}} \tag{2-49}$$

$$= Re_x^2 Pr^2 \frac{\kappa T}{A \Delta h_c x^2 [E/RT]\mathrm{e}^{-E/(RT)}}$$

式中 $Re_x$——$x$ 位置处的雷诺数；

$Pr$——普朗特数；

$\kappa$——气相热导率 $[W/(m \cdot K)]$；

$v$——运动黏度 $(m^2/s)$；

$t_{chem}$——反应时间 $(s)$；

$t_{diff}$——扩散时间 $(s)$。

通过观察可得知反应区长度：

$$\delta_{chem} = \sqrt{\frac{\kappa T}{A \Delta h_c}} \tag{2-50}$$

相应的：

$$\frac{t_{\text{chem}}}{t_{\text{diff}}} = \frac{Re_{\text{chem}}^2 Pr^2}{[E/(RT)]\,\mathrm{e}^{-E/(RT)}} \tag{2-51}$$

式中　　$Re_{\text{chem}}$——化学反应雷诺数。

$\delta_{\text{chem}}$ 为边界层 $\delta$ 内的一个厚度，其厚度要比边界层小得多，且大部分的化学反应在这个区域内发生。在此区域内 $A$ 相当大，而在该区域外 $A$ 接近于 $0$，此时 $t_{\text{chem}} \ll t_{\text{diff}}$。

式（2-49）常可用于判断扩散燃烧过程的抑制与熄灭，一般可将其写为下式：

$$\frac{t_{\text{chem}}}{t_{\text{diff}}} = \frac{Re_{\text{chem}}^2 Pr^2}{R_T} \tag{2-52}$$

式中

$$R_T = \frac{E}{RT}\mathrm{e}^{-E/(RT)} \tag{2-53}$$

在更低温度下，化学反应将变缓慢，导致温度 $T$ 下降，从而使得化学反应进一步变慢。反应时间与扩散时间的比 $t_{\text{chem}}/t_{\text{diff}}$ 变大，即 $Re_{\text{chem}}$、$Pr$ 变大或 $R_T$ 变小都可导致燃烧熄灭。

### 2.4.3　扩散燃烧理论的灭火措施

根据以上着火系统的灭火分析可知，随着 $t_{\text{chem}}/t_{\text{diff}}$ 变大，燃烧将逐渐熄灭。故可总结得到以下灭火措施：

（1）降低着火系统温度

低温环境下，化学反应变慢，可燃物温度继续下降到小于临界温度后燃烧将熄灭。

（2）降低反应物浓度

着火系统中反应物的浓度降低，化学反应速率减慢。该过程的作用机理与降低着火系统温度类似，着火系统温度 $T$ 下降，使得化学反应进一步变慢。当可燃物冷却到临界温度以下时，燃烧熄灭。

（3）使用气相阻燃剂

气相阻燃剂能够同时改变化学反应速率常数和活化能。但是这些化学作用复杂且各不相同，无法准确地量化。这里只需要记住化学作用可以影响灭火过程即可。

## 2.5　基于活化能燃烧理论的灭火基础理论

### 2.5.1　活化能燃烧理论

阿累尼乌斯（Arrhenius）认为，分子间发生化学反应的首要条件是相互碰撞，但相互碰撞的分子不一定都能发生化学反应，只有极少数能量比平均能量高得多的反应物分子发生碰撞时才可能发生化学反应，这种能发生反应的分子称为活化分子。活化分子的平均能量比普通分子超出一定值，这种超过平均能量的定值可使分子活性化并参加反应，而使普通分子变成活化分子所需提供的最低限度的能量叫活化能。

图 2-16 为活化能的概念示意图，图中纵坐标表示所研究系统分子的热效应，横坐标表示反应过程。假设系统由状态 I 转变为状态 II，反应物 A 内部原子需要重排或拆开，然后

才能得到生成物 C，这个过程中反应物所处的状态 I 的能量明显高于状态 II 的能量，因此这个过程是放热的，其反应热效应等于 $\Delta E$，即 $\Delta E$ 等于状态 I 与状态 II 的能量差（$\Delta E = \Delta E_2 - \Delta E_1$）。同理，对于逆反应的进行，产物 C 必须吸收能量 $E_2$ 达到活化状态 K，然后再经过反应生成 A。状态 K 的能量大小相当于使反应发生所必需的能量，所以状态 K 的能量与状态 I 的能量之差等于正向反应的活化能（$\Delta E_1$），状态 K 与状态 II 的能量之差等于逆向反应的活化能（$\Delta E_2$）。从反应物 A 到产物 C 反应过程中的总放热量虽为 $\Delta E$，但反应物 A 却不能直接变成 C，它必须

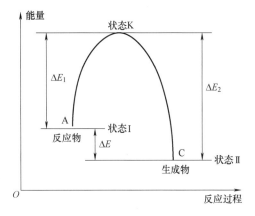

图 2-16　活化能的概念示意图

先吸收热量（$\Delta E_1$）到达活化能状态 K，经过活化能状态 K 后再变成产物 C；同理从产物 C 到生成物 A，也必须先吸收热量（$\Delta E_2$）达到活化能状态 K 之后发生反应生成 A。

$$\Delta E = \Delta E_2 - \Delta E_1 = (E_A - E_K) - (E_K - E_C) = E_A - E_C \tag{2-54}$$

$\Delta E$ 为 A、C 两个状态的能量差，在定容情况下即为反应热（这种状况下，相当于状态 I 和状态 II 的活化能差）。由此可见，反应物的活化能越小，说明分子内部重排或拆开所需要的能量越小，反应物易达到活化状态。在相同温度下，系统内活化分子越多，活化分子碰撞次数越多，反应速率越快。例如，氧原子与氢原子反应的活化能为 25.08kJ/mol，在 27℃时仅有十万分之一的有效碰撞，因此无法引起燃烧反应，而在明火作用下，活化分子数量明显增多，使得有效碰撞次数增加，进而引发燃烧反应。因此，活化能是衡量物质反应能力的主要参数。

## 2.5.2　灭火过程中的动力学分析

活化能燃烧理论认为要使物质不燃烧或使已经着火的物质燃烧终止和熄灭，必须使系统中活化分子的数量和反应速率下降。阿累尼乌斯通过实验研究提出反应速率常数与温度的关系：

$$k_A = k_0 \exp\left( -\frac{E_a}{RT} \right) \tag{2-55}$$

式中　$k_A$——反应速率常数；

　　　$E_a$——活化能（J/mol）；

　　　$k_0$——指前因子；

　　　$R$——气体常数，取 8.314J/(mol·K)；

　　　$T$——热力学温度（K）。

将式（2-55）应用于图 2-16 的反应物 A，取对数并对温度 $T$ 微分，即得：

$$\ln \frac{k_{A,2}}{k_{A,1}} = \frac{E_a}{RT^2} \tag{2-56}$$

若将活化能 $E_a$ 视为与温度无关，将式（2-56）进行定积分和不定积分，分别有：

$$\ln \frac{k_{A,2}}{k_{A,1}} = \frac{E_a}{R}\left(\frac{1}{T_1} - \frac{1}{T_2}\right) \tag{2-57}$$

$$\ln k_A = -\frac{E_a}{RT} + \ln k_0 \tag{2-58}$$

根据式（2-57）和式（2-58）可以看出，温度升高使得体系的反应速率增加。根据范特霍夫规则，温度每增加10K，体系的反应速率大约增大2~4倍：

$$\frac{k_{t+10}}{k_t} \approx 2 \sim 4 \tag{2-59}$$

温度对反应速率的影响除了体现温度升高，分子运动速率增快，因而增加碰撞频率外，更主要的影响是温度升高，活化分子的百分数增加，因而增加有效碰撞频率。图2-17表示温度对分子动能分布的影响，其中纵坐标表示具有动能在$E$到$E + \Delta E$区间内单位能量区间的分子数（$\Delta N$）占总分子数（$N$）的百分比，横坐标表示分子的动能。图中$T_2 > T_1$，$T_2$曲线的阴影面积明显大于$T_1$的阴影面积，表示温度越高对应活化分子百分数越多。

燃烧属于激烈的化学反应，主要是由反应中大量放热引起的。如果反应产生的热量不能及时从系统中释放出去则会导致系统温度急剧升高，系统中活化分子数量增加，有效碰撞增大，进而反应速率变得更快，反应产生更多的热量，活化分子进一步增加，如此循环反应下去最后导致火灾发生。燃烧现象是物理与化学过程复杂相互作用的结果，而化学反应作为燃烧的一个主要和基本的过程，反应速率则是衡量燃烧过程特性的一个重要参数。

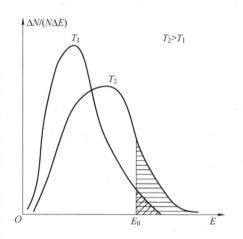

图2-17　温度对分子动能分布的影响

系统的反应速率除了与温度相关外，还受系统的压力和催化剂的影响。根据$pV = nRT$，系统的压力在定容环境中与体系的温度成正比，其中压力增大会导致温度增加，使得活化分子数量增加，反应速率加快；在定温环境中，压力与体积呈反比，其中压力增加使系统的体积下降，单位体积内活化分子的有效碰撞次数增加，反应速率加快。

此外，系统中加入催化剂还能改变体系的反应速率，其中催化剂可以参与反应，但最终其化学性质和质量并不发生变化。其中凡是能加快反应速率的催化剂称为正催化剂，而减慢反应速率的催化剂称为负催化剂。催化剂主要通过改变化学历程，增加或降低反应的活化能，导致体系中反应速率发生变化，图2-18为具体示意图。此外，必须指出的是，催化剂虽能改变反应的活化能，但不能改变反应的吉布斯（Gibbs）函数变$\Delta_r G$。因而对一个$\Delta_r G > 0$的反应（即不能自发进行的反应，其逆向反应可自发进行），无法用催化剂促使其自发反应。

### 2.5.3　活化能燃烧理论的灭火措施

活化能理论熄灭和终止燃烧的出发点是使着火系统的活化分子数量减少，有效碰撞次数降低，导致反应速率不断降低，最后使体系中的燃烧反应无法进行。减少燃烧体系中活化分子数量和降低体系反应速率达到灭火的目的，可以采取以下灭火措施：

（1）降低着火体系温度

降低着火系统温度可以有效降低系统的反应速率，使得活化分子比例下降，有效碰撞频率降低，当活化分子数低于燃烧反应的临界活化分子数，则燃烧将熄灭与终止。

（2）降低活化分子的有效碰撞频率

通过降低体系中可燃物或助燃物分子浓度可以有效降低系统中活化分子的碰撞频率，进而降低反应速率，当燃烧反应的有效碰撞频率不足以继续维持燃烧反应的进行，则达到燃烧终止和灭火的目的。

（3）增大体系的反应活化能

在一定温度下，反应的活化能越大，活化分子所占百分比就越小，反应越慢。通过添加负催

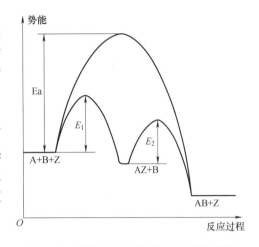

图 2-18　催化剂改变体系反应途径示意图

化剂则可以有效增大反应的活化能使得反应速率降低，燃烧速率减缓并逐渐终止。在一定条件下，添加少量的催化剂能够使聚合物催化氧化脱氢而生成水和炭，称为催化成炭，该过程中催化剂参与新的反应历程，使体系的活化能增加，反应速率减缓，该催化剂为负催化剂。例如，在聚丙烯中添加 1 质量份的乙酰丙酮钴或乙酰丙酮锌可使聚丙烯具有自熄性。

# 2.6　灭火的基本方法

根据燃烧特性与灭火基础理论分析，可以概括出四种灭火基本方法：冷却灭火法、窒息灭火法、隔离灭火法、化学抑制灭火法，其中冷却、窒息、隔离的灭火方法都是通过控制着火的物理过程灭火，化学抑制则是通过控制着火的化学过程灭火。

## 2.6.1　冷却灭火法

冷却灭火法的原理就是将灭火剂直接喷射到燃烧物上，以增加散热量，将燃烧物的温度降低于燃点以下，使燃烧停止；或者将灭火剂喷洒在火源附近的物体上，使其不受火焰辐射热的威胁，避免形成新的火点。冷却灭火法是灭火的一种主要方法，常用水和二氧化碳作为灭火剂通过冷却降温灭火。冷却灭火法在灭火过程中不参与燃烧过程中的化学反应，这种方法属于物理灭火方法。

## 2.6.2　窒息灭火法

窒息灭火法是根据可燃物质燃烧需要足够的氧化剂（空气、氧）的条件，采取阻止空气进入燃烧区的措施，或断绝氧气而使物质燃烧熄灭。为了使燃烧终止，通常将水蒸气、二氧化碳、氮气或者其他惰性气体喷射入燃烧区域内，稀释燃烧区域内的氧气含量，阻止外界新鲜空气进入可燃区域，使可燃物质因缺少氧化剂而自行熄灭。当着火空间氧含量低于 15%，或水蒸气含量高于 35%，或 $CO_2$ 含量高于 35% 时，绝大多数燃烧会熄灭。对于可燃物本身为化学氧化剂时，不能采用窒息灭火。

## 2.6.3 隔离灭火法

隔离灭火法根据发生燃烧必须具备可燃物的基本条件,切断可燃物供应,使燃烧终止。隔离灭火的具体措施包括:将着火物质周围的可燃物转移到安全地点,将可燃物与着火物分隔开来,中断可燃物向火场的供应等。

## 2.6.4 化学抑制灭火法

化学抑制法就是抑制燃烧的自由基链锁反应,使燃烧终止。发生火灾时,向着火区域喷洒灭火剂,使灭火剂参与燃烧中的链锁反应,消耗链传递过程中的自由基,使燃烧过程中的自由基数量逐渐减少,最终使其不能再发生燃烧,达到灭火的目的;喷洒的灭火剂还具有冷却作用,可以降低整个燃烧系统的温度,降低系统中自由基增长速度,当自由基的产生速度小于消耗速度时,火焰便开始熄灭,从而达到灭火的目的。

## 2.6.5 典型火灾的灭火方法

火灾通常都经历从小到大,逐步发展,直至熄灭的过程。火灾发生过程一般可分为初起、发展和衰减三个阶段,火灾的扑救需要特别注意火灾的初起和发展阶段。

根据火灾发展的阶段性特点,必须抓紧时机力争将其扑灭在初起阶段。同时要认真研究火灾发展阶段的扑救措施,正确运用灭火方法,以有效地控制火势,尽快地扑灭火灾。

**1. 化工企业火灾**

扑救化工企业的火灾,一定要弄清起火单位的设备与工艺流程、着火物品的性质、是否已发生泄漏现象、有无发生爆炸、有无中毒的危险、有无安全设备及消防设备等。由于化工单位情况比较复杂,扑救难度大,起火单位的职工和工程技术人员要主动指导和帮助消防队一起灭火,其中灭火措施主要有以下几方面:

1)消除爆炸危险。如果在火场上遇到爆炸危险,应根据具体情况,及时采取各种防爆措施。例如,打开反应器上的放空阀或驱散可燃蒸气或气体,关闭输送管道的阀门等,以防止爆炸发生。

2)消灭外围火焰,控制火势发展。首先,消灭设备外围或附近建筑的火焰,保护受火势威胁的设备、车间,对重要设备要加强保护,阻止火势蔓延扩大。然后,直接向火源进攻,逐步缩小燃烧面积,最后消灭火灾。

3)当反应器和管道上呈火炬形燃烧时,可组织突击小组,配备必要数量的水枪。冷却燃烧部位和掩护消防员接近火源,采取关闭阀门或用覆盖窒息等方法扑灭火焰。必要时,也可以用水枪的密集射流来扑灭火焰。

4)加强冷却,筑堤堵截。扑救反应器或管道上的火焰时,往往需要大量的冷却用水。为防止燃烧着的液体流散,有时可用砂土筑堤,加以堵截。

5)正确使用灭火剂。由于化工企业的原料、半成品(中间体)和成品的性质不同,生产设备所处状态也不同,必须选用合适的灭火剂,在准备足够数量的灭火剂和灭火器材后,选择适当的时机灭火,以取得应有的灭火效果。此外,要避免因灭火剂选用不当而延误灭火时机,甚至发生爆炸等事故。

**2. 油池火灾**

油池多被工厂、车间用于物件淬火、燃料储备以及产品周转。淬火油池和燃料储备池大多与建筑物毗邻，着火后易引起建筑物火灾；周转油池火灾面积较大，着火后火势猛烈。

对油池火灾，多采用空气泡沫或干粉进行灭火。对原油、残渣油或沥青等油池火灾，也可以用喷雾水或直流水进行扑救。火灾扑救过程中要将阵地部署在油池的上风方向并根据油池的面积和宽度确定泡沫枪（炮）或水枪的数量。灭火时，水枪应顺风横推火焰，以使火势不回窜为最低标准。用水扑救原油、残渣油火灾时，开始喷射的水会被高温迅速分解，火势不但不会减弱，反而有可能增强。但坚持射水一段时间后，燃烧区温度会逐渐下降，火势会逐渐减弱而被扑灭。油池一般位置较低，火灾的辐射热对灭火人员的影响比地上油罐大。因此，灭火时必须做好人员防护工作，一般应穿防护隔热服，必要时应对接近火源的管枪手和水枪手用水喷雾保护。

**3. 液化石油气气瓶火灾**

单个的气瓶大多在瓶体与角阀和调压器之间的连接处起火，呈横向或纵向的喷射性燃烧。瓶内液化气越多，喷射的压力越大。同时会发出"呼呼"的喷射声。如果瓶体没有受到火焰燃烤，气瓶逐渐泄压，一般不会发生爆炸。扑救这类火灾时，如果角阀没坏，要首先关闭阀门，切断气源。可以戴上隔热手套或持湿抹布等，按顺时针方向将角阀关闭，火焰会随之熄灭。瓶体温度很高时，要向瓶体浇水冷却，以降低气瓶温度，并向气瓶喷火部位喷射或抛撒干粉将火扑灭，也可以用水枪对射的方法灭火。压力不大的气瓶火灾，还可以用湿被褥覆盖瓶体将火熄灭。火焰熄灭后，要及时关闭阀门。当液化石油气瓶的角阀损坏，无法关闭时，不要轻易将火扑灭，可以把燃烧气瓶拖到安全的地点，对气瓶进行冷却，让其自然燃尽。如果必须在这种情况下灭火，一定要把周围火种熄灭，并冷却被火焰烤热的物品和气瓶。将火熄灭后，要迅速用雾状水流把气瓶喷出的气体驱散。

当液化石油气气瓶和室内物品同时燃烧时，气瓶受热泄压的速度会加快，气瓶喷出的火焰会加剧建筑和物品的燃烧。灭火过程中，应一面迅速扑灭建筑和室内物品的燃烧，一面设法将燃烧的气瓶疏散至安全地点。在室内燃烧未扑灭前，不能扑灭气瓶的燃烧。当房屋或室内物品起火，并直接烧烤液化石油气气瓶时，气瓶可能在几分钟内发生爆炸。在扑救时，一定要设法把气瓶疏散出去；如果气瓶燃烧时疏散不了，要先用水流冷却保护，并迅速消除周围火焰对气瓶的威胁。

当居民用液化石油气气瓶大量漏气，尚未发生火灾时，不要轻易打开门窗排气，应先通知周围邻居熄灭一切火种，然后才能通风排气，并用湿棉被等将气瓶堵漏后搬到室外。

**4. 仓库火灾**

仓库是可燃物集中的场所，一旦发生火灾，极易造成严重损失。在进行仓库火灾扑救时，应根据仓库的建筑特点、储存物资的性质以及火势等情况，加强第一批灭火力量，灵活运用灭火技术。在只见烟不见火的情况下，不能盲目行动，必须迅速查明以下情况：

1）储存物资的性质、火源及火势蔓延的途径。

2）为了灭火和疏散物资是否需要破拆。

3）是否因烟雾弥漫而必须采取排烟措施。

4）临近火源的物资是否已受到火势威胁、是否需要采取紧急疏散措施。

5）库房内有无爆炸、剧毒物品，火势对其威胁程度如何，是否需要采取保护、疏散措施。

当易爆、有毒物品或贵重物资受到火势威胁时，应采取重点突破的方法进行扑救。灭火中，选择火势较弱或能进能退的有利地形，集中数支水枪，强行打开通路，掩护抢救人员，深入燃烧区将这类物品抢救出来，转移到安全地点。对无法疏散的爆炸物品，应用水枪进行冷却保护。在烟雾弥漫或有毒气体妨碍灭火时，要进行排烟通风。消防人员进入库房时，必须佩戴隔绝式消防呼吸器，排烟通风时，要做好水枪出水准备，防止在通风情况下火势扩大。扑救有爆炸危险的物品时，要密切注视火场变化情况，组织精干的灭火力量，争取速战速决。当发现有爆炸征兆时，应迅速将消防人员撤出。

对于露天堆垛火灾，应集中主要消防力量，采取下风堵截、两侧夹击的方式，防止火势向下风方向蔓延，并派出力量或组织职工监视与扑打飞火。当火势被控制住以后，可将几个物资堆垛的燃烧分隔开，逐步将火扑灭。扑救棉花、化学纤维、纸张及稻草等堆垛火灾，要边拆分堆垛边喷水灭火。此外，对疏散出来的棉花、化学纤维等物资，还要拆包检查，消除阴燃。

### 5. 化学危险品火灾

扑救化学危险品火灾，如果灭火方法不恰当，就有可能使火灾扩大，甚至导致爆炸、中毒事故发生。所以必须注意运用正确的灭火方法。

（1）易燃和可燃液体火灾的灭火方法

液体火灾特别是易燃液体火灾发展迅速而猛烈，有时甚至会发生爆炸。这类物品发生的火灾主要根据它们的密度大小，能否溶于水等选取最有利的灭火方法。

一般来说，对于比水轻又不溶于水的有机化合物，如乙醚、苯、汽油、轻柴油等的物质发生火灾时，可用泡沫或干粉扑救。最初起火时，燃烧面积不大或燃烧物不多时，也可用二氧化碳或卤代烷灭火器扑救。但不能用水扑救，否则会导致易燃液体浮在水面并随水流淌使火势蔓延扩大。

针对能溶于水或部分溶于水的液体，如甲醇、乙醇等醇类，醋酸乙酯、醋酸丁酯等酯类、丙酮、丁酮等酮类物质发生火灾时，应用雾状水或抗溶型泡沫、干粉等灭火器扑救（最初起火或燃烧物不多时，也可用二氧化碳扑救）。

针对不溶于水、密度大于水的液体，如二硫化碳等着火时，可用水扑救，但覆盖在液体表面的水层必须有一定厚度，方能压住火焰。

敞口容器内可燃液体着火，不能用砂土扑救。因为砂土非但不能覆盖液体表面，反而会沉积于容器底部，造成液面上升以致溢出，使火灾蔓延扩大。

（2）易燃固体火灾的灭火方法

易燃固体发生火灾时，一般都能用水、砂土、石棉毯、泡沫、二氧化碳、干粉等灭火材料扑救。但粉状固体如铝粉、镁粉、闪光粉等火灾，不能直接用水、二氧化碳扑救，以避免粉尘被冲散在空气中形成爆炸性混合物而可能发生爆炸，如要用水扑救，则必须先用砂土、石棉毯覆盖后才能进行。

磷的化合物、硝基化合物和硫黄等易燃固体着火，燃烧时产生有毒和刺激性气体，灭火时人要站在上风向，以防中毒。

（3）遇水燃烧物品和自燃物品火灾的灭火方法

遇水燃烧物品（如金属钠等）的共同特点是遇水后能发生剧烈的化学反应，放出可燃性气体而引起燃烧或爆炸。遇水燃烧物品火灾应用干砂土、干粉等灭火，严禁用水基灭火器和泡沫灭火器灭火。遇水燃烧物中，如锂、钠、钾、铷、铯、锶等，由于化学性质十分活泼，能夺取二氧化碳中的氧而起化学反应，使燃烧更猛烈，所以也不能用二氧化碳灭火。磷化物、连二亚硫酸钠（保险粉）等火灾时能放出大量有毒气体，在扑救此类物品火灾时，人应站在上风向。

自燃物品起火时，除三乙基铝和铝铁溶剂不能用水灭火外，一般可用大量的水进行灭火，也可用砂土、二氧化碳和干粉灭火器灭火。由于三乙基铝遇水产生乙烷可燃气体，而铝铁溶剂燃烧时温度极高，能使水分解产生氢气，因此这两类物质不能用水灭火。

（4）氧化剂火灾的灭火方法

大部分氧化剂火灾都能用水扑救，但对过氧化物和不溶于水的液体有机氧化剂，应用干砂土或二氧化碳、干粉灭火器扑救，不能用水和泡沫扑救。这是因为过氧化物遇水反应能放出氧，加速燃烧，而不溶于水的液体有机氧化剂一般密度都小于水，如用水扑救会导致可燃液体浮在水面流淌而使火灾扩大。此外，粉状氧化剂火灾应用雾状水扑救。

（5）毒害物品和腐蚀性物品火灾的灭火方法

一般毒害物品着火时，可用水及其他灭火器灭火，但毒害物品中氰化物、硒化物、磷化物着火时，如遇酸会产生剧毒或易燃气体。如氰化氢、磷化氢、硒化氢等着火，就不能用酸碱灭火器灭火，只能用雾状水或二氧化碳等灭火。

腐蚀性物品着火时，可用雾状水、干砂土、泡沫和干粉等灭火。硫酸、硝酸等酸类腐蚀品不能用加压密集水流灭火，因为密集水流会使酸液发热甚至沸腾，四处飞溅而伤害扑救人员。

当用水扑救化学危险物品，特别是扑救毒害物品和腐蚀性物品火灾时，还应注意节约用水，同时尽可能使灭火后的污水流入污水管道。因为有毒或有腐蚀性的灭火污水四处溢流会污染环境，甚至污染水源。同时，减少水量还可减小物品的水渍损失。

**6. 电气火灾**

电气设备发生火灾时，为了防止触电事故，一般要在切断电源后才进行扑救。

（1）**断电灭火**

电气设备发生火灾或引燃附近可燃物时，首先要切断电源。电源切断后，扑救方法与一般火灾扑救相同。切断电源时应注意以下几个方面：

1）如果要切断整个车间或整个建筑物的电源，可在变电所、配电室断开主开关。在自动空气开关或油断路器等主开关没有断开前，不能随便拉隔离开关，以免产生电弧发生危险。

2）电源刀开关在发生火灾时受潮或受烟熏，其绝缘强度会降低，切断电源时，最好用绝缘工具操作。

3）切断电磁起动器控制的电动机时，应先断开按钮开关停电，然后再断开刀开关，防止带负荷操作产生电弧伤人。

4）在动力配电盘上，只用作隔离电源而不用作切断负荷电流的刀开关或瓷插式熔断器，叫总开关或电源开关。切断电源时，应先断开电动机的控制开关，切断电动机回路的负荷电流，停止各个电动机的运转，然后再断开总开关切断配电盘的总电源。

5）当进入建筑物内，利用各种电气开关切断电源已经比较困难，或者已经不可能时，可以在上一级变配电所切断电源，但这样会影响较大的范围供电。当处于生活居住区的杆上变电台供电时，有时需要采取剪断电气线路的方法来切断电源。如需剪断对地电压在250V以下的线路时，可穿戴绝缘靴和绝缘手套，用断电剪将电线剪断。切断电源的地点要选择适当，剪断的位置应在电源方向的支持物附近，防止导线剪断后掉落在地上造成接地短路触电伤人。对三相线路的非同相电线应在不同部位剪断，在剪断扭缠在一起的合股线时，防止两股以上合剪，否则会造成短路事故。

6）城市生活居住区的杆上变电台上的变压器和农村小型变压器的高压侧，多用跌开式熔断器保护。如果需要切断变压器的电源，可以用电工专用的绝缘杆断开跌开式熔断器，以达到断电的目的。

7）电容器和电缆在切断电源后，仍可能有残余电压。为了安全起见，即使可以确定电容器或电缆已经切断电源，仍不能直接接触或搬动电缆和电容器，以防发生触电事故。

（2）带电灭火

有时在危急的情况下，如等待切断电源后再进行扑救，存在火势蔓延的危险或者断电后会严重影响生产，这时为了取得主动，扑救需要在带电的情况下进行。带电灭火时应注意以下几点：

1）必须在确保安全的前提下进行，应用不导电的灭火剂如二氧化碳、卤代烷、干粉等进行灭火。不能直接用导电的灭火剂如直射水流、泡沫等进行喷射，否则会造成触电事故。

2）使用小型二氧化碳、卤代烷、干粉灭火器灭火时，由于其射程较近，要注意保持一定的安全距离。

3）在灭火人员穿戴绝缘手套和绝缘靴，水枪喷嘴安装接地线的情况下，可以采用喷雾水灭火。

4）如遇带电导线落于地面，则要防止跨步电压触电，灭火人员进入火场必须穿上绝缘鞋。

此外，有油的电气设备（如变压器、油开关）着火时，可用干砂盖住火焰，使火熄灭。

## 复 习 题

1. 简述燃烧的定义及基本特征。
2. 简述燃烧的基本过程。
3. 简述燃烧与火灾之间的关系。
4. 简述强迫着火的定义及特征。
5. 热理论中可采取的灭火措施有哪些？
6. 阐述热自燃理论和链锁自燃理论的基本出发点。
7. 基于扩散燃烧理论的灭火措施有哪些？
8. 概述活化能燃烧理论及灭火措施。
9. 灭火的基本方法有哪些？
10. 简要说明化学危险品的灭火方法。

# 第3章

# 水灭火技术

**本章学习目标**

　　教学要求：了解水的理化性质、灭火机理、灭火形态、使用范围、灭火用水量计算；了解水系灭火剂的组成、分类及应用；掌握细水雾灭火剂的灭火机理、灭火效能影响因素及发展趋势；了解常用水系灭火技术装备。

　　重点与难点：水灭火的相关基础理论和灭火计算方法。

## 3.1 水灭火理论

　　水分子由氢元素和氧元素组成，其化学式为 $H_2O$，相对分子量为18。水在常温常压下为无色无味的透明液体，并可以在液态、气态和固态之间转化。在标准大气压下，液态的水冷却到0℃以下时会凝固成固态的冰，液态水加热到100℃时会发生沸腾变成气态的水蒸气且体积迅速膨胀。水作为最通用、最广泛的灭火剂，具有灭火效果好、来源丰富、价格低廉、取用方便等优点。在灭火过程中，水可以单独使用，也可以和其他灭火剂联合使用。

### 3.1.1 理化性质

**1. 水的物理性质**

（1）水的密度

　　水的密度随温度变化而变化：在3.98℃（近似为4℃）达到最大值（$1.0\text{g/cm}^3$）。当温度高于3.98℃时，水的密度随温度升高而减小；当温度从3.98℃降到0℃时，水的密度随温度的降低而减小。在严寒的冬天，需将消防设施中的水及时排净并采取必要的保暖措施，以防止结冰对消防设施造成损坏。

（2）水的比热容

　　单位质量的水升高1K（热力学温度）所吸收的热量称为水的比热容，水在常见物质中比热容最大，为4.2J/（g·K）。在灭火过程中，水吸收大量热量（1kg水汽化吸收2259kJ热量），使可燃物冷却到燃点以下，从而达到较好的冷却灭火效果。

（3）水的汽化热

水的汽化潜热为40.8kJ/mol，相当于2259kJ/kg，这个热量是将等量水从1℃加热到100℃所需热量的5倍，因此水在灭火过程中具有良好的降温作用。而且，水变成水蒸气时，体积会增大上千倍，具有良好的窒息作用。此外，为了充分发挥水的高汽化热在灭火中的作用，通常需要添加一定的添加剂以降低水的表面张力，目的是尽量扩大其比表面积以增加与燃烧物的接触面积。

（4）水的润湿性

水具有良好的内聚力和表面张力，能产生较为明显的毛细现象和吸附现象。当水与固体物质接触，水分子间的内聚力小于水分子与固体物质间的附着力时，水将润湿固体，使其难以燃烧；当水分子间的内聚力大于附着力时，则水无法润湿固体。对于能被水润湿的固体可燃物，需要大量热量将其吸收的水分蒸发，而水分蒸发过程中还会形成大量水蒸气充满燃烧区（1kg液体水转化成1.726m³水蒸气），降低了燃烧区域的氧气浓度，使燃烧物因得不到足够的氧气而窒息，因此水在扑救该类物质时的灭火效率较高。而对于不能被水润湿的固体物质，用水扑救的效果较差，需要在水中添加润湿剂增加水的附着力或降低水分子间的内聚力，以显著提高水的灭火效能。

（5）水的溶解性

水本身是良好的溶剂，大多数无机化合物可溶于水。用水可以扑救易溶于水的固体物质火灾，也可以冲淡易溶于水的可燃液体，显著降低其燃烧强度，从而达到控制和扑灭火灾的目的。此外，水可以扑救密度比其大的非水溶性可燃液体火灾，如二硫化碳火灾；但当非水溶性可燃液体密度小于水时，可燃液体易在水面扩散，不能采用直流水灭火，可选用喷雾水灭火。

（6）水的导电性

水的导电性能与水的纯度、水体面积、射流的截面积和射流形式有关。纯净水的电阻率很大，几乎是不导电的，为不良导体。因此，纯净水的开花射流和喷雾射流可以扑灭电压较高的电气设备火灾。随着水中杂质含量的增加，特别是电解质含量的增加，水的电阻率迅速下降，导电能力迅速增强。另外，对于相同的水，水流越密集，导电性能越好。因此，采用直流水枪扑救电气设备火灾时，应保持一定的安全距离。

**2. 水的化学性质**

（1）热稳定性

水的热稳定性很强，在一般温度下不会分解。水蒸气加热到2000K以上，也只有极少量解离为氢和氧，而一般火焰温度要远低于2000K，因此水在一般火焰中是很稳定的，在极高的温度下热解产生的氢和氧也不会达到爆炸的浓度。

（2）化学反应

在常温或高温下，水可与某些物质发生化学反应并伴有热量以及易燃、可燃气体或有毒气体产生，有时甚至会发生爆炸。遇水发生化学反应的物质起火不能使用水和泡沫灭火剂进行扑救。因此，了解哪些物质会与水发生化学反应，对灭火救援而言至关重要。

1）水与活泼金属反应。水与锂、钠和钾等活泼金属接触时，会发生激烈的化学反应。

这些活泼金属与水反应，能置换水中的氢原子，释放氢气和大量的热量，其中氢气与空气相混合，易发生自燃或爆炸。例如金属钠与水的化学反应：

$$2Na + 2H_2O \longrightarrow 2NaOH + H_2\uparrow \tag{3-1}$$

在活泼金属火灾中，水与活泼金属反应生成的热量可使金属熔化，进一步与水反应，产生更多的氢气。因此，禁止使用水及水系灭火剂扑救活泼金属火灾。

2）水与金属粉末反应。水与锌粉、铝粉和镁粉等金属粉末在常温下可缓慢发生反应，当金属粉末燃烧时如果使用水系灭火剂扑救，会加剧反应并释放出氢气和大量热量，热量一旦积聚容易发生氢气爆炸事故。例如水与镁粉的化学反应：

$$Mg + 2H_2O \longrightarrow Mg(OH)_2 + H_2\uparrow \tag{3-2}$$

3）水与炭及金属碳化物反应。水遇到灼热燃烧的炭会发生化学反应，生成一氧化碳和氢气；水遇到碳化钙、碳化铝和碳化镁等金属碳化物时会使其分解，产生易燃的烷烃和炔烃，并释放大量热量。例如水与碳化钙的化学反应：

$$CaC_2 + 2H_2O \longrightarrow Ca(OH)_2 + C_2H_2\uparrow \tag{3-3}$$

4）水与金属磷化物和金属氰化物反应。水可使磷化钙、磷化锌、氰化钾和氰化钙等金属磷化物和氰化物发生水解，产生易燃、剧毒的磷化物和氰化物。

所以，要根据火场中可燃物的化学性质，采用相应的灭火剂，其中水系灭火剂不适用于与水反应能够生成可燃气体、有毒气体及爆炸性气体的物质。带电设备火灾、可燃粉尘聚积处的火灾、浓硫酸浓硝酸场所发生的火灾等都不能用直流水扑救。

## 3.1.2　水的灭火机理

**1. 冷却作用**

水是一种高汽化热和高比热容的物质。1kg 水温度升高 1℃可吸收 4184J 的热量，1kg 水蒸发汽化时可吸收热量 2259kJ。当水与炽热的燃烧物接触时产生汽化，此过程会吸收大量的热量，而使燃料冷却，最终终止燃烧。

**2. 窒息作用**

水与火焰接触后，水滴转化为水蒸气，体积急剧增大（1L 水可产生 1700L 水蒸气），有效阻止周围的新鲜空气进入燃烧区，显著降低燃烧区的氧气浓度。通常，空气中水蒸气的体积分数达到 35% 以上时，燃烧就会终止。

**3. 稀释作用**

水本身是一种良好的溶剂，可以溶解水溶性甲、乙、丙类液体，如醇、醛、醚、酮、酯等。当水溶性液体物质起火后，水与可燃、易燃液体混合，可降低其温度和燃烧区域内可燃蒸气的浓度。当可燃蒸气浓度降到其燃烧下限时，燃烧即终止。但在大量水溶性溶剂存在的情况下，必须注意稀释后体积增大有可能溢出容器，造成流淌火。

**4. 冲击作用**

机械的作用下的密集水流具有强大动能和冲击力，可达数十甚至数百牛顿每平方厘米。高压的密集水流冲击可燃物和火焰，可使火焰和可燃物分离，燃烧强度减弱，进而达到灭火目的。

**5. 乳化作用**

用水喷雾灭火设备扑救油类等非水溶性可燃液体火灾时，由于雾状水射流的高速冲击作用，微粒水珠进入液层并引起剧烈的扰动，使可燃液体表面形成一层由水粒和非水溶性液体混合组成的乳状物表层，可减少可燃液体的蒸发量，使燃烧难以继续进行。

水灭火并不是依靠单一灭火机理实现的，而是多种灭火机理综合的结果。水的各种灭火作用的效能可能不同，但大多数情况下水的冷却作用占主导地位。

### 3.1.3 水的灭火形态及应用

水灭火剂按其形态可分为直流水、开花水、雾状水和水蒸气等。水流的形态取决于水枪、水炮喷嘴的结构，水的压力或流速变化等因素。

**1. 直流水**

具有充实水柱的密集水流称为直流水，又称柱状水。直流水可以由各种固定式或移动式水炮、带架水枪、直流水枪或直流喷雾水枪等射水器具喷出。

（1）特点

水流为柱状，具有射程远、流量大、冲击力强等特点。

（2）适用范围

直流水可用于扑救以下物质火灾：

1）一般固体物质表面火灾，如木材及其制品、纸张、草垛、棉麻和建筑物等火灾。

2）固体物质的阴燃火灾。

3）闪点在120℃以上、常温下呈半凝固状态的重油火灾。

4）石油和天然气井喷火灾。

**2. 开花水**

水滴平均粒径大于$100\mu m$、用来降低热辐射的伞形水射流称为开花水，可以由直流开花水枪或多功能水枪等射水器具喷出。

（1）特点

水流为伞形，其射程和流量介于直流水和雾状水之间。

（2）适用范围

开花水主要用于稀释可燃气体、有毒气体，隔绝辐射热等。

**3. 雾状水**

水滴平均粒径不大于$100\mu m$、射流边缘夹角大于$0°$且不具有充实核心段的水射流称为雾状水，又称喷雾水。雾状水可以由喷雾水枪、直流喷雾水枪或多功能水枪等喷射器具喷出。

（1）特点

雾状水具有降温速度快、灭火效率高和流量小的优点，大量的微小水滴还有利于吸附烟尘，可用于扑救粉尘火灾，纤维状物质及谷物堆垛等固体可燃物的火灾；微小的雾滴互不接触，所以雾状水还可以用于扑救带电设备的火灾。但与直流水和开花水相比，雾状水射程较小，不能远距离使用。

（2）适用范围

雾状水可用于扑救以下物质火灾：

1）重油或沸点高于80℃的非水溶性液体火灾。

2）粉尘、纤维物质、谷物堆垛等固体可燃物质火灾。但对于纤维物质，雾状水渗透性差，灭火速度慢，且阴燃部分不易冷却，使用时要注意防止复燃。

3）带电的电气设备火灾。如油浸电力变压器、充有可燃油的高压电容器、油开关、发电机、电动机等。

此外，雾状水还具有洗消、降尘、消烟等作用。

**4. 水蒸气**

水蒸气能降低燃烧区域内可燃气体和氧气的浓度，有良好的窒息灭火作用。水蒸气主要适用于体积在 $500m^3$ 以下的密闭厂房，以及空气不流通的地方或燃烧面积不大的火灾，特别适用于扑救高温设备和煤气管道火灾。常年有蒸汽源的场所或工矿企业，可以利用水蒸气灭火。

**5. 使用水灭火剂的注意事项**

1）遇水能够发生化学反应的物质着火，禁止用水扑救。如碱金属、碱土金属、一些轻金属及电石等物质。

2）非水溶性可燃液体火灾，原则上不能用水扑救，但原油、重油可以用雾状水流扑救，高压雾状水也可扑救小范围轻质油品火灾。

3）直流水不能扑救可燃粉尘（面粉、铝粉、煤粉、糖粉、锌粉等）聚集处的火灾。

4）储存大量浓硫酸、浓硝酸和盐酸的场所发生火灾，不能用直流水扑救，以免引起酸液飞溅。

### 3.1.4　水灭火的理论分析

**1. 水灭火作用的理论分析**

水是常用灭火剂，分析水的灭火机理可以更有效地利用其进行灭火，这里假设灭火过程中水以两种方式发生作用：①水滴在火焰中蒸发；②水滴在表面蒸发。

理论分析过程中，虽不考虑水蒸气的介入，但需要考虑燃烧产物 $CO_2$ 和 $H_2O$ 特定的组分守恒方程。灭火过程中大量的水会以水蒸气形式蒸发，以下能量平衡方程包括了水滴蒸发时的气相能量损失：

$$c_p \dot{m}_F'' \frac{\mathrm{d}T}{\mathrm{d}y} - k\frac{\mathrm{d}^2 T}{\mathrm{d}y^2} = \dot{m}_F''' \Delta h_c \qquad (3\text{-}4)$$

其中气相的净能量释放速率由下式表示：

$$\dot{Q}_{net}''' = \dot{m}_F''' \Delta h_c - X_r \dot{m}_F''' \Delta h_c - \dot{m}_w''' L_w \qquad (3\text{-}5)$$

式中，考虑了用火焰辐射分数 $X_r$ 表示的辐射热损失、由单位体积火焰中水的蒸发速率 $\dot{m}_w'''$ 以及单位质量的水加热到蒸发所需的热量 $L_w$，取水的 $L_w = h_{fg} + c_p(T_b - T_\infty) = 2.6\mathrm{kJ/g}$。由于 $\dot{m}_w'''$ 不易确定，因此简单地将火焰中的水蒸发热损用火焰能量分数（$X_{r,f}$）表示：

$$\dot{Q}_{net}''' = (1 - X_r - X_{r,f}) \dot{m}_F''' \Delta h_c \qquad (3\text{-}6)$$

对于表面的蒸发作用，当表面接受的净热量完全用于蒸发燃料和水时，同样可以用式（3-4）来表示表面的能量平衡：

$$y = 0, \quad k\frac{\mathrm{d}T}{\mathrm{d}y} = \dot{m}_F'' L + \dot{m}_w'' L_w \qquad (3\text{-}7)$$

$$\dot{m}_F'' = \left(\frac{h_c}{c_p}\right)\ln(1 + B) \qquad (3\text{-}8)$$

其中，无量纲数 $B$ 和考虑辐射修正的等效热量损失 $L_m$ 分别表示如下：

$$B = \frac{Y_{O_2,\infty}(1 - X_r - X_{r,f})\Delta h_c/r - c_p(T_V - T_\infty)}{L_m} \tag{3-9}$$

$$L_m = L - \frac{\dot{q}''_{f,r} + \dot{q}''_e - \sigma(T_V^4 - T_\infty^4) - \dot{m}''_w L_w}{\dot{m}''_F} \tag{3-10}$$

水灭火过程中的能量守恒方程可表示如下：

$$c_p(T_f - T_\infty) = \frac{Y_{F,o}(1 - X_r - X_{r,f})\Delta h_c - L_m - c_p(T_V - T_\infty)}{1 + rY_{F,o}/Y_{O_2,\infty}} \tag{3-11}$$

式中　　$T_\infty$——环境温度；

$T_f$——火焰温度；

$T_V$——凝聚相蒸发温度；

$r$——氧气与燃料的化学计量比。

【例3-1】　估算没有外界辐射热和水且 $T_\infty = 25℃$ 下，扑灭聚甲基丙烯酸甲酯（PMMA）火灾所需的临界环境氧气质量分数。假定 $h_c = 8W/(m^2 \cdot K)$、$T_f = 1300℃$，计算灭火点的质量燃烧流量。取 PMMA 的 $L = 1.6kJ/g$、$\Delta h_c = 25kJ/g$、$T_V = 360℃$、$r = 1.92g(O_2)/g(PMMA)$，空气的 $c_p' = 1.2 \times 10^3 kJ/(kg \cdot K)$。

【解】　预计灭火点处火焰将变小，所以假设没有火焰辐射通量（$X_r = 0$）。接近灭火点时烟尘会减小，火焰呈蓝色，所以这一近似是合理的。此时，PMMA 的 $Y_{F,o} = 1$，$L_m = L$，代入方程式（3-11），可得：

$$c_p(T_f - T_\infty) = \frac{Y_{F,o}(1 - X_r - X_{r,f})\Delta h_c - L_m - c_p(T_V - T_\infty)}{1 + rY_{F,o}/Y_{O_2,\infty}}$$

$$1.53 = \frac{23.8}{1 + 1.92/Y_{O_2,\infty}}$$

$$1.53 + \frac{2.94}{Y_{O_2,\infty}} = 23.8$$

$$Y_{O_2,\infty} = 0.132$$

或

$$X_{O_2,\infty} = 0.132 \times 29 \div 32 = 0.12$$

根据方程式（3-9）可以得到燃烧速率，其中：

$$B = \frac{Y_{O_2,\infty}\Delta h_c/r - c_p(T_V - T_\infty)}{L} = \frac{0.132 \times 25/1.92 - 1.2 \times 10^3(360 - 25)}{1.6} = 0.821$$

灭火点处：

$$\dot{m}''_F = \left(\frac{h_c}{c_p}\right)\ln(1 + B) = 4.0g/(m^2 \cdot s)$$

Magee 和 Reitz 研究了水喷淋对垂直 PMMA 厚板燃烧的影响，结果表明燃烧速率与外加辐射热和 PMMA 单位表面的用水量间存在线性关系，如图 3-1 所示。

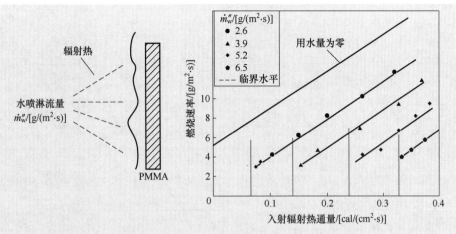

图 3-1　不同水喷淋流量下垂直 PMMA 厚板的燃烧速率与辐射热通量的关系

注：1cal＝4.1868J。

假设为稳态燃烧，可以应用方程式（3-9）和式（3-11）简化计算，做 $X_r = 0$，$X_{r,f} = 0$ 的假设。

根据方程式（3-9），得出以下方程：

$$\dot{m}_F'' L = \frac{h_c}{c_p} \left( \frac{\dot{m}_F'' c_p / h_c}{e^{\dot{m}_F'' c_p / h_c} - 1} \right) \left[ \frac{Y_{O_2, \infty} \Delta h_c}{r - c_p (T_V - T_\infty)} \right] + \dot{q}_{f,r}'' + \dot{q}_e'' - \sigma(T_V^4 - T_\infty^4) - \dot{m}_w'' L_w \quad (3\text{-}12)$$

根据方程式（3-11），替换掉 $L_m$，得出以下方程：

$$\dot{m}_F'' \left[ c_p(T_f - T_\infty) \left( 1 + \frac{r Y_{F,o}}{Y_{O_2, \infty}} \right) - c_p(T_V - T_\infty) \right] \quad (3\text{-}13)$$

$$= \dot{m}_F'' Y_{F,o} \Delta h_c - \dot{m}_F'' L + \dot{q}_{f,r}'' + \dot{q}_e'' - \sigma(T_V^4 - T_\infty^4) - \dot{m}_w'' L_w$$

或

$$\dot{m}_F'' \left[ c_p(T_f - T_\infty) \left( 1 + \frac{r Y_{F,o}}{Y_{O_2, \infty}} \right) - c_p(T_V - T_\infty) + L - Y_{F,o} \Delta h_c \right] \quad (3\text{-}14)$$

$$= \dot{q}_{f,r}'' + \dot{q}_e'' - \sigma(T_V^4 - T_\infty^4) - \dot{m}_w'' L_w$$

其中：$T_f = 1300℃$、$T_\infty = 25℃$、$Y_{F,o} = 1$。现有两个方程、两个未知数即灭火条件 $\dot{m}_w''$ 和 $\dot{m}_F''$，只有在燃烧速率受到抑制时，才能应用方程式（3-12）给出用 $\dot{q}_e''$、$\dot{m}_w''$ 和 $Y_{O_2, \infty}$ 等表示的近似线性结果。作为一级近似，可以忽略封闭效应的非线性特征，将得出的实验结果与上述理论相结合。用式（3-12）减去式（3-14）可得质量损失流量的表达式：

$$\dot{m}_{F,crit}'' \left[ Y_{O_2, \infty} \Delta h_c + c_p(T_V - T_\infty) - c_p(T_f - T_\infty) \left( 1 + \frac{r Y_{F,o}}{Y_{O_2, \infty}} \right) \right] \quad (3\text{-}15)$$

$$= \frac{h_c}{c_p} \left( \frac{\dot{m}_F'' c_p / h_c}{e^{\dot{m}_F'' c_p / h_c} - 1} \right) \left[ \frac{Y_{O_2, \infty} \Delta h_c}{r - c_p(T_V - T_\infty)} \right]$$

忽略封闭因子，若 $h_c = 8W/(m^2 \cdot K)$，则得出：

$$\dot{m}''_{F,crit}\left[1 \times 25 + 1.2 \times 10^{-3} \times (360 - 25) - (1.2 \times 10^{-3}) \times (1300 - 25) \times \left(1 + \frac{25/13}{0.233}\right)\right]$$

$$= \frac{8}{1.2} \times 1 \times [0.2333 \times 13 - (1.2 \times 10^{-3}) \times (260 - 25)]$$

$$11.24 \dot{m}''_{F,crit} = 17.51$$

$$\dot{m}''_{F,crit} = 1.56g/(m^2 \cdot s)$$

为了使该结果与 Magee 和 Reitz 给出的灭火点处约为 $4g/(m^2 \cdot s)$ 的数值相符，$h_c$ 需要达到 $16 \sim 20W/(m^2 \cdot K)$。

同样还可以计算出灭火所需的临界水流量。当 $\dot{q}''_e$ 和 $\dot{m}''_w$ 等于 0 时，选 $\dot{m}''_F$ 为 $5.7g/m^2$，$L = 1.6kJ/g$ 时，火焰表面的总净热通量：

$$\dot{q}''_{f,net} = [5.7g/(m^2 \cdot s)] \times (1.6kJ/g) = 9.12kW/m^2$$

若火焰热通量没有明显变化，根据方程式（3-12）得出：

$$\dot{m}''_w L_w = \dot{q}''_{f,net} + \dot{q}''_e - \dot{m}''_F L$$

或

$$\dot{m}''_{F,crit} = \frac{9.12 + \dot{q}''_e - [1.56g/(m^2 \cdot s)] \times (1.6kJ/g)}{2.6kJ/g} = 0.38\dot{q}''_e + 2.55$$

当用水量为 $5.2g/(m^2 \cdot s)$ 时，允许火焰存在的最小临界外加辐射热通量：

$$\dot{q}''_e = (5.2 - 2.55)/0.38kW/m^2 = 7.0kW/m^2$$

根据 Magee 和 Reitz 的实验数据，这一数值约为 $9.6kW/m^2$，说明该水灭火理论能很好地解释灭火现象。

**2. 灭火用水量的理论分析**

根据能量守恒定律，可对熄灭燃烧所需要的用水量和水的供给进行理论计算。任何可燃物质或材料的扩散火焰，其最大区间温度约为 $1200 \sim 1300\,^{\circ}\mathrm{C}$。如露天可燃气体扩散火焰的温度区间为 $1250 \sim 1300\,^{\circ}\mathrm{C}$（氢除外），可燃液体的火焰温度区间为 $1200 \sim 1250\,^{\circ}\mathrm{C}$；固体可燃物的火焰温度区间为 $1150 \sim 1200\,^{\circ}\mathrm{C}$。

根据火焰的热理论，多数可燃烃类物料的熄灭温度取 $1000\,^{\circ}\mathrm{C}$（1273K），可燃物与氧化剂混合物的初温 $T_0 \approx 300K$，燃烧产物最高温度约等于火焰温度，$t_{火焰} = 1200\,^{\circ}\mathrm{C}$ 或 $T_{火焰} = 1500K$，即燃区介质的温度提高近 1200K。为升高燃烧区的温度，需要用掉该可燃物燃烧热值的 60%（约 $0.6Q_L$），向周围介质辐射损失约 $0.4Q_L$。而为了降低火焰温度，则必须有 $\Delta T_{损失} = 200K$，即燃烧区约 1/6 或 17% 的增温（$200/1200 \approx 0.17$）。假设燃烧产物的温升与燃烧的化学反应析出的热量（去除辐射的热损失）成正比，为了终止燃烧就必须减少约 17% 的析热量，也就是从火焰中用于提高反应区温度的 60% 热量中再去掉 17% 的热量，即 $\Delta Q \approx 17\% Q_{火焰}$，其中 $Q_{火焰} \approx 60\% Q_L$。因此，扑救可燃气体、易燃和可燃液体蒸气和固体可燃材料的扩散燃烧，必须从燃烧区附加散失掉用于提高火焰介质温度 1/6 的热量，即 $1/6 \times$

$60\% Q_L$，约为物质燃烧热的 $10\%$。

由于多数气体和液体烃类可燃物质的燃烧热很少超过 $(40 \sim 50) \times 10^3 kJ/kg$，因此，可燃物的扩散火焰中附加散失掉的热量可表示如下：

$$\Delta Q_{散}^{比} \approx 0.1 Q_L \approx (4 \sim 5) \times 10^3 kJ/kg \tag{3-16}$$

计算 1kg 水能散掉的热量：

$$\Delta Q_{散}^{比(水)} = Q_{水}^{加热} + Q_{水}^{蒸发} + Q_{加热}^{蒸发} \tag{3-17}$$

考虑到 $m_{蒸} = m_{水}$，得：

$$\Delta Q_{散}^{比(水)} = m_{水} c_{水} \Delta T_{水} + m_{水} \Delta H_{水} + m_{蒸发} c_p \Delta T_{蒸发} \tag{3-18}$$

式中　$m_{水}$——水量，假设等于 1kg；

　　　$c_{水}$——水的比热容，取值 $4.2 kJ/(kg \cdot K)$；

　　　$\Delta T_{水}$——水由初温加热到沸点的温度范围（K）；

　　　$\Delta H_{水}$——水的汽化潜热，取值 2259kJ/kg；

　　　$c_p$——在 $100 \sim 1000℃$ 范围内水蒸气的比定压热容，取平均值为 $2kJ/(kg \cdot K)$；

　　　$\Delta T_{蒸发}$——火焰区在 $100 \sim 1000℃$ 时水蒸气加热的温度范围（K）。

将各项数值代入式（3-18），得：

$$\Delta Q_{散}^{比(水)} \approx 4400 kJ/kg \tag{3-19}$$

因此，投入燃烧区 1kg 水，完全蒸发，并将水蒸气加热到火焰的最低温度，就能够从火焰中驱走 4400kJ 的热量。这意味着为扑灭热量 $Q_L = (40 - 50) \times 10^3 kJ/kg$ 的烃类可燃物的扩散火焰，需要向火焰中供给的水量为

$$q_{散}^{比} = \frac{\Delta Q_{散}}{\Delta Q_{散}^{比(水)}} = \frac{0.1 Q_L}{4400} \approx 1 kg/kg \tag{3-20}$$

在灭火过程中，1kg 可燃液体或 1kg 可燃气体约需要 1kg 或 1L 水。以上求得的用水的比流量数值只是理论计算值，而实际灭火过程中向火焰区供水直到火焰熄灭之前，无法保证所有的水量都完全蒸发并将其蒸汽加热到气体介质的温度。假设：①只有 80% 的水量喷射到火焰；②喷射到火焰区的水只有 90% 被加热到沸点（100℃）；③只有 75% 的水蒸气受热达到约 750℃。在这种情况下，从火焰区散掉的热量等于：

$$\Delta Q_{散}^{比(水)} = k_1 k_2 m_{水} c_{水} \Delta T_{水} + k_1 k_2 k_3 m_{水} \Delta H_{水} + k_1 k_2 k_3 k_4 m_{蒸} c_p \Delta T_{蒸} \tag{3-21}$$

式中，$k_1 = 0.8$，$k_2 = 0.9$，$k_3 = 0.75$，$k_4 = 0.75$。

在这种情况下，将各项数值代入之后，可得 $\Delta Q_{散}^{比(水)} = 2200 kJ/kg$，比上述所得值约少一半。与此相应地，终止有焰燃烧所需要的水量将比上述所得数值高 1 倍，即 $q_{散}^{比} = \Delta Q_{散} / \Delta Q_{散}^{比(水)} = 0.1 Q_L / 2200 \approx 2 kg/kg$，但这个数值比实际使用的量少 $1/10 \sim 1/5$。

上述所有列举的计算都是以灭火的热效应为基础，并没有考虑终止燃烧的一些机理，诸如水蒸气对燃烧反应区的稀释、燃烧的化学反应区蒸气-气体混合物的热物理性质的变化等，因此所计算的理论值与实际用水量之间有一定差异。

## 3.2　水系灭火剂

水作为最常用的天然灭火剂，汽化后产生大量的水蒸气，能有效阻止空气进入燃烧区，使燃烧区域的氧气浓度下降。但通常火场温度较高，水未到达燃烧区就发生汽化，这使得水的灭

火性能未能充分发挥。此外，对于着火面积大、火势发展迅猛、易复燃的大型火灾，水往往只能控制火势蔓延而无法有效扑救。为了提高水的灭火效能、扩展其应用范围，通常需要在水中添加各种助剂以有效增加水的汽化潜热、黏度、润湿力和附着力等物理特性，从而提高水的隔氧降温能力，延长水在燃烧区域的停留时间，减小水的流动阻力，加大水的冷却及保护面积等。

### 3.2.1 概述

水系灭火剂是由水、渗透剂、阻燃剂以及其他添加剂组成，一般以液滴或液滴与泡沫混合形式灭火的液体灭火剂。水系灭火剂可以延长灭火的作用时间，增强水的冷却作用，相比于水，具有更优异的灭火效率和更广泛的应用范围。水系灭火剂中，水的质量分数在90%以上，其余为各种添加剂。典型添加剂的主要成分及其作用见表3-1。

表3-1 水系灭火剂中典型添加剂的主要成分及其作用

| 添加剂 | 主要成分 | 主要作用 |
|---|---|---|
| 润湿剂 | 表面活性剂 | 降低水的表面张力及其界面张力 |
| 渗透剂 | 碳氢或氟碳类 | 提高水的润湿性能和渗透的能力 |
| 抗冻剂 | 无机盐、醇类 | 提高水的耐寒性，降低水的冰点 |
| 强化剂 | 钾盐及碳酸铵盐 | 提高水的灭火效率 |
| 增黏剂 | 植物胶、活性白土、皂土、聚乙二醇等 | 增强水在固体表面的附着力和延长停留时间，提高水对固体表面的冷却和灭火能力 |
| 减阻剂 | 聚氧乙烯、聚乙二醇 | 减小水的摩擦阻力，提高其输送距离或射程 |
| 缓蚀剂 | 磷酸钠、铬酸钠、苯基酸钠、脂肪酸钠等 | 减弱含添加剂（如润湿剂、抗冻剂、强化剂等）的水溶液对金属容器的腐蚀性 |

### 3.2.2 水系灭火剂的分类及应用

**1. 分类**

1）根据灭火类型的不同，水系灭火剂可以分为抗醇型水系灭火剂和非抗醇型水系灭火剂。抗醇型水系灭火剂适用于扑灭A类火灾、水溶性和非水溶性B类火灾，非抗醇型水系灭火剂适用于扑灭A类火灾和非水溶性B类火灾。

2）根据发泡性能的不同，水系灭火剂可以分为非发泡型灭火剂和发泡型灭火剂。非发泡型灭火剂以液滴形式存在，主要适用于A类火灾；发泡型灭火剂以液滴和泡沫混合形式存在，一般适用于A类、B类火灾。

3）根据使用形式的不同，水系灭火剂可以分为浓缩型灭火剂和非浓缩型灭火剂。浓缩型灭火剂指灭火应用时需要按一定比例与水混合的液体灭火剂；非浓缩型灭火剂指灭火应用时无需按一定比例与水混合使用的液体灭火剂，主要用于灌装灭火器。

4）根据添加剂类型的不同，水系灭火剂还可以分为强化水灭火剂、乳化水灭火剂、润湿水灭火剂、抗冻水灭火剂、黏性水灭火剂、减阻水灭火剂、水胶体灭火剂等。

**2. 应用**

（1）强化水灭火剂

该类灭火剂通过在水中添加某些渗透剂、可溶性无机盐等强化液制备而成。添加强化液可提高水的灭火效能和灭火后的抗复燃能力，常用的强化液主要有磷酸盐、碳酸盐、尿素、氯化钠等。强化水灭火剂具有冷却和化学抑制的双重灭火作用，可扑救 A 类、B 类和 C 类物质的初期火灾。另外，强化水灭火剂还具有冷却和渗透功能，使得火灾扑救后复燃的可能性显著降低，这也是气体灭火剂和干粉灭火剂无法比拟的。

此外，强化水可直接应用于消防车中，扑救 A 类、B 类、C 类火灾。研究表明，纯水无法有效扑灭直径 1m 的油罐火灾，但在水中添加 5% 的碳酸钠或碳酸氢钾后，只需 8 ~ 10s 便可以灭火。对于可燃液体火灾，不同强化剂的灭火效率如下：

$$NaHCO_3 < Na_2CO_3 < KHCO_3 < K_2CO_3$$

通常，强化剂的添加量一般在 1% ~ 5% 为宜，当添加量超过 10% 后，强化水的灭火效率随强化剂的增加提高甚微。强化水灭火剂除了水本身具备的灭火作用之外，添加的无机盐类在火焰中汽化而析出游离金属离子（$Na^+$ 和 $K^+$ 等）可与火焰中的自由基和过氧化物反应，终止链锁燃烧反应，扑灭火灾。

（2）乳化水灭火剂

乳化水灭火剂通过在水中添加乳化剂制备而成，乳化剂含有憎水基团，与水混合后以雾状喷射。该类灭火剂可用于扑救闪点较高的油品火灾，也可用于油品泄漏的清理。

（3）润湿水灭火剂

润湿水灭火剂通过在水中添加少量的表面活性剂制备而成，润湿剂的存在能提高水对固体物质的润湿能力。润湿水灭火剂可直接充填在灭火器中，也可用于消防车中，对扑救木材垛、棉花包、纸库、粉煤堆等火灾效果良好。

凡是能降低水的表面张力的物质，都能够提高水的润湿能力，因此大部分表面活性剂都可以作为润湿剂。按照表面活性剂分子中亲水基团的不同，润湿剂可以分为四类：

1）阴离子表面活性剂。如：羧酸盐（RCOOM）、硫酸酯盐（$ROSO_3M$）、磺酸盐（$RSO_3M$）及其酯类、磷酸酯盐和长链烷基苯醚磺酸盐。

2）阳离子表面活性剂。如：季铵盐（$R_3N^+Cl^-$）、伯胺盐、仲胺盐及叔胺盐等。

3）两性离子表面活性剂。如：氨基酸型、甜菜碱型、咪唑啉型表面活性剂。

4）非离子型表面活性剂。如：聚乙二醇型（也称聚氧乙烯型）、多元醇型非离子表面活性剂。

以上四种表面活性剂中，阴离子表面活性剂价格较便宜，阳离子和两性表面活性剂较贵。目前，常用的润湿剂多为磺酸盐和硫酸酯盐等阴离子型表面活性剂。

润湿剂分子在液面上的定向排列以及被水分子排斥在水面上的疏水基团，改变了水溶液的表面状态，大大降低了水的表面张力。对于不易被水润湿的物质，水在其表面呈滴状，很容易滚下来，所以用水灭火比较困难。当把润湿水灭火剂喷射到燃烧物的表面上时，由于润湿剂作用，水会附着在燃烧物的表面并扩散开来，冷却燃烧物的表面，阻止可燃物的热解，从而使燃烧熄灭。此外，含润湿剂的水还能够迅速渗透到燃烧物内部，扑灭阴燃火灾。

（4）抗冻水灭火剂

抗冻水灭火剂是在水中加入抗冻剂制备而成，抗冻剂的存在能提高水的耐寒性，降低水的冰点。在我国北方，为了防止水在冬季结冰，需要在水中加入抗冻剂，以满足水在寒冷地区的正常使用。常用的抗冻剂有两种类型：一类是无机盐（如氯化钙、氯化镁、氯化钠、碳酸钾等），另一类是多元醇（如乙醇、乙二醇、丙二醇、甘油等）。

抗冻剂的选用，要根据具体情况综合考虑。例如，如果使用地下水则不宜使用碳酸钾，因为水中 $Ca^{2+}$ 和 $Mg^{2+}$ 较多，会形成碳酸钙和碳酸镁沉淀。如果在水中还加入了其他灭火物质，应该考虑添加剂之间的相容性。

（5）黏性水灭火剂

黏性水灭火剂通过在水中添加增稠剂，改变水的黏度，增加水在燃烧物表面特别是垂直表面上的附着力，减少水的损失，提高水的冷却效率。此外，黏性水灭火剂还具有防止水流失对财产和环境产生二次破坏的作用。该类灭火剂适用于扑救建筑物内火灾，达到节水、保水的目的，避免了火灾后大量水渍损失的问题。

增稠剂可分为无机增稠剂和有机高分子增稠剂。水玻璃（硅酸钠凝胶溶液）作为一种无机增稠剂，将其与 20% ~ 40% 水溶液配成的黏性水灭火剂具有一定的黏度，能附着于物体表面，在火焰的烘烤下可逐渐变成阻燃的固体防护层以有效隔绝热量和物质传递，达到阻止火势蔓延和扑灭火灾的目的。此外，水溶性高聚物如聚乙烯醇、羧甲基纤维素钠等也可作为增稠剂。相比于水灭火剂，黏性水灭火剂不易流入土壤，亦不易蒸发，可在森林和草原火区周围形成防火隔离带，因此适用于扑灭森林和草原等大面积火灾。

（6）减阻水灭火剂

减阻水灭火剂是在水中添加减阻剂，改善水流动性的灭火剂。减阻剂能有效减少水在水带输送过程中的阻力，提高水带末端的水枪或喷嘴的压力，增大水的输送距离和射程，提高水的灭火效率。常用的减阻剂有聚氧乙烯和聚丙烯酰胺，添加浓度一般为 0.01% ~ 5%。

（7）凝胶型灭火剂

凝胶型灭火剂是通过在水中添加凝胶类物质制备而成，根据凝胶类物质的不同可以分为无机水凝胶和高分子凝胶灭火剂。

无机水凝胶灭火剂是以无机硅胶材料为基料，与促凝剂、阻化剂和水混合反应生成硅凝胶，硅凝胶中硅和氧形成了共价键骨架，呈立体网状的空间结构，水填充在硅氧骨架之间。硅凝胶遇到高温后，骨架中包含的水迅速汽化以降低燃烧体的表面温度，残余固体形成的包裹物，可以阻碍燃烧体与氧进一步接触氧化。此外，硅凝胶降低了水的流动性，延长了水在燃烧体系的停留时间，有效发挥了水的冷却作用，使燃烧体表面及内部温度显著下降。无机水凝胶灭火剂在森林火灾、草原火灾和矿井火灾中应用较为广泛。

高分子凝胶灭火剂是在水中添加 0.3% ~ 0.5% 的高吸水性树脂制备而成的。灭火过程中，将凝胶水喷洒在固体可燃物上，能立即在物体表面形成一层水凝胶阻燃膜，阻隔物质和热量的传递，达到灭火的目的。

（8）湿式化学灭火剂

湿式化学灭火剂是专用于扑救烹调油火或脂肪火的一种新型水灭火剂。由于脂肪燃烧时产生高温，引起脂肪胶结，普通的泡沫、干粉及二氧化碳灭火剂的扑救效果不够理想。而湿式化学灭火剂与脂肪火接触时会使脂肪皂化，形成具冷却作用的皂膜，具有良好的灭火效果。该类灭火剂通常用于手提灭火器或简易式灭火器之中。

（9）多功能水系灭火剂

该类灭火剂是将几种类型水系灭火剂的特点综合到一起，兼有粘附、渗透和阻燃的效果，将水扑灭 A 类火灾的灭火效能提高了 2 ~ 3 倍。如 SD- A 型强力灭火剂和 SD- AB 型灭火剂，该类灭火剂主要由 0.05% ~ 0.2% 增稠剂、0.1% ~ 0.2% 润湿剂、15% ~ 20% 混合盐、

3%~5%助剂和70%~75%水复配而成。SD系列水系灭火剂可用于A类、B类火灾及极性溶剂火灾的扑救，可用于手提式灭火器的充装和消防车灭火作业的实施。该类灭火剂主要通过提高水的润湿性、阻燃性、吸热冷却性及发泡窒息性，达到增强水灭火效能的目的。

（10）植物型复合阻燃灭火剂

植物型复合阻燃灭火剂不同于现有的其他水性灭火剂，它是以水和天然植物为主要原料，连同助剂制成的一种多功能、多用途的灭火剂。该类灭火剂能产生阻燃活性，使燃烧物质的燃烧性质从易燃变为难燃、不燃。该类灭火剂的阻燃灭火机理主要包括以下方面：

1）改变物质的燃烧性质。由于植物型复合阻燃灭火剂中含有大量的复合阻燃活性物质，这些物质与燃烧物质相接触时，可迅速对燃烧相产生强烈的渗透并同步进行乳化，将复合阻燃活性物质溶于被乳化的燃烧相中，由此改变原物质的燃烧性质，使其变为难燃、不燃物质，达到改变物质燃烧性质的目的，使燃烧终止。

2）吸热降温作用。植物型复合阻燃灭火剂的水汽化蒸发吸收大量的热量并使体积扩大上千倍，当水蒸气占燃烧空间35%或降温至燃烧物质闪点或燃点以下，燃烧将终止。

3）稀释阻燃作用。植物型复合阻燃灭火剂不但自身是阻燃性物质，且极易溶于水，因此对于水溶性的易燃可燃物质，它还具有稀释、阻燃双重作用。当可燃物浓度或燃烧强度下降到燃烧极限值以下时，火焰可自行熄灭。

4）结膜封闭作用。植物型复合阻燃灭火剂中所含的活性物质和结膜物质在火场中易聚结成膜，并能在燃烧物质温度以及物质界面张力变化的条件下，形成不同结膜（如泡膜、胶膜、焦膜、复合膜）覆盖在燃烧物质表面上，起到隔氧隔热作用，从而封闭了可燃汽化物，切断了燃烧热传递，最终迫使燃烧停止。

总体而言，水系灭火剂能不同程度地延迟水在燃烧物中的作用时间，增强水的冷却作用，因而相比于水具有更优异的灭火效能和更广泛的应用范围。

## 3.3　细水雾灭火技术

### 3.3.1　概述

细水雾灭火技术是在自动喷水灭火技术的基础上发展起来的一种新型灭火技术，它通过一定的雾化方法产生非常细小的水微粒，并通过喷头喷射出来，从而达到控制、抑制和熄灭火灾的目的。细水雾灭火技术具有无污染、灭火迅速、耗水量低、对保护对象破坏小等优点，是一种理想的哈龙灭火剂替代品，且适用于电气火灾、航空航天飞行器舱内火灾等传统灭火技术无法应用的场所，具有广阔的应用前景。

NFPA750将细水雾定义为：在最小设计工作压力下，距喷嘴1m处的平面上测得水雾最粗部分的水微粒的体积直径$D_{V0.99}$不大于1000μm，即水雾累积体积比达到99%时，最大雾滴直径小于等于1000μm。这个定义既包含了一部分水喷雾，又包含了高压状态下普通喷淋产生的水雾。一般情况下，细水雾是指$D_{V0.9}$小于400μm的水雾。

通常按照喷雾中雾滴直径的大小，细水雾分为3级，如图3-2所示。

Ⅰ级细水雾为$D_{V0.1}=100$μm与$D_{V0.9}=200$μm连线的左侧部分，即水雾体积百分比10%时最大雾滴直径小于等于100μm，水雾体积百分比90%时最大雾滴直径小于等于200μm的

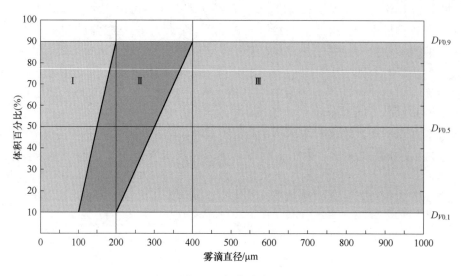

图 3-2　细水雾分级

细水雾。

　　Ⅱ级细水雾为Ⅰ级细水雾界限与 $D_{V0.1}=200\mu m$ 同 $D_{V0.9}=400\mu m$ 连线的左侧部分，即水雾体积百分比 10% 时最大雾滴尺寸小于等于 $200\mu m$，水雾体积百分比 90% 时最大雾滴尺寸小于等于 $400\mu m$ 的细水雾。

　　Ⅲ级细水雾为Ⅱ级细水雾界限右侧至 $D_{V0.99}=1000\mu m$ 之间的部分，即水雾体积百分比 10% 时最大雾滴直径小于等于 $400\mu m$，水雾体积百分比 90% 时最大雾滴直径小于等于 $1000\mu m$ 的细水雾。

　　在工程上，细水雾系统还有其他几种分类方式。按应用方式分类，分为全室应用系统、局部应用系统和分区应用系统；按喷雾产生方式分类，分为单流体细水雾系统和双流体细水雾系统；按照工作压力分类，分为低压系统、中压系统和高压系统等。

　　细水雾灭火技术能够适用于以下几类火灾：

　　1）可燃固体火灾。

　　2）可燃液体火灾。

　　3）电气火灾。

　　4）厨房火灾。

　　对于活性金属等遇水发生剧烈反应或产生危险物的物质，以及低温液化气等遇水造成剧烈沸溢的可燃液体或液化气体火灾，细水雾则不再适用。

### 3.3.2　细水雾的灭火机理

　　细水雾起灭火作用的有三个主要机理和两个辅助机理。三个主要灭火机理分别为：气相冷却作用、燃料表面冷却作用和排氧窒息作用；两个辅助灭火机理分别为：衰减辐射作用和化学动力学效应。

**1. 气相冷却作用**

　　因为水的汽化潜热值较高（2259kJ/kg），大量细水雾雾滴进入燃烧区受热蒸发会吸收火焰的热量，从而起到气相冷却的作用。当火焰的绝热温度降低到极限温度以下，燃料-空气混合物的燃烧反应就会被终止，火焰熄灭。对于大部分烃类和有机可燃蒸气，极限火焰温度约为 1600K（1327℃）。

雾滴的蒸发速率取决于环境温度、雾滴比表面积、雾滴与周围环境之间的对流换热系数、雾滴与周围气体的相对速度。雾滴与周围环境之间的对流换热系数与雾滴尺寸直接相关，可近似用下式表示：

$$H = \frac{0.6}{d} k Pr^{1.5} Re^{0.5} \tag{3-22}$$

式中　$d$——雾滴直径（μm）；

　　　$k$——空气的热导率 [W/(m·K)]；

　　　$Pr$——普朗特数；

　　　$Re$——雷诺数。

为了建立火源尺寸与冷却灭火所需水量二者之间的关系，Wighus 在研究细水雾对丙烷火焰的熄灭作用时提出了水雾热吸收比（SHAR，Spray Heat Absorption Ratio）的概念，水雾热吸收比（SHAR）被定义为水雾所吸收的热量（$Q_{water}$）与火焰所释放的热量（$Q_{fire}$）的比值，即

$$SHAR = \frac{Q_{water}}{Q_{fire}} \tag{3-23}$$

水雾热吸收比或水雾灭火所需的热吸收速率随着火灾场景的不同变化很大。对于一个不受限的丙烷火焰，理想状况下水雾热吸收比只有 0.3，但在"真实"的机舱环境中由于火焰受到障碍物遮挡，水雾热吸收比能够升高到 0.6。

**2. 燃料表面冷却作用**

细水雾穿过燃烧区到达燃料表面后，由于吸热蒸发会对可燃物起到冷却作用，从而减小可燃物气体的生成速率，进而减小可燃物的热释放速率。燃料表面的散热速率大于吸热速率时，可燃物温度将会下降，可燃气体生成量逐渐减少，当燃烧区的可燃气体浓度低于其燃烧下限便能够实现灭火。

在灭火过程中，细水雾的燃料表面冷却作用能够有效防止可燃物发生复燃。当灭火时间较短时，细水雾对可燃物持续冷却的时间也较短，特别是对于木垛火，其内部积蓄了较多热量，一旦水雾停止喷洒，便会发生复燃现象。对于闪点较高的液体燃料和固体燃料，常温下可燃物上方不存在可燃气体与空气的预混气体，在此情况下，细水雾的燃料表面冷却效果能够更充分发挥作用并实现灭火。

**3. 排氧窒息作用**

细水雾的排氧窒息在整个室内或局部应用条件下都能够起到抑制燃烧的作用。5.5L 水完全蒸发形成水蒸气，其体积膨胀 1700 多倍，能够使 $100m^3$ 的房间内氧气浓度降低约 10%。在室内火灾情况下，大量细水雾雾滴分布在空间内，能够迅速吸收火焰和烟气层的热量，雾滴的大量蒸发降低了室内氧气浓度，处于燃烧区的水蒸气对燃料进行覆盖，起到了隔绝氧气的作用。细水雾的排氧窒息作用受到以下因素的影响：

1）火源尺寸：火源尺寸越大，释放的热量越多，有利于细水雾的蒸发，因此窒息效果越好。

2）火源燃烧时间：细水雾开启前，火源燃烧时间越长，室内温度越高，从而提高了雾滴的蒸发效率。

3）被保护房间的大小：空间越大，升温越慢，降低氧气浓度所需要的水雾量和热量越多。

4）通风条件：通风能够使室内的部分烟气和细水雾流出，同时补充冷空气，不利于窒息灭火。

此外，对于障碍物遮挡火灾，细水雾难以直接进入燃烧区并到达燃料表面，此时主导灭火机理为排氧窒息作用。通常，细水雾在火焰周围气体中的混合浓度达到35%，才能实现灭火。当环境温度分别为100℃和300℃时，细水雾在火焰周围气体中的混合浓度分别达到36%和44%才能实现灭火。

**4. 衰减辐射作用**

向火源喷射细水雾时，悬浮在可燃物上方的雾滴对火源形成覆盖，能够起到吸收烟气层和火焰辐射的作用，从而使可燃气体的生成和火焰的传播受到抑制。加拿大国家研究委员会（NRCC）的试验研究表明，在细水雾的作用下，某辐射源对试验室墙壁的辐射热通量降低了70%。Log等研究也表明，细水雾以$100g/m^3$的水雾载荷，在1m的喷射距离下能阻隔800℃黑体60%的辐射热量。

雾滴粒径和水雾质量通量是影响细水雾衰减辐射作用的主要因素。在相同水雾流量条件下，雾滴粒径越小，数量越多，衰减辐射的作用越强。研究发现，对于温度为650K（377℃）的热源，直径$10\mu m$的雾滴仅需要直径为$100\mu m$雾滴质量通量的1/10便能够达到相同的效果。当雾滴直径与热辐射的波长尺度近似时，衰减辐射作用效果最佳。

对于未燃燃料，雾滴润湿燃料表面，阻止火焰向燃料表面的辐射传热，能降低其着火的风险。为了防止未燃燃料表面由于辐射受热而被引燃，所需细水雾的最小水流量可由下式计算得到：

$$\frac{F_m}{A_s} = \frac{\varepsilon\sigma\phi(T_r^4 - T_s^4) - I_c}{H_{vap}} \tag{3-24}$$

式中　$F_m$——最小水流量（$m^3/s$）；

　　　$A_s$——燃料表面积（$m^2$）；

　　　$\varepsilon$——辐射体的发射率；

　　　$\sigma$——斯蒂芬-玻尔兹曼常数；

　　　$\phi$——辐射体相对燃料床的角系数；

　　　$T_r$——辐射源的热力学平均温度（K）；

　　　$T_s$——燃料的热力学平均温度（K）；

　　　$I_c$——点燃燃料所需的临界辐射强度（$kW/m^2$）；

　　　$H_{vap}$——水的蒸发热（kJ/mol）。

**5. 化学动力学效应**

细水雾对燃烧过程中链锁反应的影响称为化学动力学效应。水蒸气进入燃烧区后使燃烧反应加强，温度上升，这是造成细水雾开启初期液体池火尺寸增大的原因。当水蒸气在空气中的体积分数达到30%以上时，由于OH·自由基浓度增大，对链锁反应的强化作用消失。随着水蒸气浓度继续增大，将对燃烧产生抑制作用。

### 3.3.3 细水雾灭火效能的影响因素

细水雾的灭火效能主要取决于细水雾的雾特性、火灾场景、空间尺寸及通风条件等。此外，封闭空间效应、动力混合效应、添加剂的使用、系统应用形式（全淹没或局部应用）以及脉冲喷射模式等其他因素也会对细水雾的灭火效能产生较大的影响。

**1. 细水雾特性参数**

细水雾灭火系统的灭火有效性与雾特性直接相关。影响细水雾灭火有效性的雾特性参数主要包括：雾滴尺寸分布、通量密度、喷雾动量和雾化锥角。

（1）雾滴尺寸分布

理论上，小尺寸雾滴的灭火有效性优于大尺寸雾滴，因为小尺寸雾滴的比表面积更大，更有利于雾滴吸热蒸发以及衰减热辐射。此外，小尺寸雾滴更具有类似于气体的行为表现，在空气中的停留时间更长，能够被气流带到距离喷头较远的地方或被障碍物遮挡的部位。但在火羽的"拖拽"与流体力学效应的作用下，小尺寸雾滴也容易被火羽吹散或被气流吹走，从而难以穿透火羽到达燃料表面。此外，维持小尺寸雾滴的产生及其喷射过程中的动量需要更大的系统压力。

大尺寸雾滴则能更好地克服火羽流的浮力作用，对火焰产生直接冲击，并到达燃料表面对其进行润湿与冷却。但由于大尺寸雾滴的比表面积较小，不利于其吸热蒸发。且随着雾滴直径的增加，细水雾熄灭障碍物遮挡火的难度增大。细水雾在某个火灾场景中的最佳灭火雾滴尺寸，在另一个火灾场景中不一定适用；没有任何一个最佳灭火雾滴尺寸能适用于所有火灾场景。通常，大尺寸雾滴与小尺寸雾滴适当混合比单一尺寸雾滴的细水雾的灭火效果更好。

（2）通量密度

细水雾通量密度是指单位体积内的雾滴总体积（$L/m^3$）或喷射到单位面积上的雾滴总体积（$L/m^2$）。从全室范围来看，通量密度的增加将会降低室内温度，但对室内的氧气浓度则影响较小。对于局部应用的情况，细水雾要实现灭火，其雾通量需达到最小通量密度以上，否则难以发挥冷却作用抑制燃烧。

到达火焰的细水雾通量密度取决于喷雾动量、喷雾锥角、燃料的受遮挡程度、火源尺寸、空间几何尺寸与通风条件等因素。细水雾的最小通量密度随应用场景的变化而改变，细水雾灭火所需的"临界雾滴浓度"较难确定。

（3）喷雾动量

喷雾动量不仅决定了雾滴能否穿透火羽流进入火焰内部或到达燃料表面，还决定了火羽流卷吸周围空气的速率。喷雾动量引起的湍流促使雾滴与水蒸气进入燃烧区，稀释该区域的氧气与可燃气体，从而提高细水雾的灭火有效性。

细水雾喷雾动量由诸多因素决定，包括系统工作压力、雾滴尺寸、喷雾锥角、雾滴速度、喷头间距、通风条件及空间几何尺寸等。在雾滴穿过热烟气层的过程中，雾滴尺寸和速度逐渐减小，喷雾动量也逐渐减小。

此外，喷雾动量相对于火羽流的方向也是影响细水雾灭火有效性的一个重要因素。当喷雾射流方向与火羽流方向相反时，细水雾的进入会引起火焰/细水雾的湍流混合，加强雾滴对火焰的冷却作用，雾滴蒸发产生的水蒸气有可能被带到火焰的根部。相反，当细水雾的流动方向与火羽流方向平行时，就可能不产生火焰/细水雾湍流混合，而形成的水蒸气将被带离燃料表面。

为了避免细水雾及其水蒸气被火羽流吹走，细水雾的动量至少应与火羽流的动量在同个数量级上，且动量方向应与火羽流的动量方向相反，其关系如下：

$$M_{wy} \geq M_{fy} \qquad\qquad (3\text{-}25)$$

式中　　$M_{wy}$——细水雾动量；

　　　　$M_{fy}$——火羽流动量在竖直方向上的动量分量。

对于局部应用细水雾灭火系统与火源受遮挡程度较大的情况，喷雾动量对细水雾灭火效果具有重要影响。此时，细水雾需要直接喷射到火焰并通过气相冷却与燃料表面冷却来灭火。

（4）雾化锥角

雾化锥角是以喷孔为原点的喷雾射流的扩张角，它能够决定单个细水雾喷头的覆盖面积和雾场分布，影响细水雾的粒径、速度和动量，是重要的雾化特性参数。喷雾锥角对细水雾能否熄灭 B 类液体火灾尤为重要，若水雾不能有效覆盖整个燃料表面，则覆盖范围之外的燃料表面火焰很难被熄灭，而且当水雾停止喷放后，喷雾覆盖"盲区"的火焰很容易重新蔓延到整个燃料表面，引起复燃。

**2. 封闭空间效应**

当火灾发生在封闭空间时，室内温度将逐渐升高，氧气浓度逐渐降低，火焰燃烧产生的热烟气集聚在顶棚下方。当细水雾从顶棚高度向下喷射，大量雾滴被蒸发形成水蒸气，从而稀释火焰周围的氧气与可燃气体。一个空间限制热量、燃烧产物与水蒸气的能力对细水雾的灭火效果有重要影响，称之为细水雾灭火的"封闭空间效应"。在封闭空间效应的作用下，细水雾可能以较低的喷雾动量来熄灭受遮挡火焰，此时灭火所需的细水雾通量密度仅是通风良好的敞开空间所需通量密度的 1/10。

细水雾灭火的"封闭空间效应"主要取决于火源相对于空间的尺寸大小。"大"火在细水雾作用之前，就已经因自身燃烧耗氧而使房间内的氧气浓度降低，进而导致热释放速率下降；同时，"大"火燃烧释放出更多的热量，更有利于细水雾的蒸发，而细水雾的蒸发进一步降低房间内的氧气浓度。可见，在"封闭空间效应"作用下，细水雾灭"大"火的主要机理为窒息作用。试验结果表明，如果一个房间里面发生了"大"火，而房间内还有一个小空间内发生了"小"火，那么即使小空间内存在一定的通风速率，"小"火也能被熄灭。

对于"大"火，全淹没细水雾灭火系统能以较低的通量密度实现快速灭火。这是由于全淹没细水雾灭火系统能够使大量的惰性燃烧产物与水蒸气结合，从而最大限度发挥稀释氧气及可燃气体的作用。

对于一个由于"大"火的燃烧而导致高温的封闭空间，细水雾的喷射将导致整个空间内出现负压，这是因为细水雾的快速冷却导致热空气或燃烧气体产物快速收缩，而其收缩速度较雾滴的蒸发速度更快。负压的产生可能会对房间造成损害，如玻璃窗的破损等，同时会将大量新鲜空气"吸"进房间内。因此，细水雾灭火系统应用于大尺寸火源的火灾场景时，必须充分考虑细水雾的冷却作用对室内压力的影响。

对于封闭空间内的"小"火，其放热量、水蒸气及燃烧产生的惰性产物都很少，因此"封闭空间效应"对细水雾的灭火影响较小。细水雾对"小"火的熄灭作用则是通过直接的火焰冷却或燃料表面冷却来实现的，因此细水雾必须能够直接喷射到火焰区域。对于小尺寸火源，局部应用细水雾灭火系统的灭火效率可能更高。

**3. 动力混合效应**

在房间内，细水雾的喷射会卷吸周围气体，并将顶棚附近热烟气层中的燃烧产物带下来，使其与地板附近的气体混合，称之为"动力混合效应"。细水雾喷射产生的动力混合效应，能够加强细水雾、水蒸气及燃烧产物的混合，使房间内氧气浓度降低，从而有利于细水雾灭火。在动力混合效应的作用下，房间内各处的气体浓度（$CO_2$、$O_2$、$CO$ 等）与温度均趋于一致。

细水雾在密闭房间内能产生较强的动力混合效应，其灭火效果较敞开空间更好，具体表现在所需的灭火时间短，灭火用水量少。此外，脉冲喷射模式能够提高细水雾的灭火能力，既能缩短灭火时间，又能减少灭火用水量。这是由于脉冲细水雾能在着火房间内产生强大的动力混合效应，即使是在通风条件下，细水雾的间歇循环喷射也能提高细水雾的灭火能力。

细水雾的动力混合效应主要由以下因素决定：①喷雾特性，比如喷雾动量、喷雾速度、喷雾锥角；②喷头间距与布置形式；③水雾喷射方式，如脉冲喷射等；④空间体积及其通风条件。在脉冲细水雾灭火系统进行设计时，需要考虑如何促进细水雾的动力混合效应。

## 3.3.4 细水雾灭火剂的应用及发展趋势

20 世纪 50 年代人们开始了细水雾灭火技术的研究，由于高效化学灭火剂哈龙 1211 和 1301 的出现，以及细水雾灭火系统相对复杂的技术要求和较高的造价，相关的研究一度被搁浅。直到 20 世纪 80 年代末期，人们对大气臭氧层保护意识的增强，哈龙灭火剂由于污染而被禁用后，细水雾作为一种新的灭火技术逐渐成为火灾防治领域的研究热点。细水雾灭火技术在船舱、走道、公共空间、住宅、图书馆、商用房、医药厂房、地铁等场所得到广泛应用。此外，高压细水雾还被广泛应用于轻危险等级火灾的计算机室、档案室、博物馆和地铁等场所。

经过几十年的研究，细水雾灭火技术已取得了丰硕的研究成果。国内外先后开展了不同条件下细水雾的雾滴尺寸及速度场分布特征、细水雾灭火机理的试验、不同火灾场景下细水雾的主导灭火机理和灭火临界条件、细水雾灭火区域模型构建以及不同场所下细水雾灭火系统的关键参数和设置原则等内容的研究，并出台了一系列设计安装标准和规范。表 3-2 中列出了目前国内外细水雾主要研究方向和相关研究内容。

**表 3-2 国内外细水雾主要研究方向和相关研究内容**

| 研究方向 | 研究内容 |
| --- | --- |
| 细水雾的雾滴粒径和速度场分布 | 水雾特性对灭火效率的影响；不同场景下的喷雾特征；细水雾雾滴扩散模型；液滴尺寸和运动速率分配模型 |
| 细水雾喷雾动力学 | 雾滴喷射动能和影响因素；细水雾与火羽流的相互作用；细水雾对燃烧的强化作用 |
| 细水雾熄灭 A 类固体可燃物火灾 | 图书馆、档案馆中的应用；扑救商场、仓库货架等遮挡火；细水雾对轰燃的影响 |
| 细水雾熄灭 B 类碳氢化合物火灾 | 小尺度、中尺度、大尺度油池火试验；不同火灾场景下灭火的主导机理；对热释放速率的影响和灭火临界条件 |

（续）

| 研 究 方 向 | 研 究 内 容 |
| --- | --- |
| 细水雾熄灭 C 类气体火灾 | 熄灭气体射流火；抑制火焰传播；抑制气体爆炸 |
| 细水雾熄灭 E 类气体火灾的灭火效果 | 计算机房、电缆隧道等带电设备火灾 |
| 细水雾与烟气的相互作用 | 对烟气分层的影响；对烟气成分的影响 |
| 细水雾性能改进 | 喷头类型和雾化方式；添加剂的使用 |
| 细水雾的作用方式 | 高、中、低压细水雾灭火系统；超细水雾的灭火效果；全淹没细水雾系统；脉冲细水雾系统 |
| 细水雾在特定场所的应用 | 机舱、船舱等受限空间的应用；图书馆、档案馆中的应用；地铁站、公路隧道中的应用；商业厨房中的应用等 |
| 细水雾的灭火机理 | 隔氧窒息、稀释可燃气体；火焰冷却和燃料表面冷却；衰减辐射 |
| 细水雾灭火区域模型 | 单区域稳态模型；单区域瞬态模型；三区域模型 |
| 细水雾灭火数值模拟 | 采用 CFD 软件进行场模拟 |

但细水雾灭火过程是一个涉及物质、动量、能量和化学组分在不同火灾场景下的多相、多尺度、非定常、非线性、非稳态的动力学过程，包含流体流动、相变、传热传质等复杂的物理化学变化。正是由于细水雾灭火的复杂性，在不同的条件下起主导作用的灭火机理各不相同，其系统的参数设置也要进行相应的改变才能获得良好的灭火效果。因此，针对不同类型的细水雾在特定场所的应用开展试验研究是十分必要的。该技术今后主要的发展趋势有以下几方面：

1）进一步提高细水雾灭火效率。可通过改进喷头设计和雾化技术、向水雾中增加添加剂、改变喷雾方式等手段提高细水雾的灭火效率。

2）拓展细水雾灭火技术的应用场所。细水雾主要用于船舱、图书馆、机房等受限空间或对水渍损失要求较高的场所，可进一步拓展其在公路隧道、地铁、电缆隧道、综合管廊、商业厨房等场所的应用，目前相关研究已经开展。

3）建立完善的细水雾理论模型。目前较成熟的模型有细水雾灭火的单区域稳态和瞬态模型，以及细水雾灭火的缩尺寸模型，这些模型对火灾场景进行了简化，适用范围有一定的局限性。因此，需要建立完善的理论模型，预测不同场景下细水雾的灭火过程。

### 3.3.5 细水雾灭火技术装备

**1. 固定式细水雾灭火系统**

目前，应用最广泛的固定式细水雾灭火系统为单向流细水雾灭火系统，其中加压方式有泵组式和瓶组式两种。如图 3-3 所示，泵组式细水雾灭火系统由消防泵组、细水雾喷头、储水箱、分区控制阀、过滤器和管路系统等部件组成，通过消防泵组加压供水。

如图 3-4 所示，瓶组式细水雾灭火系统由储水瓶组、储气瓶组、细水雾喷头、分区控制阀、火灾探测器、声光报警器、集流管、过滤器和管路系统等部件组成。该系统通过储气瓶组储存的高压气体驱动储水瓶组中的水喷出灭火，适用于难以设置泵房或消防供电不能满足系统工作要求的场所。

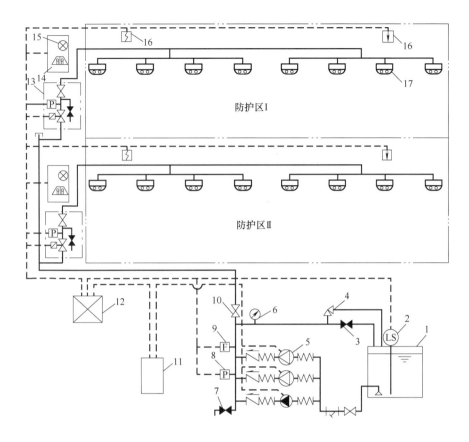

图 3-3　泵组式细水雾灭火系统

1—储水箱　2—液位传感器　3—泄放试验阀　4—安全阀　5—消防泵　6—压力表　7—泄水阀（常闭）
8—压力开关　9—水流传感器　10—控制阀（常开）　11—消防泵控制柜　12—火灾报警控制器
13—分区控制阀组　14—火灾声光报警器　15—喷雾警示灯　16—火灾探测器　17—开式细水雾喷头

#### 2. 移动式细水雾灭火装备

（1）细水雾消防车

细水雾灭火耗水量小，在保证连续供水的条件下，所需的储水装置体积小、总重量轻。现有的细水雾消防车主要有轻型消防车和微型消防车。

轻型细水雾消防车适用于各种类型火灾的扑救，持续灭火能力强。国内某公司生产的细水雾消防车配备高压细水雾喷枪、高压细水雾隔离带和一门高压细水雾远程炮。细水雾喷枪可进行近距离灭火，用于初期和中期火灾的控制和扑救；细水雾隔离带可用于大面积火场的防火分隔，阻隔热辐射及阻挡烟气。细水雾远程炮流量为 340L/min，射程可达 50m，可对较大型的火灾进行控制和扑救。

微型细水雾消防车有皮卡型和面包型（分别指由面包车和皮卡车改装而成的类型），装备高压单流体细水雾灭火装置，自带动力、水箱和外供水消防接口。微型细水雾消防车可选装各类抢险救援或通信指挥设备，具有勘验、灭火、指挥、救援等多种功能。

（2）细水雾消防摩托

两轮细水雾消防摩托是将细水雾灭火装置与两轮摩托车集装在一起的一种消防装备，可

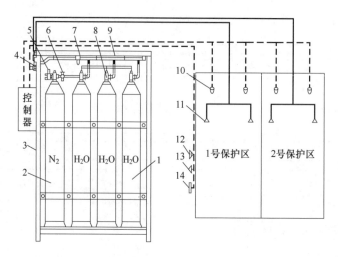

图 3-4　瓶组式细水雾灭火系统

1—储水瓶　2—储气瓶　3—瓶组支架　4—分区控制阀　5—电控式瓶头阀　6—减压阀　7—过滤器　8—容器阀
9—集流管　10—火灾探测器　11—细水雾喷头　12—声光报警器　13—喷放指示灯　14—紧急启停按钮

供单人驾驶和操作。车辆装备储水罐，设于车体后座上部或一侧。国内某公司生产的两轮细水雾消防摩托车系统工作压力为 8MPa，流量为 12L/min，车辆自备水可保持 5min 持续喷雾，且车辆在灭火时可进行补水。

三轮细水雾消防摩托可乘坐 2~3 名成员，并配有较大容积的储水装置，还可配置消防手抬泵和破拆工具等。该装备行驶速度较慢，可用于乡镇、港口、码头和大中型企业等。

四轮细水雾消防摩托具有一定越野能力，可在不同地形条件下行驶，其底盘承载能力较大，能乘坐 2~3 人，水箱储水量较大，并可携带其他消防装备。该装备造价较高，通常用于城市消防巡逻和森林防火。

（3）推车式细水雾灭火装置

推车式细水雾灭火装置轻便灵活，操作简单，装置自身储存一定的水量，可由单人手推至火场使用，一般设置于保护场所内或保护对象附近，主要有动力式和气动式两种。

动力式推车细水雾灭火装置由水箱、水泵、原动机、推车、高压软管、软管卷盘和细水雾喷枪组成。这类装置以汽油机、柴油机或电动机为动力源，通过水泵加压供水，高压水沿软管从喷枪喷出形成细水雾，可使用消防管网、生活生产用水或天然水源等作为外供水源实现持续灭火。

气动式推车细水雾灭火装置由高压储水罐、高压气瓶、推车、高压软管和细水雾喷枪等组成。当装置选配两相细水雾喷枪时，压缩空气同时作为驱动力和雾化气体使用，灭火时一路进入储水罐给水加压，另一路进入细水雾喷枪，在喷枪中与水混合形成细水雾喷出。

（4）背负式细水雾灭火装置

背负式细水雾灭火装置是一种便于携带的高效灭火装备，根据动力源不同可分为气动型和电动型两种。气动型主要由储水瓶、加压气瓶、细水雾喷枪和背托架等部件组成，工作时由气瓶中的压缩空气为水提供压力。电动型主要由水罐、电动机、水泵、蓄电池和细水雾喷枪等部件组成，装置中没有压力容器，工作时由直流电动机驱动水泵给水加压。背负式细水雾灭火装置还可与空气呼吸器组合，既能满足消防员进入火场时呼吸的需要，又能扑灭初期或小型火灾。背负式细水雾灭火装备具有体积小、重量轻、用水量小、可持续能力强等特点。

## 3.4　常用水系灭火技术装备

灭火技术装备是指用于扑救火灾以及处置其他灾害的各种车辆、船艇、器材、器具的统称，是灭火的重要组成部分。水系灭火技术装备主要分为以下三类：固定式、移动式和车载式。

### 3.4.1　固定式水系灭火系统

固定式水系灭火系统一般用于扑灭室内火灾，分为消火栓给水系统、自动喷水灭火系统、水喷雾灭火系统和细水雾灭火系统。

（1）消火栓给水系统

消火栓给水系统具有系统简单、造价低等优点，是目前高层住宅、综合楼及商场等场所广泛应用的灭火系统。该系统是将给水系统提供的水量，经过加压，输送到用于扑灭建筑物内的火灾而设置的固定灭火设备，是建筑物中最基本的灭火设施。室内消火栓给水系统主要由水枪、消火栓、消防管道、消防水池、高位水箱、水泵接合器及增压水泵等组成，如图3-5所示。

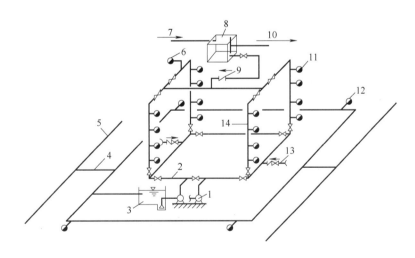

图 3-5　室内消火栓给水系统

1—消防水泵　2—水平干管　3—消防水池　4—连接管　5—市政管网　6—屋顶消火栓
7—进水管　8—消防水箱　9—止回阀　10—生产生活用水出水管　11—室内消火栓
12—室外消火栓　13—水泵接合器　14—消防竖管

室外消火栓设置在建筑物外，主要承担城市、集镇和居住区域等室外部分的消防灭火给水任务；室内消火栓设置在建筑内部，用于扑灭建筑内部火灾。

消防水池主要用于无室外消防水源或室外水源不能满足要求的情况下，储存火灾延续时间内室外消防用水量。消防水池设有水位控制阀的进水管、溢水管、通气管、泄水管及水位指示器等附属装置。针对容量大于 $500m^3$ 的消防水池还应分设成两个独立使用的消防水池，且每个应具有独立使用的功能。

消防水箱主要用于提供系统起动初期的用水量和水压，以及为系统提供准工作状态下所需的水压。为确保消防水箱自动供水的可靠性，需要采用重力自流供水方式并确保室内最不利点消防栓所需的静水压和喷头最低工作压力要求。此外，消防水箱还应储存足够供给室内 10min 的消防水量。

消防水泵是用于输送水等液体灭火剂并保证系统压力和流量的专用泵。稳压增压设施主要用于局部增压和及时供水，满足在消防泵启动前消防设施的水压和水量要求。水泵接合器是消防车向消防给水系统给水管网供水的接口，既可用于补充消防水量，也可用于提高消防给水管网的水压。

（2）自动喷水灭火系统

自动喷水灭火系统是由洒水喷头、报警阀组、水流报警装置（水流指示器或压力开关）等组件，以及管道、供水设施组成，能在发生火灾时喷水的自动灭火系统。自动喷水灭火系统具有安全可靠，灭火效率较高的特点，适用于人员密集、不易疏散、外部增援灭火与救援较困难、性质重要或火灾危险性较大的场所。根据喷头类型的不同，自动喷水灭火系统可以分为闭式系统（采用闭式洒水喷头）和开式系统（采用开式洒水喷头）。

1）闭式系统。闭式系统主要包括湿式、干式和预作用系统，其中湿式系统应用最为广泛。湿式系统由湿式报警阀组、闭式喷头、水流指示器、控制阀门、末端试水装置、管道和供水设施等组成。湿式系统在准工作状态下，管道内充满用于启动系统的有压水，火灾中当温度上升到使闭式喷头温感元件爆破或熔化脱落时，喷头即自动喷水灭火。湿式系统具有结构简单、使用方便、性能可靠、灭火速度快及控火效率高等优点，占整个自动喷水灭火系统的 75% 以上，适合于环境温度不低于 $4℃$ 、不高于 $70℃$ 的建筑物和场所。干式系统由闭式喷头、干式报警阀组、水流指示器或压力开关、供水与配水管道、充气设备以及供水设施等组成，在准工作状态下，管道内充满用于启动系统的有压气体。干式系统在报警阀后的管网内无水，故可避免冻结和水汽化的危险，适用于环境温度低于 $4℃$ 或高于 $70℃$ 的建筑物和场所，如无采暖的地下车库、冷库等无法使用湿式系统的场所。预作用系统是将火灾自动探测报警技术和自动喷水灭火系统有机地结合起来，对保护对象起了双重保护作用。预作用系统由闭式喷头、管道系统、雨淋阀、湿式阀、火灾探测器、报警控制装置、充气设备、控制组件和供水设施部件组成。这种系统平时呈干式，在火灾发生时能实现对火灾的初期报警，并立刻使管网充水将系统转变为湿式。系统干湿转变过程包含着预备动作的功能，适用于高级宾馆、重要办公楼、大型商场等不允许误动作而造成水渍损失的建筑物内，也适用于干式系统适用的场所。

2）开式系统。开式灭火系统是采用开式洒水喷头的自动喷水灭火系统，一般包括雨淋系统和水幕系统。雨淋系统是由火灾自动报警系统或传动管控制，自动开启雨淋报警阀和启动供水泵后，向开式洒水喷头供水的开式自动喷水灭火系统。雨淋系统组件包括开式喷头、管道系统、雨淋阀、火灾探测器、报警控制装置、控制组件和供水设备等。雨淋系统采用火灾探测传动控制系统来开启系统，从火灾发生到探测装置动作并开启雨淋系统灭火的时间较短，具有灭火控制面积大、出水量大、灭火及时、反应速度快及灭火效率高等优点。水幕系统也称水幕灭火系统，是由水幕喷头、雨淋报警阀组或感温雨淋阀、供水与配水管道、控制阀及水流报警装置等组成，起到阻火、冷却、隔离作用的自动喷水灭火系统。水幕系统不具备直接灭火的能力，是用于挡烟阻火和冷却隔离的防火系统。根据水幕功能的不同，可以分为防火分隔水幕和防护冷却水幕两种。防火分隔水幕系统利用密集喷洒形成的水墙或多层水帘，封堵防火分区处的孔洞，阻挡火灾和烟气的蔓延。防护冷却水幕系统则利用喷水在物体表面形成的水膜，控制防火分区处分隔物的温度，使分隔物的完整性和隔热性免遭火灾破坏。

设置自动喷水灭火系统的场所，由于具体条件不同，其火灾危险性大小不尽相同，需对设置场所危险等级进行评价，然后据此选择合适的系统类型和合理的设计基本参数。

（3）水喷雾灭火系统

水喷雾灭火系统是利用水雾喷头在一定水压下将水流分解成细小水雾滴进行灭火或防护冷却的系统，主要由水源、供水设备、管道、雨淋阀组、过滤器和水雾喷头等组成，与雨淋系统基本相同。水喷雾灭火系统将细小的雾状水滴喷射到正在燃烧的物质表面时，产生表面冷却、窒息、乳化和稀释的综合效应，实现灭火。水喷雾灭火系统不仅可以提高扑灭固体火灾的效率，同时水雾不会造成液体火飞溅且电气绝缘性好。水喷雾灭火系统主要分为灭火和防护冷却两大类，具体适用范围见表3-3。

表3-3　水喷雾灭火系统的适用范围

| 防护目的 | 适用范围 |
| --- | --- |
| 灭火 | ①固体火灾（A类）；②可燃液体火灾（B类）：丙类液体火灾和饮料酒火灾，燃油锅炉、发电机油箱、丙类液体输油管道火灾等；③电气火灾（E类）：油浸式电气变压器、电缆隧道、电缆沟、电缆井和电缆夹层等 |
| 防护冷却 | ①可燃气体和甲、乙、丙类液体的生产、储存、装卸、使用设施和装置；②火灾危险性大的化工装置及管道，如加热器、反应器和蒸馏塔等 |

（4）细水雾灭火系统

细水雾灭火系统是利用水雾喷头在一定水压下将水流分解成细小水雾进行灭火或者防护冷却的一种固定灭火技术，它是在自动喷水灭火技术基础上发展而来的。该系统广泛应用于可燃液体（闪点不低于600℃）、固体表面、电力变压器、信息机房、档案馆、配电室和燃气锅炉房等物质或场所。

细水雾灭火系统根据工作压力不同，分为高、中、低压三种形式的系统，其中工作压力大于等于3.45MPa的细水雾灭火系统为高压系统；工作压力大于等于1.21MPa，小于3.45MPa的细水雾灭火系统为中压系统；工作压力小于等于1.21MPa的细水雾系统为低压系统。高压细水雾灭火系统是介于自动喷淋系统与气体灭火系统之间的一种灭火方式，该系统仅在工作时处于高压工况，而在准用状态处于正常的压力范围，具有用水量少、灭火效率高和绿色环保等优点。细水雾灭火系统的结构和组成详见本书3.3.5节。

### 3.4.2　移动式水系灭火装置

（1）水基型灭火器

灭火器是一种可携式灭火工具，一般分为手提式、背负式和推车式灭火器。灭火器的种类较多，按驱动灭火剂的动力来源可分为储气瓶式和储压式；按所充装的灭火剂则又可分为水基型、干粉、二氧化碳灭火器，洁净气体灭火器等；按灭火类型分为 A 类、B 类、C 类、D 类和 E 类灭火器等。

水基型灭火器是指内部充入的灭火剂是以水为基础的灭火器，一般由水、增稠剂、润湿剂、稳定剂等多种组分混合而成，以氮气或二氧化碳为驱动气体。常用的水基型灭火器有清水灭火器、水基型泡沫灭火器和水基型水雾灭火器三种。清水灭火器是指筒体中充装的是清洁的水，并以二氧化碳或氮气为驱动气体的灭火器。水基型泡沫灭火器内部充装水成膜泡沫灭火剂和氮气，靠泡沫和水膜的双重作用迅速有效灭火。水基型水雾灭火器是在水中添加少量的有机物或无机物以改善水的流动性能、分散性能、润湿性能和附着性能等，进而提高水的灭火效能。水基型水雾灭火器能在 3s 内将一般火势熄灭，并具有将上千摄氏度的高温瞬间降至 30 ~ 40℃的功效。

（2）消防水炮

消防水炮是以水做介质，远距离扑灭火灾的灭火设备，具有射程远、流量大的特点，主要应用于石油化工企业、油品装卸码头、飞机库、海上钻井平台和储油平台等易燃可燃液体相对集中场所的消防保护。

消防水炮主要分为手动消防水炮、自动消防水炮和电控消防水炮。消防水炮由消防炮体、现场控制器等组成。主要组件水炮是指流量大于 16L/s 的射水器具，射流形式有直流、开花或喷雾等，相比于水枪具有更强的灭火或冷却能力。

1）手动水炮。手动水炮是由消防员直接手动控制水炮射流形态的消防炮，包括控制水平回转角度、俯仰回转角度、直流/喷雾转换，具有结构简单、操作简便、投资省等优点。对于发生火灾后人员无法靠近的场所，不宜设置手动消防炮。

2）水力驱动式水炮。水力驱动式水炮主要以压力水作为水平转动机构的动力，可在规定的水平回转角度范围内自动往复来回转摆，因此又称自摆水炮，被广泛应用于易燃易爆场所的消防安全保护。

3）远控水炮。远控水炮由操作人员通过驱动设备控制水炮射流形式，其中驱动设备有电控、液控和气控等。远控水炮能够实现远距离有线或无线控制，具有安全性高、操作简便和投资相对较省等优点。在远离火场的情况下，消防员也能对水炮进行操控，可有效地保护消防员的安全。

4）智能型水炮。智能型水炮是利用火灾探测技术或人工智能图像识别技术自动识别火情，判断火源点的位置，自动调整水炮的回转和俯仰角度，使其喷射口对准起火点，实现精确定点灭火的设备。智能型水炮是近几年发展起来的新型技术装备，主要用于展览馆、大型体育馆、会展中心、大剧院等大空间场所室内火灾的扑救。

### 3.4.3　车载式水系灭火装备

车载式水系灭火装备主要是指将消防水炮固定安装在消防车上，通过消防车自身的传输系统，将水输送到消防水炮，经喷嘴喷射到着火区域实施灭火的装备。该类消防车包括水罐消防车、干粉-水联用消防车、泵浦消防车、举高喷射消防车，具体介绍详见本书第 7 章和第 8 章。

## 复 习 题

1. 阐述水的主要灭火机理。

2. 阐述水的灭火形态以及各自的应用范围。

3. 水系灭火剂相比于水灭火剂有哪些优点？

4. 水系灭火剂的主要成分和相应作用是什么？

5. 水系灭火剂可分为哪些类型？

6. 植物型复合阻燃灭火剂的主要灭火机理是什么？

7. 影响细水雾灭火效果的参数有哪些？

8. 阐述细水雾的主要灭火机理。

9. 常用的细水雾灭火技术装备有哪些？

10. 实际火灾中用水强度是如何估算的？

11. 固定式水系灭火系统有哪些？分别阐述其特点和适用范围。

12. 消防水炮有哪些类型？

# 4

# 第4章
## 泡沫灭火技术

**本章学习目标**

教学要求：了解泡沫灭火剂的分类、基本组成、主要性能参数、储存要求及使用范围；掌握泡沫灭火剂的灭火机理以及灭火用量的计算方法；熟悉常用的泡沫灭火技术及装备。

重点与难点：泡沫灭火剂的灭火机理及灭火用量计算。

## 4.1 泡沫灭火剂概述

泡沫灭火剂是指将泡沫液与空气或二氧化碳等气体混合，通过机械作用或化学反应产生泡沫，利用窒息和冷却作用进行灭火的药剂，主要用于扑灭非水溶性可燃液体及一般固体火灾，特殊的泡沫灭火剂还可以扑灭水溶性可燃液体火灾。火场上使用的灭火泡沫是由泡沫灭火剂的水溶液通过物理化学作用充填大量气体后形成的，发泡倍数为 2 ~ 1000 倍。

### 4.1.1 泡沫灭火剂的分类

**1. 按发泡倍数分类**

根据发泡倍数（泡沫的体积与泡沫原液的体积之比）的不同，泡沫灭火剂可以分为低倍数泡沫灭火剂、中倍数泡沫灭火剂和高倍数泡沫灭火剂。

（1）低倍数泡沫灭火剂

低倍数泡沫灭火剂又称重质泡沫灭火剂，是指发泡倍数低于 20 倍的泡沫灭火剂，主要通过冷却和隔离作用灭火。该类灭火剂适用于扑灭可燃液体（汽油、石油、苯等）火灾和固体物质（木材、橡胶、纸张、塑料等）火灾，但不能用于扑救电气设备火灾和金属火灾，广泛用于石油化工装置区、矿井、可燃物液体储罐及可燃固体仓库等场所。

（2）中倍数泡沫灭火剂

中倍数泡沫灭火剂是指发泡倍数为 20～200 倍的泡沫灭火剂，在实际工程中单独应用较少，常作为辅助灭火剂。

（3）高倍数泡沫灭火剂

高倍数泡沫灭火剂是指发泡倍数 200 倍以上的泡沫灭火剂，主要通过稀释和隔离作用灭火。高倍数泡沫在着火区域中释放出的水分在高温下发生汽化并逐渐充满燃烧区域，从而起到稀释和隔绝氧气的作用，使燃烧减缓并最终完全停止。该类灭火剂适用于以全淹没式的方法进行灭火，广泛应用于煤矿、坑道、飞机场、仓库地下室等受限空间以及地面大面积油类流淌火灾。

**2. 按生成机理分类**

泡沫灭火剂按生成机理可分为化学泡沫灭火剂和空气泡沫灭火剂。

（1）化学泡沫灭火剂

化学泡沫灭火剂由发泡剂、泡沫稳定剂、耐液添加剂和其他添加剂组成，其中发泡剂是产生化学反应的酸性和碱性药剂。化学泡沫灭火剂主要成分是碳酸氢钠水溶液和硫酸铝水溶液，具有灭火效果差、腐蚀性强、保质期短且对人员和环境有害等缺点，目前已经被禁止使用。

（2）空气泡沫灭火剂

空气泡沫灭火剂是通过机械方式将泡沫液与水混合产生泡沫，也称机械泡沫灭火剂。

**3. 按用途分类**

按照用途不同泡沫灭火剂可分为普通型泡沫灭火剂和抗溶型泡沫灭火剂，其中抗溶型泡沫灭火剂在名称中加有"抗溶型"或"AR"。

（1）普通型泡沫灭火剂

普通型泡沫灭火剂适用于扑救非水溶性液体和受热融化的固体可燃物（如汽油、煤油、柴油、原油、沥青、石蜡等）火灾。

（2）抗溶型泡沫灭火剂

抗溶型泡沫灭火剂既适用于扑救非水溶性可燃物火灾，又适用于扑救水溶性可燃物火灾（如醇、酯、醚、醛、酮、羧酸等）火灾，故又称多功能泡沫灭火剂。

**4. 按泡沫基料分类**

按基料类型的不同，泡沫灭火剂可分为蛋白型泡沫灭火剂和合成型泡沫灭火剂。蛋白型泡沫灭火剂包括普通蛋白泡沫灭火剂、氟蛋白泡沫灭火剂、成膜氟蛋白泡沫灭火剂、成膜蛋白抗溶泡沫灭火剂等。合成型泡沫灭火剂包括高倍数泡沫灭火剂、高中低倍数通用泡沫灭火剂、水成膜泡沫灭火剂、抗溶水成膜泡沫灭火剂、A 类泡沫灭火剂等。

泡沫灭火剂一般由发泡剂、泡沫稳定剂、降黏剂、抗冻剂、助溶剂、灭火物质及水等组成。各种常见泡沫灭火剂的主要成分及其使用时在水中添加的百分数（混合比）可参见表 4-1。

## 4.1.2　泡沫灭火剂的灭火机理

泡沫灭火剂形成的泡沫易附着于可燃物表面形成泡沫覆盖层，隔离燃烧物和空气而使火熄灭，其灭火机理介绍如下。

表 4-1　泡沫灭火剂的主要成分及其混合比

| 类型 | 名　称 | 主　要　成　分 | 发泡倍数 | 混合比（%） |
|---|---|---|---|---|
| 普通型 | P | 水解蛋白、二价铁盐、醇或醚类 | 低 | 3/6 |
| | FP | 蛋白泡沫液、氟碳表面活性剂 | 低 | 3/6 |
| | AFFF | 氟碳表面活性剂、合成表面活性剂、醇或醚类 | 低 | 3/6 |
| | FFFP | 氟碳表面活性剂、水解蛋白 | 低 | 3/6 |
| | $H_x$ | 合成表面活性剂、醇或醚类 | 中、高 | 1.5～6 |
| | 凝胶型 | 合成表面活性剂、触变性多糖 | 低 | 6 |
| 抗溶型 | FP/AR | 氟蛋白泡沫液、触变性多糖 | 低 | 3/6 |
| | AFFF/AR | 氟碳表面活性剂、合成表面活性剂、触变性多糖 | 低 | 3/6 |
| | FFFP/AR | 氟碳表面活性剂、水解蛋白、触变性多糖 | 低 | 3/6 |

注：P 为蛋白泡沫灭火剂；FP 为氟蛋白泡沫灭火剂；AFFF 为水成膜泡沫灭火剂；FFFP 为水成膜氟蛋白泡沫灭火剂；$H_x$ 为高倍数泡沫灭火剂；FP/AR 为抗溶型氟蛋白泡沫灭火剂；AFFF/AR 为抗溶型水成膜泡沫灭火剂；FFFP/AR 为抗溶型水成膜氟蛋白泡沫灭火剂。

**1. 冷却作用**

冷却作用是泡沫灭火剂的重要作用。当泡沫施加到燃烧物表面时，泡沫中的水在可燃物表面的热作用下被汽化，大量吸收可燃物表面的热量。随着泡沫的持续施加，可燃物表面开始形成一个泡沫层，并逐渐扩大覆盖整个可燃物表面。当泡沫层的厚度增加到一定程度，可燃物表面被冷却到较低的温度时，可燃物所产生的蒸气不足以维持燃烧，火焰即被熄灭。

**2. 窒息作用**

窒息作用主要表现在降低可燃物表面附近的氧浓度，直到燃烧区的氧气无法维持正常燃烧。泡沫受到可燃物表面的热作用以及火焰的热辐射作用，其中的水分在可燃物表面汽化，所产生的水蒸气使可燃物表面附近氧浓度降低，削弱了火焰的燃烧强度，这有助于泡沫在可燃物表面的积累和泡沫层的加厚。当泡沫层增加到一定厚度时，可以完全抑制可燃物的蒸发，并隔离可燃物与空气，起到窒息灭火的作用。

**3. 覆盖作用**

泡沫灭火剂可将可燃物表面与火焰隔离开来，既可防止火焰与可燃物表面直接接触，又可遮断火焰对可燃物表面的热辐射，这样既能发挥泡沫灭火剂的冷却作用，又能增强灭火剂的窒息作用。

**4. 淹没作用**

淹没作用是高倍数泡沫灭火剂的重要作用，利用高倍数泡沫灭火液将保护对象完全淹没，使淹没空间内部因缺氧难以维持燃烧，达到灭火的目的。

### 4.1.3　泡沫灭火剂的主要性能参数

**1. 25% 析液时间**

25% 析液时间是指泡沫中析出其质量 25% 的液体所需要的时间，该参数是衡量常温下泡沫稳定性的指标。25%析液时间不宜太短，应大于一次灭火时间。

**2. 最低使用温度**

为了保障泡沫在使用中能保持良好的性能，泡沫液的应用和储存温度不宜低于其最低使用温度，该参数值是指高于凝固点5℃的温度。

**3. 流动性**

流动性是衡量泡沫液在无外力作用下，在水平面上（如流淌液体表面）扩散性能的一个指标。泡沫液只有具有一定的流动性，才能在液体表面进行较好的扩散以充分发挥泡沫的灭火性能。

**4. 抗烧时间**

抗烧时间是指覆盖于油盘油面上的一定厚度的泡沫层在规定的火焰辐射作用下，泡沫全部被破坏，整个油盘内布满火焰并达到自由燃烧所需的时间。它是衡量泡沫灭火性能的指标，间接反映泡沫流动性和抗烧性的好坏，其中拥有良好流动性和抗烧性能的泡沫液，在使用过程中能更好地发挥泡沫灭火性能。

**5. 发泡倍数**

发泡倍数指泡沫体积与构成该泡沫的泡沫水溶液体积的比值。发泡倍数是影响泡沫稳定性、流动性及灭火效能的综合性能指标，在实际灭火作业中要根据不同的火灾类型来选择相应发泡倍数的泡沫灭火剂。

**6. pH 值**

pH 值是衡量泡沫液中氢离子浓度的一个指标，反映泡沫灭火剂自身的 pH 值。泡沫灭火剂的 pH 值通常要求在 6~7.5，其中 pH 值过高或过低，均会对金属容器产生腐蚀。

**7. 腐蚀性**

腐蚀性是衡量泡沫灭火剂对包装容器、储存容器和泡沫系统中金属材料腐蚀性的一个指标，泡沫液的腐蚀性越强，对储存容器和泡沫系统的危害越大，储存要求也越高。

**8. 90%火焰控制时间和灭火时间**

90%火焰控制时间和灭火时间也是衡量泡沫灭火性能的一个重要指标，直接关系到泡沫灭火剂的灭火能力和灭火效率。90%火焰控制时间是指灭火时，从喷射泡沫液开始，到90%燃烧面积的火焰被扑灭的时间。灭火时间是指从喷射泡沫液开始，到火焰被全部扑灭的时间。

**9. 沉淀物**

沉淀物是指除去沉降物的泡沫液再按规定混合比与水配制成混合液时所产生的不溶性固体的含量，以体积分数来表示。沉淀物越少，表明泡沫灭火剂的溶解性越好，所能形成的泡沫有效浓度也越高。

**10. 回燃时间**

回燃时间是衡量泡沫热稳定性和抗烧性的指标，是指一定体积的泡沫在规定面积火焰的热辐射作用下，泡沫全部被破坏的时间。回燃时间越长，表明泡沫灭火剂的热稳定性和抗烧性越强。

**11. 混合比**

混合比是指灭火时泡沫液与水混合的体积分数，常见泡沫灭火剂分为6%型和3%型（即泡沫液与水的体积比为6:94和3:97）。

### 4.1.4 泡沫灭火剂的储存

泡沫液在储存和放置过程中容易受到环境中氧化性或还原性物质的破坏而发生潮解、霉变现象。因此，一个良好的储存条件对于有效保持泡沫灭火剂的灭火性能至关重要。

（1）储存期限

氟蛋白泡沫灭火剂的有效期为2年，在储存条件较好时，有效期最长可达到3年；水成膜泡沫灭火剂的有效期为8年，在储存条件较为良好时，有效期最长可达到10~15年；抗溶型泡沫灭火剂的有效期为2年，在储存条件较为良好时，有效期最长可达到3年；高倍数泡沫灭火剂的有效期为3年。

（2）储存温度

泡沫灭火剂的储存温度一般为0~40℃，储存温度太高或者太低都会直接影响泡沫液的使用质量和储存期限。储存温度过高时，泡沫液易发生变质；储存温度过低时，则会导致泡沫液发生冻结现象。水成膜泡沫灭火剂和高倍数泡沫灭火剂的储存温度下限应至少高于其凝固点5℃以上，其他泡沫灭火剂按其凝固点向上推2.5℃，一般为0~5℃之间。泡沫灭火剂的储存场所应保持干燥整洁，尽量避免阳光直射，条件允许时可以将灭火剂储存在有遮挡的仓库里，同时也要防止杂质和其他物质混入灭火剂中，污染灭火剂。

（3）储存容器的密封性和防腐性

标准的泡沫液储存容器应采用高密度聚乙烯容器，也可以采用钢、不锈钢或聚乙烯塑料材料加工的专用容器，同时，泡沫液储罐内部应采用抗溶解涂料做内壁防腐层。轻水泡沫灭火剂不能使用金属容器，不能混入酸、碱或油类；水成膜泡沫液、抗溶泡沫液、抗乙醇泡沫液的腐蚀性都比较大，因此对防腐涂料有特殊的要求。储存泡沫灭火剂的泡沫罐应尽量装满，并确保密封完好。除水成膜泡沫灭火剂既能以原液形式储存又能以混合液形式储存外，其他泡沫灭火剂只能以原液形式储存。因为泡沫液一旦与水预先混合，其有效期将会大大缩短，不利于长期储存。

### 4.1.5 泡沫灭火剂的用量计算

以储罐区火灾为例，泡沫液用量包括扑救着火油罐的泡沫液用量和扑灭流淌火的泡沫液用量。

**1. 普通蛋白泡沫灭火剂的用量计算**

泡沫灭火用量包括扑灭储罐火和扑灭流散液体火两者泡沫量之和。

（1）固定顶立式罐（油池）扑救所需泡沫量，计算公式如下：

$$Q_1 = A_1 q \tag{4-1}$$

式中　$Q_1$——储罐（油池）灭火需用泡沫量（L/s）；

　　　$A_1$——储罐（油池）燃烧液面积（m²）；

　　　$q$——泡沫供给强度 [L/(s·m²)]。

部分空气泡沫混合液供给强度见表4-2。

表 4-2　空气泡沫混合液供给强度

| 液 体 类 别 | 设 置 方 法 | | | | | |
| --- | --- | --- | --- | --- | --- | --- |
| | 固定式、半固定式 | | | 移动式 | | |
| | 泡沫/ $[L/(s \cdot m^2)]$ | 混合液 | | 泡沫/ $[L/(s \cdot m^2)]$ | 混合液 | |
| | | $L/(min \cdot m^2)$ | $L/(s \cdot m^2)$ | | $L/(min \cdot m^2)$ | $L/(s \cdot m^2)$ |
| 甲、乙类液体 | 0.8 | 8 | 0.133 | 1.0 | 10 | 0.167 |
| 丙类液体 | 0.6 | 6 | 0.1 | 0.8 | 8 | 0.133 |

（2）液体流散火扑救所需泡沫量，计算公式如下：

$$Q_2 = A_2 q \tag{4-2}$$

式中　$Q_2$——扑灭液体流散火需用泡沫量（L/s）；

$A_2$——液体流散火面积（$m^2$）；

$q$——泡沫供给强度 $[L/(s \cdot m^2)]$。

（3）火灾燃烧面积的计算

1）固定顶立式罐的燃烧面积，计算公式如下：

$$A = \pi D^2/4 \tag{4-3}$$

式中　$A$——燃烧液面积（$m^2$）；

$D$——储罐直径（m）。

2）油池的燃烧面积，计算公式如下：

$$A = ab \tag{4-4}$$

式中　$A$——燃烧液面积（$m^2$）；

$a$——长边长（m）；

$b$——短边长（m）。

3）浮顶罐的燃烧面积，按罐壁与泡沫堰板之间的环形面积计算。

4）地上、半地下以及地下无覆土的卧式罐的燃烧面积，按防护堤内的面积计算，当防护堤内的面积超过 $400m^2$ 时，仍按 $400m^2$ 计算。

5）掩体罐的泡沫混合液量，按掩体室的面积计算，其泡沫混合液的供给强度不应小于 $12.5L/(min \cdot m^2)$。

（4）泡沫枪（炮、钩管）数量计算

$$N_1 = Q_1/q \tag{4-5}$$

$$N_2 = Q_2/q \tag{4-6}$$

式中　$N_1$——扑灭储罐（油池）火需用的泡沫枪（炮、钩管）的数量（支）；

$N_2$——扑灭液体流散火需用的泡沫枪（炮、钩管）的数量（支）；

$Q_1$——扑灭储罐（油池）火需要的泡沫量（L/s）；

$Q_2$——扑灭液体流散火需要的泡沫量（L/s）；

$q$——每支泡沫枪（炮、钩管）的泡沫产生量（L/s）。

（5）泡沫混合液量计算

$$Q_混 = N_1 q_{1混} + N_2 q_{2混} \tag{4-7}$$

式中　$Q_混$——储罐区灭火需用泡沫混合液量（L/s）；

$N_1$——储罐（油池）灭火需用泡沫枪（炮、钩管）的数量（支）；

$N_2$——扑灭液体流散火需要泡沫枪（炮、钩管）的数量（支）；

$q_{1混}$、$q_{2混}$——每支泡沫枪（炮、钩管）需用混合液量（L/s）。

（6）泡沫液常备量计算

$$Q = kQ_混 \tag{4-8}$$

式中 $Q$——储罐区灭火泡沫液常备量（$m^3$ 或 t）；

$k$——30min 用液量系数，如果按 6% 配比，则 $k = 0.06 \times 30 \times 60/1000 = 0.108$；如按 3% 配比，则取值减半；

$Q_混$——储罐区灭火需用泡沫混合液量（L/s）。

（7）普通蛋白泡沫液常备量估算

泡沫灭火一次用液量等于泡沫混合比、混合液供给强度、燃烧面积、供液时间的乘积，即：

$$Q = k_1 k_2 At$$

式中 $Q$——一次用液量（L）；

$k_1$——混合液中含泡沫液比例，此处使用 6% 泡沫液，取 $k_1 = 0.06$；

$k_2$——混合液供给强度 [L/（min·$m^2$）]，参考表 4-2，甲、乙类火灾取 $k_2 = 10L/$（min·$m^2$），丙类火灾取 $k_2 = 8L/$（min·$m^2$）；

$A$——燃烧面积（$m^2$）；

$t$——一次进攻时间（min），此处为 5min。

为简化起见，泡沫液常备量为一次进攻用液量的 6 倍，即 $Q_液 = 6Q$。

**2. 氟蛋白泡沫灭火剂用量计算**

相比于普通蛋白泡沫灭火剂，氟蛋白泡沫灭火剂具有较好的表面活性、流动性和防油污染能力，可利用高背压泡沫产生器将泡沫从油罐底部喷入到达液面，形成含油较少且抗烧的泡沫覆盖层。

（1）氟蛋白泡沫供给强度

液下喷射的氟蛋白泡沫发泡倍数较低，一般在 3.0 倍左右，泡沫供给强度不应小于 0.4L/（s·$m^2$），混合液供给强度不应小于 0.133L/（s·$m^2$）。

（2）泡沫喷射速度

液下喷射氟蛋白泡沫的喷射速度越快，泡沫含油量就越多。因此，为保证泡沫的灭火效能，泡沫喷射的流速不应大于 3m/s。

（3）灭火所需泡沫量

储罐灭火需用泡沫量的计算方法与普通蛋白泡沫相同。

（4）高背压泡沫产生器数量计算

$$N = Q/q \tag{4-9}$$

式中 $N$——高背压泡沫产生器数量（只）；

$Q$——储罐灭火需用泡沫量（L/s）；

$q$——每个高背压泡沫产生器的泡沫产生量（L/s）。

**3. 抗溶型泡沫灭火剂用量计算**

抗溶型泡沫灭火剂能有效扑灭水溶性有机溶剂（醇、酯、醚、醛、胺等）火灾。

（1）抗溶型泡沫供给强度

水溶性液体对泡沫的破坏能力较大，其中不同水溶性液体所需泡沫供给强度存在明显差异。对 KR-765 型抗溶型泡沫来说，其泡沫供给强度不应小于表4-3的要求。

表 4-3　KR-765 型抗溶型泡沫供给强度

| 有机溶剂名称 | 供给强度 | | |
|---|---|---|---|
| | 泡沫/[L/(s·m²)] | 混合液 | |
| | | L/(min·m²) | L/(s·m²) |
| 甲醇、乙醇、异丙醇、醋酸乙酯、丙酮等 | 1.5 | 15 | 0.25 |
| 异丙醚 | 1.8 | 18 | 0.30 |
| 乙醚 | 3.5 | 35 | 0.58 |

（2）灭火延续时间

为提高泡沫灭火效果，一次灭火的时间不应超过 10min，考虑到重复扑救的可能性，泡沫液的储存量应按 30min 计算。

（3）抗溶型泡沫的其他计算

计算方法与普通蛋白泡沫相同。

**4. 高倍数泡沫灭火剂用量计算**

高倍数泡沫主要适用于扑救非水溶性可燃液体火灾和一般固体物质火灾，可采用全淹没方式进行灭火。

（1）灭火体积

高倍数泡沫灭火体积按照整个灭火空间的体积进行计算，一般不考虑空间内物体所占据的体积。

（2）泡沫量

灭火房间（场所）或需要淹没的空间的体积，即为需要的泡沫量。

（3）泡沫的发泡倍数

高倍数泡沫发泡倍数一般为 200～1000 倍。国内常用的高倍数泡沫灭火剂的发泡倍数在600 倍左右，计算时可按 600 倍计算。

（4）高倍数泡沫产生器数量计算

$$N = \frac{V}{qt} \qquad (4-10)$$

式中　$N$——高倍数泡沫产生器的数量（只）；

$V$——泡沫量，即需要保护的空间体积（m³）；

$q$——每只高倍数泡沫产生器的泡沫产生量（m³/min）；

$t$——高倍数泡沫灭火充满保护空间的时间（min），一般取 $t = 5$min。

（5）泡沫混合液量计算

$$Q_混 = Nq \qquad (4-11)$$

式中　$Q_混$——保护空间需用高倍数泡沫混合液量（L/s）；

$N$——保护空间需用泡沫产生器数量（只）；

$q$——每只泡沫产生器需用混合液量（L/s）。

（6）泡沫液常备量计算

高倍数泡沫液常备量可按普通蛋白泡沫方法计算。

---

**【例 4-1】** 某一油罐区，固定顶立式罐的直径均为 14m。某日因遭雷击，固定灭火系统损坏，其中一只储罐着火，呈敞开式燃烧，并造成地面流淌火约 $80m^2$，若采用普通蛋白泡沫及 PQ8 型泡沫枪灭火（当进口压力为 $70 \times 10^4 Pa$ 时，PQ8 型泡沫枪的泡沫量为 50L/s，混合液流量为 8L/s），泡沫灭火供给强度为 $1L/(s \cdot m^2)$，试计算灭火需用泡沫液量。

**【解】**（1）固定顶立式罐的燃烧面积
$$A = \pi D^2/4 = 3.14 \times 14^2/4 m^2 = 153.86 m^2$$

（2）扑灭储罐及液体流散火需用泡沫量

储罐：$Q_1 = A_1 q = 153.86 \times 1 L/s = 153.86 L/s$

液体流散火：$Q_2 = A_2 q = 80 \times 1 L/s = 80 L/s$

（3）PQ8 型泡沫枪的数量

进口压力为 $70 \times 10^4 Pa$ 时，每支 PQ8 型泡沫枪的泡沫量为 50L/s，泡沫混合液量为 8L/s，则扑灭储罐及液体流散火需用 PQ8 型泡沫枪的数量分别为：

储罐：$N_1 = Q_1/q = 153.86/50$ 支 = 3.08 支，实际使用取 4 支。

液体流散火：$N_2 = Q_2/q = 80/50$ 支 = 1.6 支，实际使用取 2 支。

（4）泡沫混合液量
$$Q_混 = N_1 q_{1混} + N_2 q_{2混} = (4 \times 8 + 2 \times 8) L/s = 48 L/s$$

（5）泡沫液常备量
$$Q_液 = 0.108 Q_混 = 0.108 \times 48 t = 5.19 t$$

灭火需用泡沫液常备量为 5.19t。

---

# 4.2 常用泡沫灭火剂

## 4.2.1 蛋白泡沫灭火剂

### 1. 蛋白泡沫灭火剂概述

蛋白泡沫灭火剂是以动物性或植物性蛋白的水解浓缩液为基料，加入适量的稳定剂、防腐剂、防冻剂等添加剂制备而成，也称蛋白泡沫灭火液或蛋白浓缩液。蛋白泡沫是由泡沫原液与水通过物理机械混合产生，这种蛋白泡沫灭火剂喷射到燃料表面不能形成水成膜，主要应用于石油化工场所。

（1）组成

蛋白泡沫灭火剂主要由蛋白质、水解蛋白、泡沫稳定剂、无机盐、抗冻剂组成。

1）蛋白质。骨胶肮、毛角肮、羊毛、动物角等均可用作蛋白泡沫的基料。在配制蛋白泡沫时需对蛋白质进行水解，其中蛋白质可以被酸、碱或蛋白酶催化水解成分子量较小的氨基酸的混合物。

2）水解蛋白。水解蛋白是泡沫液的发泡剂，它是天然动物性蛋白在碱液作用下水解得到的多肽成分。水解蛋白在与水混合时可以降低液体的表面张力，增加液膜的表面黏度与弹性，是一种很好的发泡剂与泡沫稳定剂。

3）泡沫稳定剂。稳定剂是用来提高泡沫液稳定性的添加剂。蛋白泡沫灭火剂的主要成分是多肽（蛋白质片段），这类物质极易受外界的影响而产生变形，并以沉淀形式析出，使蛋白泡沫灭火剂的性能降低。为了增加其稳定性，通常需要在其中加入稳定剂。常用的稳定剂一般为二价金属离子盐，如 $FeSO_4$、$CuCl_2$、$Zn(CH_3COO)_2$ 和 $ZnCl_2$。

（2）灭火机理

蛋白泡沫灭火剂的主要灭火机理包括：

1）隔离作用。蛋白泡沫灭火剂能在燃烧物表面形成泡沫覆盖层，使燃烧物表面与空气隔绝，封闭燃烧物表面以遮断火焰的热辐射，阻止燃烧物本身和附近的可燃物蒸发。

2）冷却作用。泡沫析出的液体可对燃烧表面起到冷却作用，其中1mol水可以吸收44kJ热量。

3）窒息作用。泡沫受热产生的水蒸气可以降低燃烧物附近的氧浓度。蛋白泡沫灭火剂在燃料表面形成一个连续的泡沫层，可使燃料与空气隔绝而将火扑灭。

此外，蛋白泡沫灭火剂相对密度低、流动性好、抗烧性强且不易被冲散，能迅速在非水溶性液体表面形成覆盖层，从而将火扑灭。同时蛋白泡沫能粘附在垂直表面，因而也适用于一般固体物质火灾。目前，蛋白泡沫灭火剂主要用于扑救油类火灾，但在扑救原油和重油储罐火灾时要防止油品发生沸溢或喷溅。

**2. 普通蛋白泡沫灭火剂**

（1）组成

普通蛋白泡沫灭火剂是主要以动物蛋白质的水解浓缩液为基料，加入各种添加剂制备而成。该类灭火剂具有抗烧性强、析液率低、导热速率小、粘附强度大等优点，灭火过程中能迅速附着于燃烧物质表面使燃烧物与空气隔绝，达到灭火的目的。

（2）灭火机理

普通蛋白泡沫灭火剂主要通过隔离作用和冷却作用灭火。

（3）储存及应用

普通蛋白泡沫灭火剂应密封存放于室内阴凉干燥处，存放温度为 $-5 \sim 40℃$，有效期为2年。普通蛋白泡沫灭火剂不仅适用于扑救油田、飞机场等油类火灾（B类火灾），还适用于木材、纸、棉、麻及合成纤维等固体可燃物火灾（A类火灾）的扑救，但不适用于扑救醇、醚、酯、酮等极性液体火灾。

**3. 氟蛋白泡沫灭火剂**

氟蛋白泡沫灭火剂是指以蛋白泡沫原液为主，添加氟碳表面活性剂和其他表面活性剂制备而成的泡沫灭火剂，其中使用不同比例的水解蛋白质和氟化表面活性剂可获得不同性能等级的泡沫灭火剂。氟蛋白泡沫通常具有良好的表面活性和覆盖性、较高的稳定性和化学干粉灭火剂的亲和性、较好的浸润性和流动性，以及一定的泡沫水质膜形成能力。相比于普通蛋白泡沫，氟蛋白泡沫能更快速地控制火势，且可与淡水以及海水混合使用。

（1）组成

氟蛋白泡沫灭火剂由水解蛋白、氟碳表面活性剂、烃类表面活性剂、溶剂和水等成分组成。

1）水解蛋白。水解蛋白是氟蛋白泡沫灭火剂的主要发泡剂，它使氟蛋白泡沫灭火剂具有良好的发泡能力和优良的稳定性和抗烧性。

2）氟碳表面活性剂。氟碳表面活性剂是蛋白泡沫灭火剂的主要增效剂，它的主要作用是进一步降低混合液的表面张力以提高泡沫的流动性、疏油能力和抗干粉破坏能力。氟碳表面活性剂一般由两部分组成，一部分为油溶性基团（疏水基），另一部分为水溶性基团（亲水基）。油溶性基团中的氢原子被氟原子取代，就成为氟碳表面活性剂。氟碳表面活性剂可以进一步降低混合液的表面张力，使该灭火剂可以采用"液下喷射"的方法扑救大型油类产品储罐火灾。

氟碳表面活性剂在低浓度使用时能使液体表面张力显著降低，其效果是烃类表面活性剂和有机硅表面活性剂无法比拟的。氟碳表面活性剂和烃类表面活性剂降低水性体系表面张力效果如图4-1所示。

3）烃类表面活性剂。烃类表面活性剂的作用是协助氟碳表面活性剂改变蛋白泡沫灭火剂的灭火性能。虽然在蛋白泡沫液里添加烃类表面活性剂或氟碳表面活性剂都可以改变泡沫的流动性，但烃类表面活性剂会严重破坏蛋白泡沫的抗烧性能，因此在灭火中严禁将蛋白泡沫与含烃类表面活性剂合成泡沫混用。

（2）灭火机理

氟蛋白和蛋白泡沫灭火剂的灭火原理基本相同。但氟碳表面活性剂的存在，使氟蛋白泡沫与燃料表面的交界处存在着一个由氟碳表面活性剂定向排列形成的吸附层抑制可燃物蒸发，进而赋予氟蛋白泡沫更优异的流动性和灭火性能。

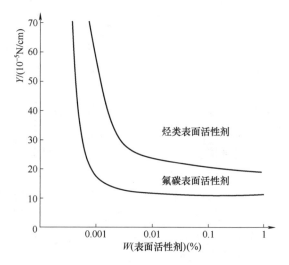

图4-1　表面活性剂浓度与水性体系表面张力效果

（3）储存及应用

氟蛋白泡沫灭火剂的使用方法、储存要求与蛋白泡沫灭火剂相同，应独立放置在室内阴凉处进行储存，储存温度为 $-7.5 \sim 40℃$ ，有效期为2年。

氟蛋白泡沫灭火剂的使用范围与蛋白泡沫灭火剂一样，不仅适用于扑救石油及石油产品等易燃液体的火灾（B类火灾）及飞机坠落火灾，也适用于扑救木材、纸、棉、麻及合成纤维等固体可燃物的火灾（A类火灾）。同时，将其与各种干粉灭火剂联用还表现出良好的灭火效果，因此广泛用于扑救大型储罐（液下喷射）、散装仓库、输送中转装置、石化生产加工装置、油码头及飞机等场所火灾。

1）氟蛋白泡沫灭火剂在液下喷射中的应用。油品储罐一般形体高大、储油量多，爆炸起火后，火势猛、温度高、辐射热强、易扩散，甚至发生连续性爆炸、沸溢和喷溅、罐体变形倒塌等情况，救援人员、车辆和器材装备难以接近，救援工作进展艰难。在这种情况下，油罐上附设的泡沫灭火系统对于火灾初期的控制及防止火灾蔓延起着至关重要的作用。由于油罐火灾燃烧温度高，液上喷射灭火系统易受破坏，因此，液下泡沫喷射灭火系统就显得更为安全可靠。由于液下泡沫喷射灭火系统是将泡沫通过管道从罐体下部直接喷入油品中，泡沫在油品的浮力作用下上浮，最终将燃烧的油品液面覆盖进行灭火，所以液下喷射对泡沫液有较强的选择性，通常选用氟蛋白泡沫液。液下喷射氟蛋白泡沫时，要解决的主要问题是如何防止泡沫夹带过多油品成为可燃泡沫而失去灭火能力。研究表明，液下喷射泡沫时，其油品夹带量主要与泡沫发泡倍数、泡沫进入油品的速度及油品厚度有关。因此，在灭火作业时要合理设计泡沫的发泡倍数，合理控制泡沫进入油品的速度。

2）氟蛋白泡沫灭火剂在对油面喷射中的应用。在扑救油罐火灾中，除了利用油罐附设的固定灭火设施外，还可操纵泡沫枪、炮等消防装备进行灭火。使用氟蛋白泡沫灭火剂对油面喷射灭火的关键包括两个方面：一是要保证泡沫形成的质量，即水与泡沫液混合均匀、发泡倍率高，通常要求泡沫的发泡倍数不小于混合液的 6 倍；二是要保证泡沫覆盖的效率，即能尽量全部地把泡沫喷射到油面上，不对泡沫造成人为的机械性破坏和浪费。

**4. 成膜氟蛋白泡沫灭火剂**

成膜氟蛋白泡沫灭火剂是指能够在液体表面形成一层抑制可燃液体蒸发的薄膜的氟蛋白泡沫灭火剂。成膜类蛋白泡沫灭火剂主要包括成膜氟蛋白泡沫灭火剂（FFFP）和成膜氟蛋白抗溶泡沫灭火剂（FFFP-AR）两大系列，前者主要用于扑救油类火灾，后者既可以扑救油类火灾也可扑救醇类火灾。

（1）成膜氟蛋白泡沫灭火剂

成膜氟蛋白泡沫灭火剂是在氟蛋白泡沫灭火剂中加入适当的氟碳表面活性剂、成膜助剂、碳氢表面活性剂等制备而成的。它能在油类液面上形成一层抑制油类蒸发的防护膜，依靠泡沫和防护膜的双重作用灭火，具有灭火效率高、速率快、防复燃性能和封闭性能好等优点，适用于油田、炼油厂、油库、船舶、码头、飞机场、机库等场所火灾。该灭火剂应密封存放在室内阴凉、干燥、通风、温度适宜（-5~40℃）的环境中。

（2）成膜氟蛋白抗溶泡沫灭火剂

成膜蛋白抗溶泡沫灭火剂也称氟蛋白型抗溶水成膜泡沫灭火剂，是在氟蛋白泡沫灭火剂中加入适当的氟碳表面活性剂、成膜性添加剂、抗醇剂、碳氢表面活性剂以及助溶剂等制备而成的。它是一种多用途高效泡沫灭火剂，既具有蛋白泡沫扑救油类火的功能，又具有抗溶型泡沫扑救醇类火的能力，具有灭火效率高、速率快、防复燃性能强和封闭性能好等优点，适用于油田、油库、炼油厂、酒精厂、码头、化工仓库、船舶、飞机场、机库等场所火灾。该灭火剂应密封存放在室内阴凉、干燥、通风、温度适宜（-5~40℃）的环境中。

## 4.2.2　高倍数合成泡沫灭火剂

高倍数泡沫灭火剂是指发泡倍数大于 200 倍的泡沫灭火剂，其基料是合成表面活性剂，所以又称合成泡沫灭火剂。它通常由发泡剂、稳定剂、溶剂、抗冻剂、硬水软化剂以及其他助剂组成，没有明显毒性并具有生物降解性。高倍数泡沫灭火剂具有混合液供给强度小、泡沫供给量大、灭火迅速、安全可靠、水渍损失少及灭火后现场处理简单等特点。该类灭火剂的储存温度范围：普通型为 -5~40℃，耐寒型为 -10~40℃，超耐寒型为 -20~40℃。

**1. 灭火机理**

高倍数泡沫灭火剂是由高倍数泡沫产生器生成，它的发泡倍数高达 200~1000 倍，气泡直径一般在 10mm 以上。该类灭火剂的体积膨胀倍数高、发泡量大（大型泡沫产生器可在 1min 内产生 1000m³ 以上的泡沫），可以迅速充满着火空间，覆盖燃烧物，使燃烧物与空气隔绝。此外，泡沫受热后产生的大量水蒸气可使燃烧区温度急骤下降并降低空气中的含氧量，防止火势蔓延。

**2. 应用范围**

高倍数泡沫灭火剂主要适用于扑救非水溶性可燃、易燃液体火灾（如从油罐流淌到防火堤以内的火灾或从旋转机械中漏出的可燃液体的火灾等），一般固体物质火灾以及仓库、飞机库、地下室、地下道、矿井、船舶等受限空间的火灾。液化天然气等储罐发生泄漏时，可使用高倍数泡沫抑制可燃蒸气挥发和着火。高倍数泡沫灭火剂还具有密度小及流动性好的优点，可以通过适当的管道进行远距离或一定高度的灭火作业，但不适用于扑救上升气流升力很大的油罐火灾。此外，使用高倍数泡沫灭火时，要防止燃烧气体、烟尘和酸性气体进入高倍数泡沫产生器破坏泡沫。

**3. 储存条件**

高倍数泡沫灭火剂应放置于阴凉、干燥的地方，防止阳光曝晒；储存环境温度应在规定的范围内，储存两年后应进行全面的质量检查，其各项性能指标不得低于规定标准要求。在运输和储存期间，不得混入其他类型的灭火剂。

## 4.2.3 水成膜泡沫灭火剂

水成膜泡沫灭火剂是一种能够在液体燃料表面形成一层抑制可燃液体蒸发的水膜的泡沫灭火剂，又称"轻水"泡沫灭火剂，具有灭火效率高，灭火速度快，防复燃性能强，封闭性能好和储存期长等优点。水成膜泡沫灭火剂主要通过隔离可燃物来抑制燃烧，其中从泡沫中析出的水或泡沫破裂后生成的水还能形成水质膜并在燃料表面上迅速扩散覆盖于燃料表面。

**1. 基本组成**

水成膜泡沫灭火剂主要由氟碳表面活性剂、烃类表面活性剂和添加剂（泡沫稳定剂、抗冻剂、助溶剂、增稠剂等）及水组成。氟碳表面活性剂是水成膜泡沫灭火剂的主要成分，所占比率为 1%～5%，它的作用是降低灭火剂水溶液表面的张力并提高泡沫的疏油能力。氟碳表面活性剂与烃类表面活性剂结合使用时，还能使灭火剂的水溶液在烃类燃料的表面上形成水成膜。此外，聚氧化乙烯还被用于改善泡沫的抗复燃能力和自封能力，添加量通常为 0.1%～0.5%。

水成膜泡沫灭火剂中还含有 0.01%～0.5% 烃类表面活性剂。烃类表面活性剂主要用于增强泡沫的发泡倍数和稳定性，降低水成膜泡沫水溶液与油类之间的界面张力，增强与油料之间的亲和力，促进水膜的形成和扩散。烃类表面活性剂通常与氟碳表面活性剂复配使用，使灭火剂对烃类燃料具有较强的乳化能力并降低灭火剂与烃类燃料之间的界面张力，使之能在烃类表面上形成水膜，并以较快的速度扩散。

水成膜泡沫灭火剂中的稳定剂主要为黄原胶、聚乙烯醇、羟乙基纤维素、月桂醇及三乙醇胺等，它们能有效提高水膜和泡沫的稳定性。水成膜泡沫灭火剂中还有 5%～10% 的溶剂，主要为乙二醇丁醚、二乙二醇丁醚等，它们可增强泡沫性能并适当降低泡沫液的凝固点以促进泡沫的形成。

水成膜泡沫灭火剂中的氟羧酸或氟磺酸表面活性剂能使水溶液产生密度小于水的泡沫，使其能浮于燃料表面，这使其在石油类和 A 类物质火灾中的灭火效果优于蛋白泡沫和氟蛋白泡沫灭火剂。

**2. 灭火机理**

水成膜泡沫灭火剂除具有一般泡沫灭火剂的灭火作用外，还能在燃料表面流散形成一层水膜，与泡沫层共同封闭燃液表面，隔绝空气，使燃烧终止。水成膜泡沫灭火剂具有泡沫和水膜的双层灭火作用，具有灭火效率高及灭火时间短等优点，其灭火机理如下。

（1）冷却作用

水成膜泡沫灭火剂所形成的泡沫携带大量的水（94% 以上）并能有效附着在可燃物表面，特别是垂直表面。泡沫附着于可燃物表面产生的润湿作用，能吸收燃烧过程中产生的热量，再通过水的蒸发带走热量。

（2）窒息作用

由于水成膜泡沫液在油类表面能够迅速流动扩散，而泡沫的相对密度较小，可漂浮于可燃液体的表面或粘附在可燃固体的表面，形成泡沫覆盖层，使可燃物表面与空气隔离，产生窒息作用。

（3）隔绝作用

水成膜泡沫在油类表面形成的水膜能有效地覆盖在燃料表面以隔绝火焰对燃烧物表面的热辐射，降低可燃物的蒸发速度或热分解速度，阻碍可燃蒸气进入燃烧区，进而表现出较强的封闭性能和抗复燃能力。

在扑救石油化工类火灾时，水成膜泡沫灭火剂通过泡沫和水成膜的双重作用实现灭火。

1）泡沫的灭火作用：由于水成膜泡沫中氟碳表面活性剂和其他添加剂的作用，使其具有比氟蛋白泡沫更低的临界切应力（仅为 $60 \times 10^{-5} \mathrm{N/cm^2}$ 左右），当泡沫喷射到油上时，泡沫能够迅速在油面上展开，并结合水膜迅速将火扑灭。

2）水膜的灭火作用：水成膜泡沫的特点是能在油类表面上形成一层很薄的水膜，这层水膜可使油品与空气隔绝，阻止油气蒸发，更有利于泡沫流动，加快灭火速度。但仅靠水膜的作用还不能有效灭火。实际上，水成膜泡沫灭火剂是通过泡沫在油面上扩散形成水膜以抑制油品的蒸发，使其与空气隔绝，并能迅速流向尚未直接喷射到的区域，达到灭火的目的。

**3. 应用范围**

水成膜泡沫灭火剂一般是通过泡沫液与水按一定比例（混合比为 3% 或 6%）混合形成混合液，然后在各种低、中倍数泡沫产生器中与空气混合产生灭火泡沫制备而成的，它主要用于扑救油田、炼油厂、油库、船舶、码头、飞机场、机库等场所火灾，也可用于扑救醇、醚、醛、胺、有机酸等极性溶剂火灾和环氧丙烷等高极性可燃易燃液体火灾。水成膜泡沫灭火剂还可与干粉灭火剂联用灭火，亦可采用"液下喷射"的方式扑救大型油类储罐火灾。

水成膜泡沫的 25% 析液时间仅为蛋白泡沫或氟蛋白泡沫的 1/2 左右，这使得水成膜泡沫不够稳定且消失较快。相比于蛋白泡沫和氟蛋白泡沫灭火剂，水成膜泡沫灭火剂在扑救油面火灾过程中存在封闭时间和回燃时间较短等缺点，导致其防复燃性能与隔离性能较差。此外，水成膜泡沫如遇到灼热状态的油罐壁时，极易被罐壁的高温破坏，失去水分，变成极薄的骨架，所以扑救油罐火灾时需要用水冷却罐壁并补充新鲜的泡沫液。

### 4.2.4　抗溶泡沫灭火剂

抗溶泡沫灭火剂又称抗醇泡沫灭火剂，是指产生的泡沫可抵抗醇类或其他极性溶液表面对泡沫破坏性的灭火剂，属于多功能泡沫灭火剂。此类灭火剂主要由微生物多糖、碳氢表面活性剂、氟碳表面活性剂、防腐剂、助剂等组成，具有附着力强、密度大、持久性长、灭火快、隔热和防热辐射效果好等优点，能有效控制可燃物的复燃，适用于各种低倍数泡沫产生器。

**1. 灭火机理**

抗溶泡沫灭火剂主要通过泡沫和凝胶膜的双重封闭作用达到迅速灭火的目的。抗溶泡沫灭火剂在扑救极性溶剂时可在溶剂与泡沫界面析出一层高分子凝胶膜，防止水溶性溶剂吸收泡沫中的水分，从而有效保护了泡沫免遭极性溶剂破坏。当泡沫持久地覆盖在溶剂液面上达到一定厚度时，泡沫层就能有效阻挡可燃液体蒸气进入燃烧区。此外，泡沫中析出的水还能稀释可燃物和氧气，起到一定的窒息作用。

**2. 分类**

根据基料和添加剂的不同，抗溶泡沫灭火剂可分为：

1）高分子型抗溶泡沫灭火剂：主要由水解蛋白或合成表面活性剂作为发泡剂，添加海藻酸盐一类天然高分子化合物而制成。

2）凝胶型抗溶泡沫灭火剂：主要由氟碳表面活性剂、碳氢表面活性剂和触变性多糖制成的触变性抗溶泡沫灭火剂。

3）氟蛋白型抗溶泡沫灭火剂：以蛋白泡沫液添加特制的氟碳表面活性剂和多种金属盐制成。

4）以聚硅氧烷表面活性剂为基料制成的抗溶泡沫灭火剂。

**3. 常见抗溶泡沫灭火剂**

（1）抗溶水成膜泡沫灭火剂

抗溶水成膜泡沫灭火剂（AFFF/AR）由烃类表面活性剂、氟碳表面活性剂、抗烧剂、稳定剂、抗冻剂、添加剂等组成，是一种多用途的高效高分子泡沫灭火剂。根据泡沫液与水混合的混合比不同，可分为3% AFFF/AR 和6% AFFF/AR 两种。抗溶水成膜泡沫灭火剂可用于扑救酒精、油漆、醇、酯、醚、醛、胺等极性溶剂和水溶性物质火灾，也可用于扑救油类和极性溶剂混杂的 B 类燃料火灾，被广泛应用于大型化工企业、石化企业、化纤企业、溶剂厂、化工产品仓库及油田、油库、船舶、机库、汽车库等单位或燃料易泄漏场所。抗溶水成膜泡沫灭火剂的保质期为12 年，其中抗溶成分的有效期为2 年，2 年后仅可作为水成膜泡沫灭火剂使用。

（2）氟蛋白抗溶泡沫灭火剂

氟蛋白抗溶泡沫灭火剂也称多功能氟蛋白泡沫灭火剂，是在氟蛋白泡沫灭火剂中加入适量的抗醇剂、助剂等制备而成的。它既具有氟蛋白泡沫扑救油类火灾的功能，又具有抗溶泡沫灭火剂扑救醇、酯、醚、酮、醛等可燃极性溶剂火灾的能力。氟蛋白泡沫灭火剂可在各种低倍数泡沫产生器中与水按3:97 或6:94 的混合比混合产生泡沫。

（3）YEKJ-3 型和 YEKJ-6 型抗溶泡沫灭火剂

YEKJ-3 型和 YEKJ-6 型抗溶泡沫灭火剂是由微生物多糖、碳氢表面活性剂、氟碳表面活性剂、防腐剂、助溶剂等制备而成，属于凝胶型合成泡沫。该灭火剂具有良好的触变性能，可以在各种低倍数泡沫产生设备中与水按 3∶97 或 6∶94 的混合比混合产生泡沫。该类灭火剂具有供给强度小、灭火速率快、存储稳定、腐蚀性低等优点，适用于扑救醇、酯、醚、酮、醛、有机酸等可燃极性溶剂火灾及油类火灾，被广泛应用于大型化工厂、化纤厂、油漆厂、溶剂厂、酒精厂、酿酒厂、化工产品仓库以及船舶等重点火灾危险场所。

**4. 储存条件**

抗溶泡沫灭火剂应存放在阴凉、干燥的库房内，防止曝晒，储存的环境温度为 -5 ~ 40℃，储存期为 8 年。抗溶泡沫灭火剂中的抗溶成分有效期为 2 年，2 年后失去抗溶功能，只可作为普通泡沫灭火剂使用。

## 4.2.5 其他泡沫灭火剂

**1. 植物蛋白泡沫灭火剂**

植物蛋白泡沫和植物氟蛋白泡沫灭火剂是比动物蛋白泡沫灭火剂更环保、更经济的新型"绿色"灭火剂，可从生产味精的废料中提取。该灭火剂具有生产和使用过程中无异味、无毒害、无污染、可生物降解、存储稳定性强及灭火效能高等优点，是传统灭火剂的理想替代品，市场前景广阔。

植物蛋白和植物氟蛋白泡沫灭火剂是从植物中提取蛋白质制备而成的，因此不含硫醇、硫醚、硫化氢等恶臭物质，同时具有良好的起泡、稳泡、抗烧、流动、渗透和封闭性能，适用于扑救 A 类、B 类火灾。

**2. A 类泡沫灭火剂**

A 类泡沫灭火剂由阻燃剂、发泡剂、渗透剂等多种物质组成，具有灭火快、效能高、性能稳定、凝固点低等优点，是一种兼具强化水和普通泡沫灭火剂优点的灭火剂。它可以通过比例混合器以 6% 混合比使用，可利用直接喷洒的方法扑灭森林大火和一般固体物质火灾，尤其是适用于扑救高层建筑、地上地下商场、地铁等场所的火灾，效果显著。该类灭火剂还适用于扑救钻井台、储油罐、油田等石化场所火灾。

（1）优点

相较于水喷淋、水喷雾泡沫系统，A 类泡沫灭火系统具有以下优点：

1）A 类泡沫中含有阻燃剂、渗透剂、发泡剂等物质，具有更强的阻燃性、渗透性，相比于单纯水或一般泡沫具有用量少、灭火快的优点。

2）A 类泡沫灭火剂在使用中能产生大量的泡沫，这使得水与可燃物的接触面积扩大，致使燃烧区热量迅速散发、温度迅速降低。

3）A 类泡沫灭火剂可降低水的表面张力使水易于扩展开来，同时还能与烃类燃料结合在燃烧区表面形成一层水膜，隔绝空气窒息灭火，故也具有扑灭 B 类火灾的能力。

4）A 类泡沫灭火剂的灭火效率比单纯用水要高出 3 倍。

（2）缺点

A 类泡沫灭火剂存在以下缺点：

1）A 类泡沫灭火剂浓缩液通常是化学危险品。

2）对人体的皮肤、眼睛和上呼吸道有一定的刺激性。

3）对某些金属具有一定的腐蚀性。

4）在生物降解性、长期环境安全性等方面仍不明确。

**3. 压缩空气泡沫灭火剂**

压缩空气泡沫灭火剂（CAF）是将一定比例的压缩泡沫注入泡沫液射流中，通过撞击混合后形成的一种泡沫灭火剂。压缩空气泡沫灭火系统（CAFS）是一种利用混合室和水带内气、液湍流的摩擦作用来产生精细泡沫的灭火系统，该系统产生的泡沫既细小又均匀，可使90%以上的泡沫液转变为泡沫气泡。压缩空气泡沫固定管网灭火系统还能直接通过管网向火场输送具有高能量的灭火剂。

压缩空气泡沫灭火剂具有灭火效率高、防复燃性强、对环境友好且适合大规模火灾的扑救的特点。此外，压缩空气泡沫灭火剂还具有良好的润湿性、附着性、覆盖性以及热辐射阻隔能力，能达到较远的喷射距离。

相较于普通泡沫灭火剂，压缩空气泡沫灭火剂具有以下优点：

1）泡沫本身能降低水表面张力使着火材料容易吸收水分，达到吸热降温及快速控制火势的目的。

2）压缩空气泡沫含有约30%的水分和70%的空气。灭火过程中附着在泡沫上的一部分水分在快速通过火场的时候能起到吸热降温的作用，而剩下的水分则依附在泡沫上并随着泡沫粘附在材料的表面，随后再慢慢释放出溶液渗透到材料内部，继续发挥吸热降温的作用，这样能大大减少水的流失浪费。

3）压缩空气泡沫能有效覆盖着火材料，隔绝空气从而窒息灭火。

4）压缩空气泡沫的析液时间长，它的25%析液时间是普通泡沫的10倍以上。

**4. 其他新型泡沫灭火剂**

（1）七氟丙烷气体泡沫灭火剂

七氟丙烷气体泡沫灭火剂是利用七氟丙烷气体替代空气发泡制备的泡沫灭火剂，兼具空气泡沫覆盖隔离和七氟丙烷气体化学抑制的双重灭火作用。该类灭火剂可用于扑救低沸点可燃液体储罐火灾、液体火灾、可熔化的固体火灾以及灭火前能切断气源的气体火灾。该类灭火剂适用于有人活动的场所，且不会对电子仪器设备、磁带资料等造成严重损害。

如图4-2所示，七氟丙烷泡沫灭火系统主要由供水系统、泡沫液储罐、七氟丙烷储存装置、泡沫比例混合装置、七氟丙烷比例混合装置、七氟丙烷泡沫产生器、阀门和管道等部件组成。灭火过程中，消防水流通过泡沫比例混合装置和泡沫液混合，形成泡沫混合液，泡沫混合液再经过七氟丙烷比例混合装置和七氟丙烷液体混合，形成一定比例的七氟丙烷泡沫混合液，该混合液通过七氟丙烷泡沫产生器后产生一定倍数的七氟丙烷泡沫灭火剂，施加到可燃物表面灭火。

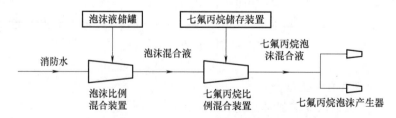

图4-2 七氟丙烷泡沫灭火系统示意图

（2）三相泡沫灭火剂

三相泡沫是由气相（$N_2$ 或空气）、固相（黄泥、粉煤灰、膨润土、空心微珠、硅微粉等固体微粒）、液（水）三相经发泡而形成的具有一定分散体系的混合体。三相泡沫中含有的固态物质可使泡沫在较长时间保持稳定性，即使在泡沫破碎后仍能保持稳定的骨架结构，防止火势蔓延。同时，三相泡沫能迅速在火灾表面形成一层覆盖膜，起到良好的覆盖隔热作用。

防治煤炭自燃的三相泡沫是由气（$N_2$ 或空气）、固（粉煤灰或黄泥等）、液（水）三相经发泡而形成的具有一定分散体系的混合体。粉煤灰或黄泥浆注入 $N_2$ 经发泡器发泡后形成三相泡沫，体积大幅增大，在采空区中可快速向高处堆积，对低、高处的浮煤均能有效地覆盖，避免了普通注水或注浆工艺中浆水易沿阻力小的通道流失的现象（拉沟现象）。泡沫中的 $N_2$ 能有效地固封于三相泡沫之中，下落到火区底部，并随泡沫破灭而释放氮气以起到较好的惰性、抑爆作用。三相泡沫中的粉煤灰或黄泥等固态物质，可使泡沫在较长时间内保持稳定，泡沫破碎后具有一定黏度的粉煤灰或黄泥仍可较均匀地覆盖于浮煤上，有效地阻碍煤对氧的吸附，防止了煤的氧化，从而遏制煤自燃的进程。三相泡沫具有降温、阻化、惰化、抑爆等综合性防灭火性能。三相泡沫灭火剂能够快速有效地解决大采空区、高置区、高温点等普通防灭火措施难以解决的难题，已成为一项防止煤炭自燃十分有效和经济的新技术手段，具有十分广泛的应用前景。

（3）多功能环保泡沫灭火剂

多功能环保泡沫灭火剂集高倍数、中倍数、低倍数、蛋白、水成膜、抗溶等泡沫灭火剂的灭火功能于一身，既能够有效地扑灭醇类、酮类、酯类、腈类等 B 类极性易燃液体火灾，也能有效扑灭轻油、重油、苯类等 B 类非极性易燃液体火灾以及任何比例相混合的油醇混合燃料火灾，同时还可以扑灭 A 类固体物质火灾及部分 C 类、D 类火灾。

一般的"合成型"泡沫灭火剂多采用单一的碳氢表面活性剂。而多功能环保泡沫灭火剂则采用多种碳氢表面活性剂使其产生"复合协同效应"，提高了泡沫的发泡倍数和稳定性，从而能任意产生高、中、低三种倍数的泡沫，适用于高倍数、中倍数及低倍数的固定式或移动式泡沫灭火系统和器材。该类泡沫灭火剂还可充装泡沫消防车和手提式灭火器等。

多功能泡沫灭火剂使用过程无毒、无腐蚀、无异味，对人体无伤害；生产过程中，不需加热水分解，也无需浓缩，不产生废气、废水、废渣，对环境无污染，而且具有显著的环保和节能优势。

# 4.3　合成泡沫灭火技术

合成泡沫灭火剂是以合成的表面活性剂为主要组分，添加稳泡剂、抗冻剂、增溶剂及助溶剂等制备而成。根据发泡倍数的不同，合成泡沫灭火系统可以分为低倍数泡沫灭火系统、中倍数泡沫灭火系统和高倍数泡沫灭火系统。

## 4.3.1　低倍数泡沫灭火系统

低倍数泡沫灭火系统是指使用低倍数合成泡沫灭火剂的泡沫灭火系统，具有安全可靠、经济实用、灭火效率高等优点，抗风干扰能力强于中高倍数泡沫灭火剂。

**1. 按系统结构分类**

根据系统类型的不同，低倍数泡沫灭火系统可分类为固定式泡沫灭火系统、半固定式泡沫灭火系统和移动式泡沫灭火系统。

（1）固定式泡沫灭火系统

固定式泡沫灭火系统一般由水源、消防水泵、泡沫比例混合器、泡沫产生装置、管道、阀门等设备通过固定管道连接而成，永久安装在使用场所，火灾时只需启动水泵，开启相关阀门即可实施灭火。目前，固定式泡沫系统一般装有手动控制系统，即手动启动泡沫消防泵和阀门，向燃烧区域内喷射泡沫实施灭火；有些也装有自动控制系统，即首先依靠火灾自动报警系统及联动控制系统自动启动泡沫消防泵及有关阀门向着火区域内喷射泡沫灭火剂，进行灭火作业，当自动控制系统出现故障时，可由手动启动泡沫灭火系统。

固定式泡沫灭火系统具有启动及时、安全可靠且操作方便及自动化程度高等优点，但也存在前期投资大、设备利用率低、平时维护管理复杂等缺点。因此，固定式泡沫灭火系统大多用于甲、乙、丙类液体总储或单罐的容量大，火灾危险性大，布置集中，扑救困难且机动消防设施不足的场所，比如：

1）总储量不小于 $50m^3$ 的独立非水溶性甲、乙、丙类液体储罐区。

2）总储量不小于 $200m^3$ 的独立水溶性甲、乙、丙类液体储罐区。

3）机动消防设施不足的企业附属的非水溶性甲、乙、丙类液体储罐区。

由于上述场所的火灾危险性较大、燃烧情况复杂，在设有固定式泡沫灭火系统外，还应同时设置泡沫消防栓，配备泡沫枪，保证必要的移动式灭火力量，用于扑救流散液体火灾。

（2）半固定式泡沫灭火系统

半固定式泡沫灭火系统是指由固定的泡沫产生器与部分连接管道、泡沫消防车或机动泵、水带等连接组成的灭火系统。灭火过程中将混合液通过水带打入预留的接口进入管道内，经泡沫产生器产生泡沫，从而实施灭火。

半固定式泡沫灭火系统具有设备简单、投资省、不需经常维护、管理方便、机动灵活等特点。相比于移动式泡沫灭火系统，半固定式泡沫灭火系统具有灭火效率高、操作便利、火场上劳动强度低等优点，但相比于固定式泡沫灭火系统则存在扑救火灾不及时且不适用于特别大的储罐等缺点。因此，采用半固定式泡沫灭火系统的储罐区应有足够的消防力量和充足的消防水源，灭火需要的泡沫液一般由消防车携带（若使用泵浦消防车，还应配备泡沫液）。

（3）移动式泡沫灭火系统

移动式泡沫灭火系统是指由消防车或机动消防泵、泡沫比例混合装置、移动式泡沫产生装置等连接组成的灭火系统，主要应用于未安装固定泡沫产生器或泡沫管道的甲、乙、丙类可燃液体储罐。移动式泡沫灭火系统的各组成部分都是针对所保护的储罐区设计的，在泡沫混合液供给量、机动设施到场时间等方面都有严格要求而不是随意组合。

**2. 按喷射方式分类**

按照泡沫喷射方式的不同，低倍数泡沫灭火系统可分为液上喷射、液下喷射和半液下喷射泡沫灭火系统。

（1）液上喷射泡沫灭火系统

液上喷射泡沫灭火系统是指将泡沫从燃烧液体上方施加到燃烧液体表面上进行灭火作业

的泡沫系统，适用于固定顶储罐、外浮顶储罐和内浮顶储罐火灾的扑救。该系统具有结构简单、安装检修便利、调试简单且泡沫液适用类型广等优点，但泡沫产生器和部分管线易受到储罐燃烧爆炸的破坏而失去灭火作用。液上喷射系统有固定式、半固定式和移动式三种应用形式。压力式和环泵式固定泡沫灭火系统如图 4-3 和图 4-4 所示。

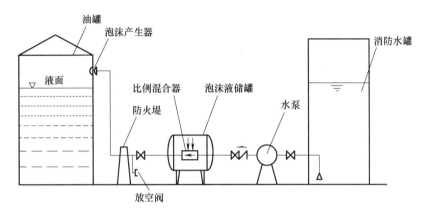

图 4-3　固定式液上喷射泡沫灭火系统（压力式）

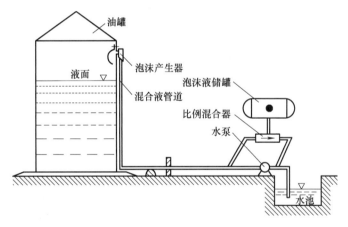

图 4-4　固定式液上喷射泡沫灭火系统（环泵式）

（2）液下喷射泡沫灭火系统

液下喷射泡沫灭火系统是指泡沫从液面下喷入被保护储罐内的泡沫系统，适用于部分非水溶性甲、乙、丙类液体常压固定顶储罐。液下喷射泡沫灭火系统不适用于水溶性甲、乙、丙类液体储罐，外浮顶和内浮顶储罐，闪点低于 23℃、沸点低于 38℃的非水溶性甲类液体储罐以及黏度过大的丙类液体储罐。压力式和环泵式固定液下喷射泡沫灭火系统如图 4-5 和图 4-6 所示。

相比于液上喷射系统，液下喷射系统具有许多优点：

1）泡沫产生器安装在储罐的防火堤外，产生的泡沫通过管道喷射到油品表面，因此储罐发生燃烧或爆炸后不易破坏泡沫灭火系统，具有较高的可靠度。

2）泡沫从液下到达燃烧液面，不通过高温火焰以及灼热的罐壁流入，减少了泡沫的损

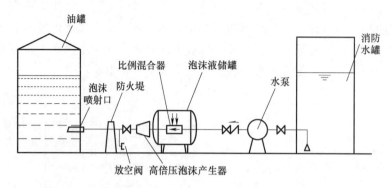

图 4-5　固定式液下喷射泡沫灭火系统（压力式）

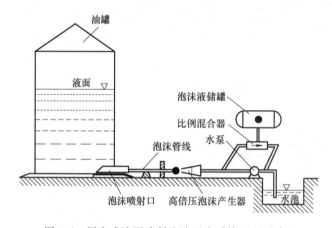

图 4-6　固定式液下喷射泡沫灭火系统（环泵式）

失，提高了泡沫灭火剂的灭火效率。

3）泡沫在上浮过程中可使罐内冷油和热油发生对流，起到一定的冷却作用，有利于灭火。

（3）半液下喷射泡沫灭火系统

半液下喷射泡沫灭火系统是指泡沫从储罐底部注入，并通过软管浮升到液体燃料表面进行灭火的泡沫灭火系统，如图 4-7 所示。

### 4.3.2　中倍数泡沫灭火系统

中倍数泡沫灭火系统是指使用中倍数合成泡沫灭火剂的泡沫灭火系统。根据系统形式的不同，可分为固定式中倍数泡沫灭火系统、半固定式中倍数泡沫灭火系统和移动式中倍数泡沫灭火系统；根据灭火形式又可分为全淹没中倍数泡沫灭火系统和局部应用中倍数泡沫灭火系统两种系统形式。

**1. 全淹没中倍数泡沫灭火系统**

全淹没中倍数泡沫灭火系统是由固定泡沫产生器、泡沫比例混合器、消防泵组、管路及其附件等组成，通过固定的泡沫产生器将泡沫喷放到封闭或被围挡的防护区内，并在规定的时间内达到一定泡沫淹没深度的灭火系统。该系统可用于小型封闭空间场所和设有阻止泡沫

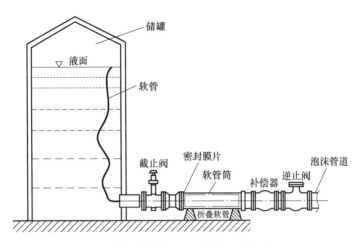

图 4-7 半液下喷射泡沫灭火系统

流失的固定围墙或其他围挡设施的小场所。相比于高倍数泡沫，中倍数泡沫在泡沫混合液供给流量相同的条件下单位时间内产生的泡沫体积比高倍数泡沫要小很多。因此，全淹没中倍数泡沫灭火系统一般用于小型场所。

**2. 局部应用中倍数泡沫灭火系统**

局部应用中倍数泡沫灭火系统由固定或半固定中倍数合成泡沫产生器、泡沫比例混合器、消防泵组、管路及其附件等组成，通过固定或半固定的中倍数泡沫产生器直接或通过导泡筒将泡沫喷放到火灾部位实施灭火。该系统适用于保护下述场所：

1）四周不完全封闭的 A 类火灾场所。

2）限定位置的流散 B 类火灾场所。

3）固定位置面积不大于 $100m^2$ 的流淌 B 类火灾场所。

**3. 移动式中倍数泡沫灭火系统**

移动式中倍数泡沫灭火系统由水罐消防车或手抬机动泵、比例混合器或泡沫消防车、手提式或车载式泡沫产生器、泡沫液罐、水带及其附件等组成，可通过移动式中倍数泡沫产生装置直接或通过导泡筒将泡沫喷放到火灾部位实施灭火。该系统适用于下列场所：

1）发生火灾的部位难以确定或人员难以接近的较小火灾场所。

2）流散的 B 类火灾场所。

3）不大于 $100m^2$ 的流淌 B 类火灾场所。

## 4.3.3 高倍数泡沫灭火系统

高倍数泡沫灭火系统是指使用高倍数合成泡沫灭火剂的泡沫灭火系统，一般由消防水源、消防水泵、泡沫比例混合装置、泡沫产生器以及连接管道等组成。根据应用方式的不同，高倍数泡沫灭火系统可分为全淹没、局部应用和移动式高倍数泡沫灭火系统三种类型，其中全淹没高倍数泡沫灭火系统为固定式系统，局部应用高倍数泡沫灭火系统分为固定与半固定系统。

**1. 全淹没高倍数泡沫灭火系统**

全淹没高倍数泡沫灭火系统是由固定式泡沫产生器将泡沫喷放到封闭或被围挡的防护区

内，并在规定的时间内达到一定泡沫淹没深度的灭火系统。此类灭火系统特别适用于大面积有限空间中 A 类和 B 类火灾的防护，也适用于用不燃烧体围挡的不完全封闭的有限空间。全淹没系统应同时具备自动、手动和机械应急启动三种控制方式。

**2. 局部应用高倍数泡沫灭火系统**

局部应用高倍数泡沫灭火系统是一种用管路输送水和高倍数泡沫灭火剂，并且直接或通过导泡筒将高倍数泡沫输送到火灾区域的固定式或半固定式灭火系统。这种系统可应用于下列场所：

1）四周不完全封闭的 A 类火灾与 B 类火灾场所。

2）天然气液化站与接收站的集液池或储罐围堰区。

该系统的组成与工作原理与全淹没式灭火系统基本相同。若系统采用半固定安装方式，可简化灭火系统，降低工程造价。

**3. 移动式高倍数泡沫灭火系统**

移动式高倍数泡沫灭火系统是指由移动式高倍数泡沫产生装置直接或通过导泡筒将泡沫喷射到火灾部位的灭火系统。该系统的装置可以是车载式，也可以是便携式。发生火灾时，由消防车携带一台或数台高倍数泡沫产生器以及与之配套使用的泡沫比例混合器、泡沫液桶、导泡筒等赶赴火场，利用水带、分水器等连接设备，在消防车的供水压力下产生泡沫进行灭火作业。该系统可以作为固定式灭火系统的补充来使用，在无固定式灭火系统时可将其作为主要灭火设施。移动式高倍数泡沫灭火系统可用于下列场所：

1）发生火灾的部位难以确定或人员难以接近的场所。

2）流淌的 B 类火灾场所。

3）发生火灾时需要排烟、降温或排除有害气体的封闭空间。

# 4.4 压缩空气泡沫灭火技术

## 4.4.1 系统组成及工作原理

**1. 系统组成**

压缩空气泡沫系统主要由水泵、空气压缩机、泡沫注入系统和控制系统四部分组成。各组成部分的功能如下：

1）水泵（供水设备）：用于向整个系统提供压力水。

2）空气压缩机（供气设备）：主要用于为灭火系统提供压缩空气与泡沫混合液混合后产生泡沫。该系统进气口处安装的调幅进气阀可根据水泵出水压力自动调整系统的进气量，使空气压缩机的出口压力与水泵的出口压力的差值保持在 ±5% 的范围内，保证系统的压力平衡。

3）泡沫注入系统：主要用于向系统提供泡沫液，具有较好的混合精度，其混合比调节范围为 0.1% ~ 6.0%，可根据系统需要自动或手动调整混合比，保证泡沫的高质量喷射。

4）控制系统：该系统将水泵、空气压缩机和泡沫注入系统并有机地结合在一起，实现了水、泡沫液和压缩空气的精确混合，从而产生理想的灭火泡沫。

### 2. 工作原理

压缩空气泡沫系统工作流程如图 4-8 所示。首先，水流经水泵后，压力水与泡沫液按一定比例进行混合，形成泡沫混合液；然后，混合液与压缩空气按一定比例在管路或水带中进行预混；最后，通过泡沫喷射装置产生压缩空气泡沫。在此过程中，水、空气和泡沫液三者之间的压力平衡和流量混合比例主要由控制系统自动控制，从而实现三者之间的动态平衡，以产生火场所需的泡沫类型。

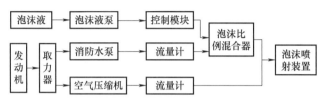

图 4-8　压缩空气泡沫系统工作流程

## 4.4.2　适用范围及优缺点

### 1. 适用范围

压缩空气泡沫灭火技术主要用来扑救 A 类火灾，也可扑救普通的 B 类火灾。压缩空气泡沫的类型与混合比有关，因此在应用时要根据具体火灾场所选取合适的混合比。压缩空气泡沫灭火技术的典型应用见表 4-4。

表 4-4　压缩空气泡沫灭火技术的典型应用

| 泡沫发生装置 | 泡沫比例 | 用　途 |
|---|---|---|
| CAFS，湿泡沫 | 0.3% | ① 通用灭火<br>② 框架内外灭火<br>③ 野外灭火 |
| CAFS，中等泡沫 | 0.3% | ① 框架内外灭火<br>② 填充空间<br>③ 野外防火隔离带 |
| CAFS，中等泡沫 | 0.3%～0.5% | ① 防火保护 |
|  | 0.5%～1.0% | ② B 类火灾 |
| 中倍数泡沫发生器 | 0.5%～1.0% | ① 地下室和封闭空间灭火<br>② 野外防火隔离带 |
| CAFS，干泡沫 | 0.3%～0.5% | ① 玻璃和树脂等表面的防火保护<br>② 严密的防火保护 |

当混合比在 0.3% 时，压缩空气泡沫系统产生湿泡沫可用于扑救多种 A 类火灾，并可作为中等泡沫用于隔离或灭火；当混合比在 0.3%～0.5% 时，系统产生干泡沫可用于防火防护；当混合比在 0.5%～1.0% 时，可用于扑救 B 类火灾。

### 2. 优缺点

压缩空气泡沫灭火技术具有良好的火场适用性，该技术的产生和应用促进了火场扑救技术和方法的革新，为火灾的快速扑救开辟了一条新途径。

（1）优点

压缩空气泡沫灭火技术存在以下优点：

1）能够形成高质量的泡沫，提高了灭火效能。与普通泡沫灭火系统的吸入式注气法不同，该技术是通过主动注入压缩空气后形成泡沫，因此形成的泡沫更为细致、均匀，具有较高的动能，更有利于喷射灭火。

2）增加了灭火剂的喷射射程，降低了水带的载荷。压缩空气泡沫中注入了大量的空气，减轻了水带的载荷，这样不仅提高了其机动性，而且增加了其输送距离，适合于扑救高层建筑火灾。另外，当空气压缩机独立工作时还可作为抢险救援设备的气源，喷射压缩空气驱散火场内的烟气和有毒气体。

3）发泡倍数易于控制，便于灭火技术的应用。在灭火时，通常需要利用低倍数泡沫进行灭火，高倍数泡沫进行隔离防火。压缩空气泡沫灭火系统，可通过控制压缩空气与泡沫液的流量产生发泡倍数范围较广的泡沫。

4）使用成本低、环保性能好。该灭火技术中主要使用 A 类泡沫灭火剂，正常灭火使用比例不超过 0.3%，用作防火保护时也不超过 0.5%，泡沫液的用量较少，且生成的泡沫能粘附在物体的表面并有效保留 24h。相比于水灭火剂，该技术的灭火效率提高了 20 倍，水利用率提高了 8 倍，进而表现出更好的灭火经济性。此外，A 类泡沫灭火剂喷出后呈雪花状，能在很短的时间内融化成液体，对环境造成的污染小，绿色环保。

（2）缺点

压缩空气泡沫灭火技术存在以下缺点：

1）系统复杂、成本高。该技术需要使用空气压缩机，增加了系统的复杂程度以及故障率，且使用操作需要专门的技术培训，增加了系统的使用成本。

2）穿透能力差、抗烧能力弱。由于含有大量的空气，使得压缩空气泡沫的自重较轻，降低了泡沫的穿透能力。此外，A 类泡沫自身的抗烧能力弱，当火灾较大时会影响压缩空气泡沫的灭火效果。

### 4.4.3 常用压缩空气泡沫灭火技术装备

**1. 固定式压缩空气泡沫灭火系统**

固定式压缩空气泡沫灭火系统是将水、压缩空气和泡沫灭火剂按适当的比例混合，然后经固定管网输送和喷嘴释放，从而实施灭火的系统。该系统是一种雨淋系统，可通过电动、气动和手动方式控制，主要用于可燃和易燃液体场所的保护。

**2. 压缩空气泡沫消防车**

压缩空气泡沫消防车是将压缩空气泡沫的产生及控制装置与消防车组合为一体，以车载的方式实施灭火的一种消防装备。该装备机动灵活、可扑救多种场所的火灾，尤其是压缩空气 A 类泡沫车表现出良好的灭火剂输送能力和灭火性能，可部分解决超高层建筑的火灾扑救问题。根据压缩空气泡沫系统的结构不同，压缩空气泡沫消防车可分为大型压缩泡沫消防车和中小型压缩泡沫消防车。大型压缩泡沫消防车的车身与空气泡沫系统共用动力装置，不能边行进边灭火；中小型压缩泡沫消防车的车身与压缩空气泡沫系统各设有一套动力装置，能够边行进边灭火。

**3. 便携式压缩空气泡沫枪**

便携式压缩空气泡沫枪主要有两种形式：一种是完全独立的背负式压缩空气泡沫灭火装置，该装置主要由混合液储存装置、压缩气瓶和喷嘴三部分组成，能独立生成压缩空气泡沫；另一种是半独立性的压缩空气泡沫喷射器，该装置主要由压缩空气瓶和喷枪两部分组成，灭火剂需要消防车等设备提供，具有较大的喷射强度和有效射程。

# 4.5 泡沫炮灭火技术

泡沫炮灭火技术是一种以泡沫炮作为泡沫产生与喷射装置的低倍泡沫灭火技术，适用于扑救甲、乙、丙类液体火灾及固体可燃物火灾，不得用于扑救遇水发生化学反应而引起燃烧、爆炸等物质的火灾。

根据泡沫产生方式的不同，泡沫炮可分为吸气式泡沫炮和非吸气式泡沫炮。吸气式泡沫炮是在压缩泡沫溶液进入消防炮的同时，吸气口吸入空气，二者在制动管中搅拌、发泡变成保水性较高的泡沫喷出。吸气式泡沫灭火系统在设计时即决定了空气吸入量，因此泡沫性状容易预测，没有特殊的选用要求。非吸气式泡沫炮没有吸气机构，通过泡沫炮口喷出泡沫溶液在空中互相碰撞时吸入空气形成泡沫，该系统在喷射口附近发泡倍数较低，但泡沫溶液喷射过程中会发生第二次发泡形成发泡倍数很高的泡沫。非吸气式泡沫炮中泡沫在空气中的散布状况和空气阻力均可改变泡沫性状和泡沫喷射状况，因此泡沫性状不易预测。

根据安装方式的不同，泡沫炮灭火技术可分为固定式泡沫炮灭火系统和移动式泡沫炮灭火系统两种。

## 4.5.1 固定式泡沫炮灭火系统

固定式泡沫炮灭火系统分为手动泡沫炮灭火系统和远控泡沫炮灭火系统。手动泡沫炮灭火系统由泡沫炮、炮架、泡沫比例混合装置、消防泵组等组成；远控泡沫炮灭火系统由电控泡沫炮、消防炮塔、动力源、控制装置、泡沫比例混合装置、消防泵组等组成。当有火灾发生时，探测器的报警信息传至消防控制中心发出火灾报警信号，此时手动或自动开启消防水泵、泡沫储罐间内供水阀门、相应着火楼层的泡沫管阀门和泡沫比例混合装置上的电磁阀，系统开始工作，水和泡沫按比例经过泡沫比例混合器进行混合，经过泡沫炮生成空气泡沫，实施灭火作业。泡沫炮的喷射方向可以通过现场泡沫炮控制柜进行控制。

## 4.5.2 移动式泡沫炮灭火系统

移动式泡沫炮灭火系统可分为车载式、拖车式、手抬式等类型，其中车载式泡沫炮灭火系统最为常用。车载式泡沫炮灭火系统主要安装在泡沫消防车上，包括取力器、水、泡沫液、消防泵、真空泵、泡沫比例混合器及消防枪炮等组件。泡沫消防车通过取力器装置将汽车底盘发动机的动力输出，并经一套传动装置驱动消防泵工作，通过消防泵、泡沫比例混合装置将水和泡沫按一定比例混合，再经泡沫炮和泡沫枪喷射灭火。

移动式泡沫炮灭火系统具有体积小、重量轻、便于接近火场、转移阵地灵活、喷射泡沫量大、灭火效率高等特点，可以快速到达火灾现场执行灭火作业任务。该类灭火装备具有如下优点：

1）投资少，见效快。

2）不安装在油罐上，不会因油罐爆炸而影响扑救工作。

3）机动灵活性强，受场地限制小。移动泡沫炮可与消防车、大功率消防泵或高压消火栓相连，利用消防车、泵提供的混合液灭火。灭火过程中可根据火场情况迅速转移灭火阵地，还能跨越各种障碍物实施灭火。

4）轻便简单，操作方便，易于维护。

# 4.6 泡沫-水喷淋与泡沫喷雾灭火技术

## 4.6.1 泡沫-水喷淋灭火系统

泡沫-水喷淋灭火系统是前期喷射泡沫灭火，后期喷水防止复燃的灭火系统，该系统集中自动喷水和泡沫喷淋为一体，能分别发挥泡沫灭火和水冷却的优势。该系统在正常情况下处于稳压状态，系统的压力水通过泡沫罐供水管路和供水控制阀进入泡沫储液罐的罐壳和橡胶囊之间，橡胶囊内的泡沫液在囊外系统水压的作用下通过泡沫液断流阀压入泡沫液控制阀的进口端。同时系统压力水通过控制管路进水阀、过滤器、止回阀、节流孔板、控制管路进入泡沫液控制阀的控制腔，使泡沫液控制阀处于关闭状态，此时系统处于备用状态。火灾发生后，闭式喷头的玻璃球在达到一定温度时破裂，喷头喷水，水流指示器和信号阀动作，湿式报警阀开启，压力水通过报警控制阀及延时器进入报警管路，促使水力警铃开始报警，压力开关动作并开启消防水泵。同时压力水经过压力泄放阀前面的供水阀，打开压力泄放阀，把控制管路中的压力水泄放掉，使泡沫液控制阀自动开启，泡沫罐橡胶囊内的泡沫液通过泡沫液控制阀、泡沫液管路、泡沫液止回阀、比例混合器与主管道进入比例混合器的压力水混合成为泡沫混合液，泡沫混合液经系统控制阀、区域信号阀、水流指示器、闭式喷头自动地喷洒到易燃可燃液体上有效地扑灭火灾。待确认火灾被扑灭后，可人工或自动切断泡沫罐供水控制阀和泡沫液断流阀，由消防供水系统直接向火灾现场供给消防冷却水，对发生火灾的区域喷水冷却，防止火灾的复燃。该灭火系统应同时具备自动、手动和应急机械手动启动功能。

泡沫-水喷淋灭火系统的泡沫混合液与水的连续供给时间应满足以下规定：泡沫混合液连续供给时间不应小于10min，泡沫混合液与水的连续供给时间之和不应小于60min。该灭火系统可用于以下场所：

1）具有非水溶性液体泄漏火灾危险的室内场所。

2）存放量不超过$25L/m^2$或超过$25L/m^2$但有缓冲物的水溶性液体室内场所。

根据所采用喷头是开式还是闭式，泡沫-水喷淋灭火系统可分为泡沫-水雨淋灭火系统和闭式泡沫-水喷淋灭火系统。

**1. 泡沫-水雨淋灭火系统**

泡沫-水雨淋灭火系统主要由火灾自动报警及联动控制系统、消防供水系统、泡沫比例混合装置、雨淋阀组、泡沫喷头等组成，多为顶喷式。该系统的工作原理与自动喷水灭火系统中的雨淋系统类似，通过喷淋或喷雾形式喷放泡沫和（或）水，覆盖燃液表面，同时冷却保护对象、降低热辐射，达到扑灭或控制室内外甲、乙、丙类液体初期溢流火灾的作用。

为了及时扑救或控制初期甲、乙、丙类液体的泄漏火灾，泡沫-水雨淋系统均为自动控制系统，同时为防止自动控制失灵，还设有手动控制装置。

**2. 闭式泡沫-水喷淋灭火系统**

闭式泡沫-水喷淋灭火系统是以闭式自动喷水灭火系统加入泡沫比例混合器、泡沫液储存装置等组成，其中泡沫比例混合器基本设置在湿式报警阀后，喷头采用闭式洒水喷头。

## 4.6.2 泡沫喷雾灭火系统

泡沫喷雾灭火系统是由泡沫液储罐、泡沫灭火剂、管网、分区阀、泡沫喷雾喷头、氮气驱动瓶组、驱动管路、集流管等部件组成，采用高效泡沫液作为灭火剂，在一定压力下通过专用泡沫喷雾喷头，将灭火剂喷射到被保护物上，迅速灭火的一种新型灭火系统。该系统的泡沫液储罐、启动装置、氮气驱动瓶组应安装在温度高于 0℃ 的专用设备间内；当系统选用泡沫预混液时，其有效使用期小于 3 年。

泡沫喷雾灭火系统兼具水雾灭火和泡沫灭火的优势，具有灭火效率高、无复燃、绿色环保以及阻燃和绝缘性能好等优点，当采用气体储压式动力源时还无需消防水池和给水设备。该灭火系统适用于扑灭固体火灾、液体或可熔化的固体火灾，特别适用于扑救流淌油类火灾。此外，该系统还可用于保护独立变电站的油浸电力变压器及面积大于 $200\text{m}^2$ 的非水溶性液体室内场所。

### 复 习 题

1. 按发泡倍数的不同，泡沫灭火剂可以分为哪些类型？
2. 按泡沫基料的类型可将泡沫灭火剂分为哪些类型？
3. 泡沫灭火剂的灭火机理有哪些？
4. 简要说明泡沫灭火剂的主要性能参数。
5. 氟蛋白、水成膜、抗溶型和高倍数泡沫灭火剂的有效期分别是多少年？
6. 以储罐灭火为例，简述泡沫液用量的计算方法。
7. 蛋白泡沫灭火剂的类型有哪些？
8. 高倍数泡沫灭火剂的应用范围有哪些？
9. 高倍数泡沫灭火剂灭火机理有哪些？
10. 水成膜泡沫灭火剂的灭火机理有哪些？
11. 试列举几种新型泡沫灭火剂。
12. 简述低倍数泡沫灭火系统的类型及应用范围。
13. 简述中倍数泡沫灭火系统的类型及应用范围。
14. 简述高倍数泡沫灭火系统的类型及应用范围。
15. 简述压缩空气泡沫灭火技术的优缺点及适用范围。
16. 泡沫炮灭火技术主要适用于哪些场所？
17. 泡沫-水喷淋灭火系统适用于哪些场所？
18. 泡沫喷雾灭火系统适用于哪些场所？

# 第5章
# 干粉灭火技术

**本章学习目标**

　　教学要求：了解干粉灭火剂的分类及组成、灭火机理、性能参数、储存要求及应用范围；掌握超细干粉灭火剂的灭火用量计算方法；了解气溶胶的灭火机理、性能参数及应用范围；熟悉常用干粉灭火技术装置。

　　重点与难点：干粉、超细干粉灭火剂及气溶胶的灭火用量计算方法。

## 5.1 干粉灭火剂概述

　　干粉灭火剂是由一种或多种具有灭火功能的细微固体颗粒和具有特定功能的防潮剂、流动促进剂、防结块剂等添加剂组成的灭火剂。干粉灭火剂具有灭火效率高、成本低、环境友好及电绝缘性好等优点，适用于电气设备、油类和忌水性物质引起的火灾，但干粉灭火剂灭火后存在残渣且冷却性较差，不能用于扑灭阴燃火灾。另外，利用干粉扑救可燃气体火灾时，还应注意干粉产生的静电火花导致火灾复燃或点燃距离初始着火点较远处的可燃气体。

### 5.1.1 干粉灭火剂的分类及组成

**1. 干粉灭火剂的分类**

　　干粉灭火剂依据其基料的不同可划分为三类：碳酸盐类灭火剂，如钠盐干粉、钾盐干粉；磷酸盐类灭火剂，如磷酸铵盐干粉；其他干粉灭火剂，主要以氯化钠、氯化钾等为基料。根据应用范围的不同，干粉灭火剂可划分为 BC 类干粉、ABC 类干粉和 D 类干粉三类。

　　（1）BC 类干粉灭火剂

　　BC 类干粉灭火剂又称普通干粉灭火剂，主要用于扑救甲、乙、丙类液体火灾（B 类火灾）、可燃气火灾（C 类火灾）以及带电设备火灾。主要包括以下几类：

　　1）钠盐干粉灭火剂（以碳酸氢钠为基料）。该类灭火剂主要包括小苏打干粉、改性钠盐干粉和全硅化钠盐干粉灭火剂。小苏打干粉主要组分为92%～94%碳酸氢钠、2%～4%滑石粉（促流动剂）、2%云母粉（绝缘剂）、2%硬脂酸镁（防潮剂）；改性钠盐干粉主要组分为72%碳酸氢钠、15%硝酸钾、4%木炭、1%硫黄、4%滑石粉、2%云母粉和2%硬脂酸镁；全硅化钠盐干粉主要组分为92%碳酸氢钠、4%的云母粉和滑石粉、4%活性白土（增效剂）、5mL/kg有机硅油等。通常，全硅化钠盐干粉灭火剂的防潮效果和灭火效能均优于小苏打干粉和改性钠盐干粉灭火剂。

2）钾盐干粉灭火剂（以钾盐为基料）。该类灭火剂包括以碳酸氢钾为基料、氯化钾为基料以及硫酸钾为基料的钾盐干粉。

3）氨基干粉灭火剂。通常指尿素与碳酸氢钠或碳酸氢钾的反应产物为基料的氨基干粉（或称 Monnex 干粉），其灭火效率为小苏打干粉的3倍。

（2）ABC 类干粉灭火剂

ABC 类干粉灭火剂又称多用干粉灭火剂，不仅适用于 B 类火灾、C 类火灾和带电设备火灾，还适用于一般固体火灾（A 类火灾）。这类干粉灭火剂主要包括以下类型：

1）以磷酸铵盐为基料的干粉灭火剂，主要包括 $NH_4H_2PO_4$、$(NH_4)_2HPO_4$、$(NH_4)_3PO_4$ 或焦磷酸铵盐等。

2）以磷酸铵盐和硫酸铵盐的混合物为基料的干粉灭火剂。

3）以聚磷酸铵为基料的干粉灭火剂。

（3）D 类干粉灭火剂

D 类干粉灭火剂主要用于扑救钾、钠、锂等轻金属火灾。D 类干粉目前已形成一个单独的系列，一般分为专用型和通用型。专用型仅适用于某种或某类金属火灾，适用面较小，但往往灭火效能高，其基料主要包括氯化钠、可膨胀石墨、碳酸钠和碳酸氢钠等。

**2. 干粉灭火剂的组成**

干粉灭火剂主要由灭火组分、疏水成分和惰性填料组成。灭火组分是能够起到灭火作用的物质，如磷酸铵盐、碳酸铵盐、氯化钠等，其粒径必须小于临界粒径；疏水成分是能起到防潮功能的物质，一般为硅油和疏水白炭黑；惰性填料是起防振实、结块，改善干粉流动性，催化干粉硅油聚合以及改善与泡沫灭火剂共溶等作用的物质，其种类繁多，常见的有云母、石墨、蛭石、活性白土、滑石粉等。表5-1列出了常用 BC 类和 ABC 类干粉灭火剂的配方。

表 5-1 常用 BC 类和 ABC 类干粉灭火剂的配方

| BC 干粉灭火剂 | | ABC 干粉灭火剂 | |
| --- | --- | --- | --- |
| 原 材 料 | 质量分数（%） | 原 材 料 | 质量分数（%） |
| 碳酸氢钠 | 80.0 | 磷酸铵盐 | 70.0 |
| 疏水白炭黑 | 2.2 | 疏水白炭黑 | 2.5 |
| 硅油 | 0.3 | 硅油 | 0.35 |
| 云母 | 2.0 | 云母 | 1.5 |
| 碳酸钙 | 9.0 | 碳酸钙 | 7.0 |
| 活性白土 | 2.2 | 活性白土 | 3.5 |
| 汽油 | 0.3 | 汽油 | 0.15 |
| 滑石粉 | 4.0 | 硫酸铵 | 15 |

注：BC 类干粉灭火剂中若加入15%～40%氯化钠、氯化钾，扑灭相同火灾规模的 B 类、C 类火灾的干粉用量可降低一半。

（1）灭火组分

灭火组分是干粉灭火剂中的关键组成部分，能够起到灭火作用的物质有：$K_2CO_3$、$KHCO_3$、$NaCl$、$KCl$、$(NH_4)_2SO_4$、$NH_4HSO_4$、$NaHCO_3$、$K_4Fe(CN)_6 \cdot 3H_2O$、$Na_2CO_3$ 等。

每种灭火粒子都存在一个临界粒径，小于临界粒径的粒子全部起灭火作用；大于临界粒径的粒子动量大，可以通过空气对小粒子产生空气动力学浮力，迫使小粒子紧随其后扑向火焰中心，减少小粒子被热气流吹走的概率。故当大小粒子处于最佳比例时，所有大粒子带着全部小粒子冲向火焰，此时灭火效能最佳、灭火剂用量最少。此外，当干粉灭火剂中小于临界粒径的粒子比例高且灭火组分的临界粒径大时，灭火效果好。因此，灭火组分在使用前必须经过超细粉碎机粉碎到国标所要求的粒径范围内，其中国内多采用机械式气流粉碎机、球磨机等进行粉碎。

（2）疏水组分

硅油和疏水白炭黑共同构成干粉的疏水组分，围绕在灭火组分粒子周围，形成叠加的斥水场，共同保持干粉的斥水性和防潮性。

1）硅油。硅油又称线型聚硅氧烷，根据主链硅原子侧基所连接基团的不同可将用于干粉灭火剂的硅油分为甲基硅油、乙基硅油、甲基含氢硅油和乙基含氢硅油等，其中甲基含氢硅油应用最为普遍。线型硅油在水和催化剂存在下交联聚合形成三维网状结构，其中常用催化剂为路易斯质子酸。在催化剂作用下，线型硅油经稀释后，通过高速搅拌分散到灭火剂粒子表面，经水解、交联、催化反应形成均相催化产物。固化完成后，硅油在干粉粒子表面形成了硅油膜，其中疏水甲基基团朝外可使水无法浸润粒子表面，从而赋予干粉斥水性能。硅油聚合时最好使用汽油稀释，这样可使硅油螺旋结构变成无规则蜷曲状，进而表现出分子极性，有利于其在灭火粒子表面展开并进行下一步交联反应。

2）疏水白炭黑。疏水白炭黑由白炭黑（二氧化硅）经硅油疏水化处理而成，白炭黑表面存在羟基，能够与含氢硅油通过氢键连接在一起。疏水白炭黑能够充分分散到灭火剂粒子之间，进一步补充硅油未能覆盖的地方。粒子间疏水白炭黑的存在不仅能够起到物理分隔作用，还能够对相邻粒子液膜产生排斥作用，以防止干粉结块。

（3）惰性添加组分

惰性添加剂是干粉灭火剂中必不可少的组成部分，多为非水溶性的天然矿物，具有价格便宜、来源广泛等特点，大致可分为以下两类：

1）防振实、结块类组分。防振实、结块类的惰性物质通常具有片状结构且富有弹性，如云母、石墨、蛭石等。云母具有优异的电绝缘性能并有助于提高干粉抗振实性能和实现吸管在灌装过程中的顺利插入，在干粉中应用最为普遍，其中以粒径200目的云母粉效果最佳。

2）改善运动性能类组分。这类填料有助于提高干粉运动性能，防止干粉从灭火器中喷出时发生"气阻"现象，合理搭配时还能起到调节松密度的作用。此类填料包括沸石、珍珠岩、菱镁矿等多孔类矿物，滑石、硅酸盐等非孔类矿物，以及促进硅油聚合催化剂如活性白土（$Al_2O_3 \cdot 4SiO_2 \cdot nH_2O$）。此外，碱土金属碳酸盐、氧化钙、氢氧化钙、二硫化钼、氮化硼以及某些工业废渣均能较好增强干粉灭火剂的运动特性。

## 5.1.2　灭火机理

干粉灭火剂在灭火时依靠加压气体（$CO_2$ 或 $N_2$）的压力将干粉从喷嘴喷出，形成一股夹着加压气体的雾状粉流射向燃烧物，并通过一系列的物理与化学作用将火焰扑灭。关于干粉灭火剂的化学灭火机理有以下两种观点：一种是多相化学抑制机理，认为灭火过程依靠干粉粒子表面发生的化学抑制反应；另一种是均相化学抑制机理，认为灭火过程是干粉先在火焰中气化，然后在气相中发生的化学抑制反应。干粉灭火剂的物理灭火作用主要包括隔离、烧爆、冷却与窒息作用。

**1. 多相化学抑制机理**

燃烧反应是一种链锁反应，反应中产生的 OH·和 H·是维持燃烧链锁反应的活性基团，活性基团具有很高的能量且性质活泼，但寿命短暂，一经生成便立即与燃料分子发生作用，不断生成新的活性基团和氧化物，同时放出大量的热，以维持燃烧反应的持续进行。比如烃类物质燃烧的链锁反应过程如下：

$$RH + O_2 \longrightarrow R· + H· + 2O· \quad （链引发）$$
$$H· + O· \longrightarrow HO· \quad （链传递）$$
$$H· + OH· \longrightarrow H_2O \quad （链终止）$$

当两个 OH·游离基结合时，释放出大量能量使燃烧反应得以继续进行。当干粉灭火剂进入燃烧区与火焰混合后，干粉粉末（M）与火焰中的活性自由基接触，瞬间将自由基吸附在粉末表面，并发生如下反应：

$$M + OH· \longrightarrow MOH$$
$$MOH + H· \longrightarrow M + H_2O$$

通过上述反应，M 与 OH·和 H·反应，消耗了燃烧反应中的活性基团 OH·和 H·。当大量的粉末以雾状形式喷向火焰时，火焰中的自由基被大量吸附和转化，使自由基数量急剧减少，致使燃烧的链反应中断，最终使火焰熄灭。干粉灭火剂粒子表面对活性基团这种吸附作用，称为多相化学抑制作用。

**2. 均相化学抑制机理**

干粉灭火过程是干粉在火焰中气化后再在气相中发生化学抑制反应，其中主要抑制形式是气态氢氧化物。若使用钠盐干粉，主要反应过程如下：

$$NaOH + H· \longrightarrow H_2O + Na·$$
$$NaOH + OH· \longrightarrow H_2O + NaO·$$
$$Na + OH· + M \longrightarrow NaOH + M·$$
$$NaO· + H· \longrightarrow NaOH$$
$$NaOH + H· \longrightarrow NaO· + H_2$$

以上反应历程构成了抑制作用的催化循环。碳酸氢钠干粉的灭火研究表明，对火焰的抑制效果只取决于碳酸氢钠干粉在火焰中的实际蒸发量，即均相化学抑制机理。而粒子越细，越有利于干粉粒子在火焰中的完全蒸发，因此干粉灭火剂需要具有一定的细度。

此外，碱金属盐类对燃烧的抑制作用随着碱金属原子序数的增加而增加，即：锂盐＜钠盐＜钾盐＜铷盐＜铯盐，因此钾盐为基料干粉灭火剂的灭火效能要高于钠盐为基料干粉灭火剂。

**3. 烧爆作用**

某些化合物（如尿素与碳酸氢钠的反应产物 $NaC_2N_2H_3O_3$ 或 $K_2C_2O_4·H_2O$）与火焰接触时，由于火焰和高温的作用，干粉颗粒会爆裂成多个更细小的颗粒，使干粉的比表面积和蒸发量急剧增大，从而表现出更高的灭火效能。

**4. 隔离作用**

干粉灭火器喷出的固体粉末覆盖在燃烧物表面，构成阻碍燃烧的隔离层。投放干粉灭火剂时应使其在固体可燃材料表面上能形成较厚干粉层，尽量使火焰的空气动力和燃烧区的气流少带走干粉粒子。当粉末覆盖达到一定厚度时，还具有防止复燃的作用。D 类干粉灭火剂扑救金属火灾的主要作用机理为隔离作用。

**5. 冷却与窒息作用**

干粉灭火剂在高温下会发生热分解，释放出大量结晶水和不燃性气体，可以吸收燃烧区域的部分热量并降低火场氧气浓度，起到冷却与窒息作用。

**6. ABC 类干粉灭火机理**

ABC 类干粉灭火剂除了具有化学抑制作用和一定的吸热降温作用外，还能在燃烧物表面形成一定厚度的玻璃层状物质以起到防火层作用。以磷酸铵盐为例，磷酸铵盐反应生成的偏磷酸和聚磷酸盐在高温下被熔化形成玻璃状物质覆盖于固体表面，该玻璃状物质能够渗透到燃烧物内部的孔隙内，阻止空气进入，使燃烧物与空气隔绝。熔融的偏磷酸和聚磷酸盐渗入燃烧物细孔的深度虽然不深，但足以扑灭一般固体物质的表面燃烧，且具有较好的防复燃作用。此外，磷酸二氢铵及硫酸铵等化合物遇热分解会产生无机酸，可使木材中的木质素和纤维素脱水成炭，其中生成的炭化层作为热的不良导体，附着于燃烧物表面可减缓燃烧过程并降低火焰温度。

## 5.1.3 主要性能参数

**1. 松密度和填充密度**

松密度是指干粉在不受振动的疏松状态下，100g 粉末质量与其实际填充体积（包括粉粒之间的空隙）之间的比值。松密度是干粉灭火器及干粉储罐充装干粉灭火剂数量的重要参数之一。

填充密度是指干粉灭火剂受一定条件振实后，粉末的质量与其实际占有体积（包括粉粒之间的空隙）的比值。填充密度是用于测定干粉比表面积的参数之一，主要与干粉基料的密度、黏度分布和添加剂性质有关。

**2. 粒度、比表面积和颗粒细度**

粒度和比表面积是从不同角度衡量干粉微粒大小的两个指标。粒度是指干粉微粒的直径大小，一般用不同孔目的分样筛筛分测得。比表面积是指单位质量的干粉微粒的表面积总和，其中粒径越小，比表面积越大。比表面积可用比表面积测定仪测定，也可用下式计算得到：

$$S = \frac{K}{\tau} \sqrt{\frac{m^3}{(1-m)^2}} \sqrt{\frac{1}{\mu}} \sqrt{t} \tag{5-1}$$

式中　$S$——干粉样品的比表面积（$cm^2/g$）；

　　　$\tau$——干粉样品的密度（$g/cm^3$）；

　　　$\mu$——试验温度时空气的黏度（$10^{-1}Pa \cdot s$）；

　　　$t$——空气充满仪器上部扩大部分或下部扩大部分所需的时间（s）；

　　　$m$——干粉样品用捣器压至测定体积的空隙率；

　　　$K$——仪器常数。

颗粒细度是指不同直径的粉粒在干粉中所占的质量分数。颗粒细度一般通过分样筛测得，其测定方法是：取 50g 干粉，放入 60 目的筛网上，下面依次接 100 目、200 目、325 目的筛网和底盘，振筛 5min 后，分别测定每只筛网和底盘的粉重，计算其百分比。

干粉的粒度和比表面积对其灭火效率有明显的影响，其中粒径越小，比表面积越大，灭火效果越好。这是因为干粉主要依靠微粒表面与火焰接触时捕获自由基破坏燃烧的链锁反应而抑制燃烧。灭火过程中干粉的运动还受风力和火焰产生的热气流的影响，而干粉粒径太小则易被风和热气流带走，导致无法喷射到较远的燃烧区域，因此在实际应用中并非干粉的粒径越小越好。

**3. 含水率**

含水率是指干粉中含有水分的质量分数。干粉灭火剂中某些组分缓慢分解或加工过程中的吸潮均易使干粉中含有少量的水分。当干粉中水分的含量超过一定范围时，就会直接影响干粉的储存性能和使用效果，严重时甚至会堵塞干粉灭火器的喷嘴而使其完全失去灭火能力。水分的存在还会大大降低干粉的绝缘电阻，因此要严格控制干粉灭火剂的含水率。干粉含水率最常用的测试方法有常压加热干燥法、减压加热干燥法和常温干燥法。

**4. 吸湿率**

吸湿率是指一定量的干粉灭火剂暴露于 20℃、相对湿度 78% 的环境中增湿 24h 后，吸水增重的质量百分数。吸湿率是衡量干粉灭火剂抗吸湿能力的重要指标，吸湿率越小，抗吸湿能力越强，其中质量较好的干粉灭火剂应具有较小的吸湿率。干粉灭火剂的吸湿率主要受原料和硅化工艺的影响。一般来说，碳酸氢钠干粉的吸湿率较低，钾盐干粉和磷酸铵盐干粉的吸湿率较高。此外，有机硅处理的干粉相比于硬脂酸盐处理的干粉更易吸潮，但有机硅所形成的薄膜可使干粉灭火剂在高吸湿率下仍不易结块。

**5. 流动性**

流动性是衡量干粉灭火剂在常压下是否易于流动的性能指标，主要影响干粉的喷射性能。一般采用玻璃砂钟法，以 300g 左右干粉全部自由通过直径 25mm 的孔所需的时间来表征干粉的流动性。

**6. 结块趋势**

结块趋势是衡量干粉灭火剂是否易于粘结和结块的性能指标。结块趋势以针入度（规定条件下用标准针刺入干粉的深度）和斥水性（干粉在重力作用下自水面向下流动的时间）表示。对于相同原料、配方和防潮处理工艺的干粉而言，针入度越大，干粉的抗结块性能越好。

针入度测定的具体操作流程是：取 125g 干粉置于 100mL 的格氏烧杯中，在规定的振筛机上振动 5min 后，放入 20℃、相对湿度 78% 的环境中增湿 24h，再移入 48℃ 的干燥环境中放置 24h，然后用针入度测定器测定 50g 的标准针以自由落体的形式刺入粉末中的深度即为针入度。针入度值越大，表明干粉的抗结块性越好。

斥水性可用倾注法测量，具体操作流程是：取 50g 干粉置于 100mL 的格氏烧杯中，沿杯壁缓慢地加入 50mL 水后在室温下静置 5h，再使烧杯在 2s 内倾斜，直至倒置，观察试样的结块情况，并记录开始向下流动的时间，时间越短，斥水性越好。

### 7. 低温特性

低温特性是衡量干粉灭火剂在低温情况下流动性能的一个指标。常用测定方法为：取20g干粉置于25mm×150mm的试管中并加塞，之后置于 −55℃ 的低温下恒温1h，取出试样后在2s内倾斜直至倒置，观察试样结块情况，并记录自由流下的时间，其中低温特性好的干粉自由流下时间不应大于5s。

### 8. 充填喷射率

充填喷射率是衡量干粉灭火剂在应用时的流动性能指标。常用测定方法的具体操作流程是：将一定量的干粉装入标准灭火器内，经振实、加热处理后，以二氧化碳气体为动力，喷射至压力消失，测量喷出粉末与充填量的质量百分数。充填喷射率一般与干粉灭火器本身的结构和粉末的流动性能直接有关，充填喷射效率越高，说明干粉的流动性越好。

### 9. 电绝缘性能

电绝缘性能是指干粉灭火剂在振实情况下的击穿电压，测量该指标是为了保证灭火剂在电气火灾扑救中的安全性。干粉灭火剂的电绝缘性能受含水率的影响。含水率越低，击穿电压越高，电绝缘性能越好。不同含水率下BC类干粉灭火剂的电绝缘性能见表5-2。

**表5-2　不同含水率对电绝缘性能的影响**

| 含水率（%） | 0.34 | 0.30 | 0.24 | 0.19 | 0.17 | 0.13 | 0.10 | 0.06 | 0.05 |
|---|---|---|---|---|---|---|---|---|---|
| 电绝缘性/kV | 2.32 | 3.38 | 4.72 | 5.14 | 5.87 | 6.26 | 7.18 | 7.20 | 7.22 |

表5-2表明，当含水率小于0.20%时，BC类干粉的电绝缘性能均在5kV以上，满足相关标准要求；而当含水率进一步降到0.10%以下时，电绝缘性能几乎不随含水率降低而提高。

### 10. 灭火效能

灭火效能是衡量干粉灭火剂实际灭火效率的一个指标。它是在规定的灭火试验装置中，使用一定的喷粉强度和喷粉时间，扑救一定规模的某种燃料火灾时的灭火能力，其中3次试验2次灭火成功即为合格。例如，碳酸氢钠干粉灭火效能，是在规定的灭火试验装置中，扑救 $0.65m^2$ 的钢质圆盘内的 $70^#$ 汽油火，喷粉强度为6.5kg/min，喷粉时间不超过1min，要求3次试验至少2次灭火。

表5-3为磷酸铵盐干粉灭火剂的主要技术性能指标。

**表5-3　磷酸铵盐干粉灭火剂的主要技术性能指标**

| 项　目 | 技术指标 |
|---|---|
| 松密度/（g/cm$^3$） | 大于公布值且≥0.80 |
| 含水率（%） | ≤0.25 |
| 吸湿性（%） | ≤2.00 |
| 低温特性/s | ≤5 |
| 比表面积/（cm$^2$/g） | 2000～4000 |
| 流动性/s | ≤7 |

（续）

| 项　目 | | 技 术 指 标 |
|---|---|---|
| 结块趋势 | 针入度/mm | ≥16.0（表面松散） |
| | 斥水性/s | ≤5 |
| 充填喷射率（%） | | ≥90 |
| 灭火效能（A 类、B 类火灾） | | 3 次灭火试验至少 2 次灭火成功 |

## 5.1.4　干粉灭火剂的储存及应用

### 1. 储存要求

为避免干粉灭火剂吸湿结块，包装材料要求具有密封性且防水、防潮，最好采用塑料袋包装、热合密封、外层加保护包装，以防在运输和储存中内层包装受破坏而吸潮。另外，除了内层用密封性良好的塑料袋或防水纸袋包装外，外层最好选用金属桶、木桶或其他硬质材料进行包装，以防止干粉被挤压结块。

干粉灭火剂在储存和运输过程中，应避免高层堆放直接挤压，避免雨淋，并应储存在通风、阴凉、干燥的地方，其中环境温度一般不要超过 40℃，最高不得超过 55℃；干粉的堆垛不宜过高，以免压实结块；对储存的干粉灭火剂应定期进行检查，检查其包装有无破损，干粉有无吸潮结块，如发现吸潮，应烘干后再继续储存；检查在正常环境中储存的干粉，是否超过其 5 年有效期，对于超过有效期的干粉，在灌装之前应送有关部门进行鉴定，以确定能否继续使用。

### 2. 适用范围

（1）干粉灭火剂适于扑救的火灾类型

1）甲、乙、丙类液体火灾和可燃气体火灾。如加油站、柴油机房、燃油锅炉房、淬火油槽、油罐车、输油输气管线、煤气站、液化石油气灌装站等火灾。

2）电气设备火灾。对 130kV 以下的带电设备火灾，如变压器、油浸开关引起的火灾，可用干粉灭火剂直接扑救而不会发生电击危险。

3）燃烧时伴随熔化发生的可燃固体物质火灾以及粉尘火灾。

4）对于一般固体物质火灾。如木材、纸张、纤维织物等的火灾，应采用磷酸铵盐干粉扑救，并要保证干粉能覆盖在燃烧物表面上。

（2）干粉灭火剂不宜扑救的火灾类型

1）燃烧时能够自身供氧或释放氧的化合物火灾。如硝酸纤维、过氧化物等火灾。

2）金属火灾。如钾、钠、镁、铁、锌等火灾。

3）一般固体物质的深位火灾。

4）精密仪器设备和贵重电气设备火灾。因为干粉喷射后难以将残存的干粉清除干净，会使设备丧失精度或被腐蚀的

### 3. 使用特点

1）灭火效率高，灭火速度快。干粉灭火剂主要依靠化学抑制作用灭火，干粉在与火焰接触的一瞬间能迅速发生化学反应，终止链传递。因此，干粉灭火剂能够迅速地控制火势和扑灭火灾，灭火时间往往在几秒至十几秒之间，而且不易受火场地形、温度等环境条件的

影响。

2）干粉灭火剂对燃烧物的冷却作用甚微，基本不具备覆盖和防止可燃物挥发的作用。

3）电绝缘性能优良，可以扑救带电火灾。

4）适用温度范围广。干粉灭火剂耐低温性能好，特别适用于高寒地区。

5）干粉灭火剂可与喷雾水流联用，以改善干粉灭火剂的灭火效能并防止复燃。在扑救可燃液体火灾时，将干粉与氟蛋白泡沫、水成膜泡沫、凝胶型抗溶泡沫联用时，干粉能迅速控制火势，泡沫则可以覆盖在液面上有效地防止复燃，因此可获得更好的灭火效果。值得注意的是，干粉灭火剂会对蛋白泡沫和一般的合成泡沫产生较大的破坏作用，因此不能联用。

6）干粉灭火剂无毒或低毒且不会对环境产生危害，但在喷射干粉时会产生强烈的窒息作用，当粉雾较浓或停留时间较长时，会危及人员的生命安全。

### 5.1.5 干粉灭火剂的发展方向

提高干粉灭火剂的灭火效能、安全性能和耐吸潮性是当前研究的主要方向，具体包括以下方面：

1）研究和开发更加高效环保并以其他灭火基料为主体的 BC 类干粉。

2）研究和开发综合性能优于磷酸铵盐的 ABC 类灭火基料和灭火剂。

3）干粉灭火剂中的含水量直接影响干粉的电绝缘性能以及扑救电气火灾的安全性。提高干粉灭火剂的耐吸湿性和抗结块性也是干粉灭火剂的重要研究方向。

4）深入研究超细干粉灭火剂的灭火机理、灭火组分、超细化工艺及表面改性技术也是干粉灭火剂研究和发展的重要方向。

## 5.2 常用干粉灭火剂

### 5.2.1 超细干粉灭火剂

**1. 概述**

超细干粉灭火剂是指 90%（质量百分数）粒径小于或等于 $20\mu m$ 的固体粉末灭火剂，其主要由活性灭火组分、粉碎助剂组分、疏水组分、惰性填料等组成。超细干粉灭火剂在释放之前，气体和分散介质是稳定存在的，具有较大的容积效率、良好的分散性以及空间弥漫性，能在极短时间内扩散到着火区域，并且可以绕过障碍物在着火空间保留较长时间，从而将着火空间有效保护起来，起到快速灭火的作用。相比于普通干粉灭火剂，超细干粉灭火剂具有粒径小、比表面积大、灭火效率高、应用方式灵活等优点，其在封闭、半封闭空间扑灭 B 类、C 类和 A/B 类混合火灾的灭火效能是普通干粉灭火剂的 6 ~ 10 倍。

国外的研究从最初关注普通干粉灭火剂的配方设计，转为向粒径超细化和配方复合化发展，研发重点既关注新型灭火剂的灭火效能，也开始考虑灭火剂本身及灭火过程的环保性。国内超细干粉灭火剂的研究起步虽然较晚，但近些年发展迅猛，既有超细干粉灭火剂的配方、工艺、运动特性等方面的理论研究，也有侧重于降低成本和提高灭火效率等方面的应用研究。

目前，超细干粉灭火剂的研究主要基于以下三个方面：一是超细干粉的制备工艺研究，包括灭火剂配方设计、超细化工艺和表面改性研究；二是灭火效能研究，包括灭火机理、灭火效能和应用技术的研究；三是灭火剂微粒的运动特性研究，包括超细干粉微粒的运动过程、扩散特性、悬浮与沉降特性等研究。这三个过程相辅相成，其中粉体超细化是超细干粉灭火剂制备过程中的关键，它决定着最终产品的粒度。灭火剂的粒度对其分散度、稳定性、扩散性以及灭火效能有很大影响。通常，灭火剂的粒径越小，改变自身方向能力越强、悬浮时间越长、灭火效能也相应增加，其中粒径分布为 $0.25 \sim 10\mu m$ 的超细干粉灭火剂不但具有高灭火效能和防复燃能力，且灭火后没有粉尘沉降，对环境无危害。

总体而言，超细干粉灭火剂发展时间较短，需要深入开展灭火机理、灭火剂配方设计、超细化优化工艺及表面改性技术、灭火效能与适用场所的界定等方面的研究工作。此外，随着纳米技术的进步，开发具有更小尺度、超强悬浮能力的纳米干粉灭火剂，也是该领域的研究和发展重点之一。

**2. 超细干粉灭火剂的应用范围**

根据应用范围的不同，超细干粉灭火剂可以分为 BC 类和 ABC 类两类。

1）BC 类碳酸氢盐、氯化钾、硫酸钾等超细干粉灭火剂：适用于扑救甲、乙、丙类液体火灾（B 类火灾）、可燃气体火灾（C 类火灾）、带电设备火灾（E 类火灾）及烹饪火灾（F 类火灾）。

2）ABC 类磷酸铵盐、聚磷酸铵等超细干粉灭火剂：适用于扑救可燃固体表面火灾（A 类火灾）、甲、乙、丙类液体火灾，可燃气体火灾，带电设备火灾以及烹饪火灾。

值得注意的是，超细干粉灭火技术不适用于扑救以下类型火灾：①硝化纤维、炸药等无空气仍能发生氧化反应的化学物质与强氧化剂的火灾；②钾、钠、镁、钛等活泼金属及其氢化物的火灾。

**3. 超细干粉灭火剂用量的计算**

超细干粉灭火剂粒径小、质量轻、流动性好并能在空气中悬浮一定时间，因此可以实现全淹没灭火，以有效扑灭保护区内任何部位的火灾。根据《超细干粉灭火系统设计、施工及验收规范》（DB37/T 1317—2009）的规定，超细干粉灭火剂用量的计算可以分为管网灭火系统和无管网灭火系统两方面。超细干粉灭火剂设计用量可采用面积法或体积法进行计算。当着火部位是平面时，宜采用面积法；当采用面积法不能使所有表面被完全覆盖时，应采用体积法。

（1）管网局部应用灭火系统灭火剂用量

1）面积法。计算公式如下：

$$m = N_1 Q_1 t \tag{5-2}$$

式中　$m$——超细干粉灭火剂设计用量（kg）；

$N_1$——喷头个数（个）；

$Q_1$——单个喷头的超细干粉输送速率（kg/s），按产品样本取值；

$t$——灭火剂有效喷射时间（s）。

2）体积法。计算公式如下：

$$m = V_1 q_v t \tag{5-3}$$

式中　$m$——超细干粉灭火剂设计用量（kg）；

$V_1$——保护对象的计算体积（$m^3$）；

$q_v$——单位体积的喷射速率 $[kg/(s \cdot m^3)]$，按产品样本取值；

$t$——超细干粉灭火剂的有效喷射时间（s）。

（2）无管网局部应用灭火系统灭火剂用量

1）面积法。当着火部位是平面时，宜采用面积法，面积法适用于储压式灭火装置。

$$m = AA_s \tag{5-4}$$

$$N \geqslant K_1 m/m_1 \tag{5-5}$$

式中　$m$——超细干粉灭火剂设计用量（kg）；

$N$——悬挂式超细干粉灭火装置数量（具）；

$m_1$——单具悬挂式灭火装置超细干粉额定充装量（kg）；

$K_1$——配置场所危险等级补偿系数，按表 5-4 取值；

$A$——保护对象计算面积（$m^2$）；

$A_s$——悬挂式超细干粉灭火装置正方形保护面积的灭火剂喷射强度（$kg/m^2$），按灭火装置安装高度按表 5-5 取值。

表 5-4　配置场所危险等级补偿系数

| 危 险 等 级 | 严重危险级 | 中 危 险 级 | 轻 危 险 级 |
|---|---|---|---|
| 补偿系数 $K_1$ | 1.5 | 1.1 | 1.0 |

表 5-5　不同安装高度灭火装置正方形保护面积的灭火剂喷射强度

| 安装高度/m | 2.5 | 3.0 | 3.5 | 4.0 | 4.5 | 5.0 | 6.0 |
|---|---|---|---|---|---|---|---|
| 灭火剂喷射强度/（$kg/m^2$） | ≥0.32 | ≥0.31 | ≥0.30 | ≥0.31 | ≥0.32 | ≥0.34 | ≥0.36 |

2）体积法。计算公式如下：

$$m = K_1 K_3 V_1 C \tag{5-6}$$

式中　$m$——超细干粉灭火剂设计用量（kg）；

$K_1$——配置场所危险等级补偿系数，按表 5-4 取值；

$K_3$——超细干粉灭火装置喷射不均匀补偿系数，按表 5-6 取值；

$V_1$——保护对象的计算体积（$m^3$）；

$C$——超细干粉灭火剂设计灭火浓度（$kg/m^3$），取值不得小于 1.2 倍国家法定检验机构出具的生产厂家灭火剂灭火效能有效注册数据。

表 5-6　超细干粉灭火装置喷射不均匀补偿系数

| 灭火装置类型 | 储压悬挂式 | 非储压悬挂式 |
|---|---|---|
| 补偿系数 $K_3$ | ≥1.0 | ≥1.5 |

【例5-1】 某烟草自动化立体库房有8列两排相靠的货架。每排货架内单个货件长、宽、高均为1.2m。货件分层存放，每层52个货件，由下到上为14层。拟采用额定充装量2kg储压悬挂式超细干粉灭火装置保护，灭火装置内充装的超细干粉灭火剂灭火效能注册数据为0.06kg/m³。试采用体积法计算所需灭火装置数量。

【解】 针对立体高架库货架的特点，超细干粉灭火装置布置于两排相靠货架中间，取左右两排货架相对平行的4个货件上下两层8个货件，采用局部应用体积法进行设计，配置场所危险等级系数$K_1 = 1.1$。

根据式（5-6）可知，该场所超细干粉灭火剂的设计用量为：

$$V_1 = 1.2 \times 1.2 \times 1.2 \times 8\text{m}^3 = 13.824\text{m}^3$$

$$m = K_1 K_3 V_1 C = 1.1 \times 1.0 \times 13.824 \times 0.06 \times 1.2\text{kg} = 1.095\text{kg}$$

$$N = m/m_1 = 1.095/2 \text{ 具} = 0.55 \text{ 具}$$

选用2kg超细干粉灭火装置1具，保护上下两层8个货件的设计方法按层分排布置，计算出每列货架所需灭火装置数量及整体高架库所需灭火装置总数量。

$$N_{总} = （每列货件总个数/单具灭火装置保护的货件个数 + 货件层数/2）\times 列数$$
$$= \left[ (52 \times 2 \times 14)/8 + 14/2 \right] \times 8 \text{ 具} = 1512 \text{ 具}$$

该场所所需超细干粉灭火装置的数量为1512具。

## 5.2.2 纳米干粉灭火剂

当灭火剂颗粒缩小至纳米尺寸时，粒子不再是惰性体，而是具有较好化学活性的物质。纳米干粉的高比表面积显著增大了其与火焰的接触面积以及对自由基的吸附和捕捉能力，因此灭火效能显著增强。

纳米粒子因其独特的尺寸效应、量子效应、局域场效应而表现出常规材料不具备的优异性能，并极大地改变了原材料的分散性、导电性、强度和耐温性能等诸多性能。纳米灭火剂所呈现的卓越灭火效能和微小的灭火用量极大地推动了干粉灭火剂的推广和应用，是干粉灭火剂未来发展的重要方向。

虽然纳米粉末灭火剂性能优异，具有极好的应用前景，但纳米干粉灭火剂工艺复杂，且纳米粒子不稳定，生产成本高，这些因素都制约着纳米干粉灭火剂的推广使用。制约因素主要包括以下几点：

### 1. 制备工艺复杂

传统物理粉碎技术所制得的粉末粒径尺寸仅在微米级，很难制备出纳米级别的粉末颗粒。而物理气相沉积法、化学气相沉积法、溶胶-凝胶法等其他纳米制备方法的工艺过程过于复杂，难以实现大规模生产。但气流粉碎和喷雾干燥技术的出现为纳米粉末规模化生产提供了可能，也为纳米粉末灭火剂的推广和应用提供了强有力的技术保障。

### 2. 纳米粒子的不稳定性

纳米微粒表面复杂、表面能大、化学活性高，使得纳米微粒极易聚合而形成软团聚或硬团聚。纳米粉体极高的化学活性和表面能严重地影响了纳米粉末灭火剂在储存、使用过程中的稳定性、分散性和流动性，因而限制了纳米粉末灭火剂的发展。

**3. 生产成本高**

纳米粉体制备工艺较为复杂且纳米颗粒还需进行表面改性处理以获得稳定且分散性良好的纳米粒子，这导致纳米干粉灭火剂的生产成本远高于普通干粉灭火剂，进而极大地限制了纳米干粉灭火剂的应用和推广。

## 5.2.3 催化型干粉灭火剂

催化型干粉灭火剂是通过在普通干粉灭火剂中添加微量金属盐或强酸制备而成。这些微量物质对灭火效果起着很明显的催化作用，能有效增强干粉灭火剂的灭火效能。

将强酸吸附到粒径小于 $10\mu m$ 的沸石、环糊精、氧化铝等多孔物料中，然后按照一定的比例添加到干粉灭火剂内，可以使干粉灭火剂的灭火效能提高 $2.5 \sim 3$ 倍。吸附有强酸的多孔物料可以在 $100℃$ 下长期安全储存且无腐蚀性，其中酸的催化效果排序如下：$HI > HBr > H_3PO_4 > H_2SO_4 > HNO_3$。受热分解后能产生强酸的物质如氨基酸无机酸盐、烷基卤化物等均对碳酸氢钠、磷酸铵盐、氨基干粉灭火剂有明显的催化作用。

水溶性 $Cu$、$Ni$、$Mn$、$Fe$ 等金属盐也可以作为多种干粉灭火剂的催化剂。这些金属盐以水溶液的形式沉淀到灭火组分表面，如 $0.1\% \sim 10\%$ 用量的 $NiCl_2$、$CoCl_2$、$Cr_2(SO_4)_3$ 就可显著提高干粉灭火剂的灭火效能。此外，黑磷、黄磷和红磷的异构体也是磷酸铵盐灭火剂良好的催化剂，既可以单独使用，也可与有机物（可溶性苯酚树脂）或无机物 $[Mg(OH)_2$、$Al(OH)_3]$ 混合使用。

## 5.2.4 载体型干粉灭火剂

载体型干粉灭火剂是将灭火剂成分吸附、结晶或包覆于固体物料表面而制备的一种改性干粉灭火剂。干粉灭火剂进行灭火时，灭火效果与粒子比表面积密切相关，只有临界粒径以下的小颗粒发挥灭火作用，而大颗粒仅表面层具有灭火作用。因此，将灭火剂中的灭火成分负载到廉价、多孔、比表面积大的载体上，不仅可以有效提高灭火成分的比表面积，还相应地减少灭火剂的用量，这样既有利于充分发挥灭火剂的灭火效能，又能降低灭火剂的生产成本。载体可分为水溶型载体和非水溶型载体，其中非水溶型载体主要为一些比表面积大的矿物质，如 $Al_2O_3$、沸石、珍珠岩、膨润土和石棉等。例如，卤代烷灭火剂虽然具有灭火效能高、灭火后无残留物、对火场无污染等优点，但喷射距离短阻碍了灭火效能的发挥。但经过一定特殊工艺处理，如采用藻酸钠或热塑性塑料包覆卤代烷粒子，可以得到球状干粉灭火剂。它可以像普通干粉灭火剂一样喷射到火焰中，受热后包覆层快速融化破裂，卤代烷迅速释放出来发挥灭火作用。这种包覆处理技术既能发挥和提高卤代烷的灭火能力，还能克服其自身弊端。

## 5.2.5 多元干粉灭火剂

多元干粉灭火剂是将自身具有灭火效能的各种灭火组分按照不同的性质和一定的比例进行混合，制得灭火效能更佳的多组分干粉灭火剂。例如，在碳酸氢铵干粉灭火剂中加入适量氯化钠、氯化钾或者两者的混合物后，可以使相同添加量的干粉灭火剂扑灭 B、C 类火灾的灭火效能提高 1 倍以上。这是因为氯化钠、氯化钾粒子临界粒径比碳酸氢钠大 25%，所以真正起灭火作用的粒子比例要远高于碳酸氢钠，从而有效提高混合粉体的灭火性能。在碳酸氢钠粉体中添加相关填料后，不仅可以扑灭钠、钾、镁、镁铝合金、钠钾合金等金属火灾，还能有效扑灭 B 类、C 类火灾，属于 BCD 类新型干粉灭火剂。该类灭火剂的作用机理为：碳酸氢钠受热分解产物碳酸钠可与氧化钠反应，生成不透气的惰性阻燃覆盖层，隔绝空气，从而窒息灭火并有效防止复燃。此外，在磷酸二氢铵干粉灭火剂中添加 25% ~ 30% 硫酸钾，不仅可以提高灭火剂的灭火效能，还可有效扑灭轻金属火灾；当加入 15% ~ 35% 氯化钠和氯化钾时，扑灭木材火的效能提高了 25% ~ 30%，灭煤油火的效能提高了 2 倍；当加入 25% ~ 30% 硫酸铵时，可扑灭 A 类、B 类、C 类、D 类火灾。将磷酸铵盐与碳酸氢钠采用特殊工艺各自相互隔离、包覆，制备出的混合灭火剂能高效扑灭油类火灾。氯化钠单独用于扑灭金属火灾时效果不佳，因其无法生成致密覆盖层使燃烧熄灭。在以氯化钠为基料的 D 类干粉灭火剂中加入适量添加剂，在扑灭金属钠火灾时可以形成致密、平坦、坚硬的覆盖层，能有效地起到覆盖、窒息灭火作用。例如，氯化钠中加入磷酸二氢铵、磷酸氢二铵、氯化钾、氯化钡等低熔点化合物并均匀混合后的灭火剂可有效扑灭轻金属火灾，属于 ABCD 类干粉灭火剂。对覆盖层进行剖面分析发现，覆盖层明显分为三层：外层灰色层为干粉部分分解产物和烧结物；中间黑色层为干粉与钠反应残留物；内层深灰色层为与干粉不完全反应物，该层致密不透气，在灭火中起着关键作用。中层、外层是保护层，保护内层不受机械力破坏。扑灭金属镁火灾时，该类灭火剂能在金属镁表面形成灰白色覆盖层，该覆盖层对垂直和水平燃烧表面有良好的附着性能和覆盖能力。此外，某些无机卤化物（如溴化铵）及碱金属羧酸盐自身便具有较高的灭火效能，添加少量到干粉中就能有效提高干粉的灭火效能，如溴化铵的灭火效能是碳酸氢钠的 4 倍，添加 5.0% 的溴化铵可使碳酸氢钠的用量减少 20%。

## 5.2.6　D 类干粉灭火剂

**1. 灭火机理**

D 类干粉灭火剂又称金属火灾灭火剂，主要有液体和固体两种类型。液体 D 类干粉灭火剂主要成分为偏硼酸三甲酯，固体 D 类干粉灭火剂主要有石墨类和氯化钠类。下面介绍几种代表性的 D 类干粉灭火剂及其灭火机理。

（1）原位膨胀石墨灭火剂

原位膨胀石墨灭火剂是通过在可膨胀石墨中添加流动促进剂制备而成，这类灭火剂可使燃烧金属迅速降温并在燃烧金属表面形成覆盖层，达到窒息灭火的目的。原位膨胀石墨灭火剂主要用于扑救金属钠、金属镁等轻金属火灾，具有无污染，储存和喷洒方便，易于清除灭火后金属钠表面的固体物和回收未燃烧钠的特点。此外，在原位膨胀石墨里添加有机磷酸盐后，有机磷酸盐受热产生的不燃性气体弥散在石墨粒子之间，组成严密的空气隔绝层，有效增强了窒息灭火作用。

（2）氯化钠类灭火剂

该类灭火剂主要应用于工业铸件以及钠、钾、镁、铝、镁铝合金等金属火灾的扑救，但不适用于扑救锂金属火灾。单纯氯化钠用于钠金属火灾时，形成的覆盖层疏松透气，钠液穿过壳层涌出，形成许多烧穿点，而覆盖层下面的钠液会继续燃烧氧化。在氯化钠中加入磷酸钙、硬脂酸盐以及热塑性材料，可以在灭火过程中形成致密的覆盖层，具有较高的灭火效能。

（3）碳酸氢钠类灭火剂

碳酸氢钠是制备 BC 类干粉灭火剂的主要原料，当添加某些结壳物料后也可用于制备 D 类干粉灭火剂，可实现钠、钾、镁、锆、钛切屑等火灾的扑救。这类干粉灭火剂主要通过化学反应钝化金属表面达到灭火目的。例如，钠燃烧会生成氧化钠：

$$4Na + O_2 \longrightarrow 2Na_2O \qquad (5\text{-}7)$$

该类干粉灭火剂与氧化钠接触，发生下面一系列反应：

$$2NaHCO_3 \longrightarrow Na_2CO_3 + H_2O + CO_2$$
$$Na_2O + H_2O \longrightarrow 2NaOH$$
$$Na_2O + CO_2 \longrightarrow Na_2CO_3 \qquad (5\text{-}8)$$

这些反应能在金属钠表面生成钝化层，隔绝空气，窒息灭火。但钝化层并不牢固，易受机械破坏，而在灭火剂中加入适当的结壳物料，可提升钝化层的坚固程度，保护钝化层的完整性。

（4）偏硼酸三甲酯灭火剂

偏硼酸三甲酯灭火剂又称 7150 灭火剂，是由硼酸三甲酯和硼酐按一定比例反应生成的无色透明液体，主要用于扑救镁、铝、镁铝合金、海绵状钛等轻金属火灾。偏硼酸三甲酯灭火剂热稳定性差且可燃，当其以雾状喷射到燃烧金属表面时会发生分解和燃烧两个反应，迅速消耗金属表面的氧并生成玻璃状硼酐液体流散在金属表面及缝隙中，形成隔膜以有效窒息灭火。

**2. 注意事项**

金属灭火剂在扑救金属火灾时，需要注意以下事项：

1）不能用干砂扑救金属镁和金属锂火灾。金属锂和金属镁在高温下能与干砂（主要成分 $SiO_2$）反应，释放出大量热量，导致燃烧更加猛烈。

2）不能用碳酸钠干粉和氯化钠干粉扑救金属锂火灾。金属锂在高温下能使碳酸钠和氯化钠反应生成更加危险的金属钠，加剧燃烧。

3）不能用石墨扑救金属铯火灾。金属铯能与石墨发生反应生成铯碳化物，加剧燃烧反应。

4）扑救金属火灾时需要防止粉尘飞扬造成粉尘爆炸。

**3. 储存要求**

D 类干粉灭火剂应密封在塑料袋或塑料桶内，塑料袋外应加保护包装，储存在通风、阴凉、干燥处，运输中应避免雨淋，并防止受潮和包装破损。此外，D 类干粉灭火剂的生产商应提供具有使用注意事项及主要性能要求的说明书。

# 5.3 气溶胶灭火技术

## 5.3.1 概述

气溶胶（Aerosol）是指悬浮于气体介质中直径在 $5\mu m$ 以下的液态或固态的微粒物质，当气溶胶中的固体或液体微粒分散质具有灭火性质时，则这种气溶胶称为气溶胶灭火剂。气溶胶灭火剂粒径较小且具有气体的特性，使用过程中不受障碍物和方向的限制，可以达到火场任何角落，具有较高的灭火效率。根据气溶胶灭火剂产生气溶胶温度的不同，可以将其分为热气溶胶灭火剂和冷气溶胶灭火剂。热气溶胶灭火剂是以固体混合物燃烧而产生的凝集型灭火剂，产物主要由 60% 气体（质量百分数）和 40% 固体微粒（质量百分数）组成，其中气体主要由 $N_2$、$CO_2$、$CO$、$O_2$ 和微量的碳氢化合物组成，而固体颗粒主要由金属氧化物、碳酸盐及碳酸氢盐等组成。热气溶胶灭火剂主要通过吸热分解降温、化学抑制以及惰性气体稀释氧浓度等作用来达到灭火目的。冷气溶胶灭火剂是利用机械或高压气流将固体或液体超细灭火微粒分散于气体中而形成的灭火溶胶，属于超细干粉灭火剂的范畴。相比于热气溶胶灭火剂，冷气溶胶灭火剂在释放气体分散介质和超细灭火微粒前是稳定存在的，释放过程中气体分散液体或固体灭火剂形成冷气溶胶，并具有较细颗粒和气体的特性。

第一代气溶胶灭火技术诞生于我国，也称烟雾灭火技术，由天津消防研究所研发。烟雾灭火系统的主要结构包含发烟系统、导烟系统、引火系统及附件，其灭火机理主要为：灭火药剂引燃后，产生高压气溶胶灭火介质，对火焰进行机械切割，压制火焰，最后以全淹没方式覆盖火焰，并通过窒息、固体微粒的吸热和化学抑制达到灭火的目的。该技术的优点是喷发速度快、灭火时间短且无需水电，可应用于偏远地方的独立式储罐的消防保护。烟雾灭火技术也属于 K 型气溶胶灭火技术，但因烟雾灭火有其特殊性，故将其单独作为一个发展阶段进行讨论。

第二代气溶胶灭火技术为 K 型气溶胶灭火技术，其中 K 代表钾元素。相比于烟雾灭火剂，K 型气溶胶灭火剂具有灭火效率高、安装维护简单便捷、无毒、造价低廉等优点，其主要灭火机理包括物理冷却、化学外冷却和化学内冷却或三者的协同作用，成功解决了因反应温度过高带来的二次火灾隐患。但 K 型气溶胶灭火剂的主氧化剂均为钾盐类，就是 $KNO_3$、$KClO_3$、$KClO_4$ 等，其喷发后形成的固体微粒是 $K_2CO_3$、$KHCO_3$ 和 $K_2O$ 三种物质，这三种物质极易吸潮并形成强氧化性物质对精密设备、图书等会造成二次损害，制约了其发展和应用。

第三代气溶胶灭火技术为 S 型气溶胶灭火技术，其中 S 代表锶元素（Strontium）。S 型气溶胶灭火剂的核心是以硝酸锶为主氧化剂、硝酸钾为辅助氧化剂，喷发后产物主要为氧化锶和碳酸锶，这些物质不会与水反应生成强碱性物质，因此在确保灭火效率的前提下，还能有效降低对精密仪器的伤害。该类气溶胶灭火剂以硝酸钾作为辅助灭火剂既能保证较高的灭火效率和合理的喷射速度，还能将硝酸钾分解产物浓度控制在精密仪器损害浓度以下。以硝酸锶为主氧化剂能分解产生 $SrO$、$Sr(OH)_2$ 和 $SrCO_3$，形成具有导电性、耐水性和腐蚀性的电解质液膜，进而避免对设备的损害。值得注意的是，在 S 型热气溶胶灭火剂的配方研究中，钾盐辅助氧化剂的加入虽然提高了灭火效能，但会引起腐蚀性问题。因此，在保证 S 型热气溶胶灭火剂灭火效率的前提下，寻求能降低其燃烧温度和腐蚀性能的新型配方是今后研发的重点方向。

## 5.3.2  气溶胶灭火机理

气溶胶灭火剂按其产生的方式分为两类，即以固体混合物燃烧而产生的热气溶胶（凝集型）灭火剂和以机械分散方法产生的冷气溶胶（分散型）灭火剂。

**1. 热气溶胶的灭火机理**

热气溶胶灭火剂发生剂通过电启动或热启动后，经过自身的氧化还原反应形成凝集型灭火气溶胶，即气溶胶灭火剂。热气溶胶灭火剂中的固体微粒主要为金属氧化物、碳酸盐或碳酸氢盐、炭粒以及少量金属碳化物，其中固体微粒的直径为 $1\sim3\mu m$，沉降速度较慢，除少量的扩散损失外，大部分固体微粒会在受保护区域停留大约几十分钟到几个小时。一般认为，热气溶胶灭火剂通过多种机理协同发挥灭火作用，但灭火机理主要为化学抑制和吸热降温机理。下面以 K 型气溶胶灭火剂为例讨论其灭火机理。

（1）吸热降温灭火机理

K 型气溶胶灭火剂喷发后形成的固体微粒主要有 $KHCO_3$、$K_2CO_3$ 和 $K_2O$。$KHCO_3$ 在 105℃左右发生分解反应，200℃左右分解完全；$K_2O$ 在温度大于 350℃时开始分解；$K_2CO_3$ 在 890℃时出现熔融现象，超过该温度便会发生分解；高温环境下 $K_2O$ 与 C 还可能进行吸热反应。具体化学反应如下所示：

$$2KHCO_3 \longrightarrow K_2CO_3 + K_2O + CO_2$$
$$K_2CO_3 \longrightarrow K_2O + CO_2$$
$$K_2O + C \longrightarrow 2K + CO$$
$$2K_2O + C \longrightarrow 4K + CO_2$$

这些固体颗粒扩散到火场发生上述化学反应之前，需要从火焰中吸收大量的热，发生热熔和气化等物理吸热过程以达到上述反应所需的温度。任何火灾在较短的时间内所释出的热量是有限的，如果在较短的时间内，气溶胶中的上述固体微粒能够吸收火焰的部分热量，那么火焰的温度就会降低，则辐射到可燃烧物燃烧面用于气化可燃烧物分子和将已经气化的可燃烧物分子裂解成自由基的热量就会减少，燃烧反应的速度就会得到一定的抑制，这种作用在火灾初期尤为明显。

（2）气相化学抑制作用

在热的作用下，气溶胶固体微粒分解出的 K 元素以蒸气或阳离子形式分散在火场中，能迅速与燃烧产生的活性自由基团（$H\cdot$、$O\cdot$ 和 $OH\cdot$）发生下列链锁反应：

$$K\cdot + OH\cdot \longrightarrow KOH$$
$$K\cdot + O\cdot \longrightarrow KO$$
$$KOH + OH\cdot \longrightarrow KO + H_2O$$
$$KOH + H\cdot \longrightarrow K\cdot + H_2O$$

由于金属离子吸附活性自由基的能力远大于可燃物吸附活性自由基的能力，因此可以大量消耗燃烧反应中的活性自由基，从而抑制和中断燃烧的链锁反应，以达到灭火的目的。

（3）固相化学抑制作用

气溶胶中的固体微粒具有很大的表面积和表面能，它在火灾中被加热发生裂解是需要一定时间的且不可能完全被裂解或气化。因此，当气溶胶固体颗粒进入火场后，受到可燃烧裂解产物的冲击，$H\cdot$、$OH\cdot$ 和 $O\cdot$ 等活性基团会与气溶胶固体颗粒表面发生碰撞，被瞬时吸附并发生化学作用，可能发生如下反应：

$$KOH + OH\cdot \longrightarrow KO + H_2O$$
$$KO + H\cdot \longrightarrow KOH$$

通过上述化学作用可有效消耗燃烧过程中的活性基团，从而抑制燃烧反应的进行。另外，气溶胶颗粒吸附可燃物裂解产物中未被气化分解的微粒，使可燃物裂解的低分子产物不再参与活性自由基团的反应以减少自由基的产生，从而有效抑制燃烧的速度。

（4）物理窒息作用

热气溶胶灭火剂产生的惰性气体如 $N_2$、$CO_2$、$H_2O$ 等虽能起到一定的隔绝和稀释空气中氧气的作用，但其生成量对空气中氧气浓度影响较小，因此这种窒息作用比较有限。

总体而言，热气溶胶灭火剂灭火作用是吸热降温、物理窒息和化学抑制共同发挥作用的结果，其中以化学抑制为主。S 型热气溶胶的灭火机理与 K 型热气溶胶的灭火机理从原理上来说是一致的，只是起灭火作用的固体微粒成分性质不同，除了钾盐和氧化钾以外，主要是锶盐和氧化锶在起作用。

**2. 冷气溶胶的灭火机理**

冷气溶胶灭火剂作为干粉灭火剂的发展，是由粒径 $1\sim5\,\mu m$ 的灭火剂粉体如碳酸氢钠、磷酸二氢铵等分散在气体中形成的胶体灭火剂，其灭火作用主要依靠单位质量中 80% 的超细干粉微粒。冷气溶胶灭火剂中较小的颗粒保证了灭火剂在火场空间中的驻留时间，较大的颗粒保证了灭火组分穿过火场的动量和密度，其较大的比表面积使得其灭火效率高达普通干粉灭火剂的 $4\sim6$ 倍，并能有效防止复燃。冷气溶胶灭火剂具有灭火效率高、易于储存及不破坏臭氧层等优点，被广泛应用于扑救相对封闭的空间及开放空间的 B 类、C 类和 A/B 类混合火灾。冷气溶胶灭火剂的灭火机理不同于惰性气体和热气溶胶灭火剂，其灭火机理包括以下方面。

（1）化学抑制作用

化学抑制作用是冷气溶胶灭火剂的主要灭火机理，灭火过程中灭火组分进入燃烧区域时能分解产生自由基（R·），可捕捉燃烧过程中产生的 H· 和 OH· 等活性自由基，迫使燃烧反应速率下降，当自由基消耗速率大于燃烧反应生成的速率时，链锁燃烧反应被终止，从而火焰熄灭。冷气溶胶灭火剂产生的自由基 R· 与可燃物产生的活性自由基（H· 和 OH·）可能进行以下化学反应。

$$R\cdot + OH\cdot \longrightarrow ROH$$
$$R\cdot + O\cdot \longrightarrow RO\cdot$$
$$ROH + OH\cdot \longrightarrow RO\cdot + H_2O$$
$$RO\cdot + H\cdot \longrightarrow ROH$$
$$ROH + H\cdot \longrightarrow R\cdot + H_2O$$

（2）吸热降温作用

冷气溶胶灭火剂中的碳酸氢钠、磷酸二氢铵等灭火剂微粒受热分解过程为吸热过程；此外，分解产物与燃烧产物在高温下反应也伴随着强烈的吸热。这些吸热作用能有效降低火焰温度，达到较好的冷却降温作用，因此在一定程度上能抑制燃烧反应的进行。磷酸二氢铵在高温下分解还会产生一层玻璃状残余物覆盖在可燃物表面以阻止燃烧反应进行并防止复燃。

（3）降低氧气浓度作用

冷气溶胶灭火剂在灭火过程中能排挤火场周围空气以达到降低火场氧气浓度的目的，进而有效减弱或终止燃烧反应的进行。

综上可以看出，冷气溶胶灭火剂的灭火效能主要来源于其自身优异的物理化学性能，主要包括较细的粒径、较大的容积效率以及优异的分散性和弥漫性等，因此在灭火过程中能迅速扩散到被保护区域以扑灭火灾。

### 5.3.3　主要性能参数

#### 1. 粒径

气溶胶灭火剂主要依靠固体微粒的吸热降温、化学抑制和窒息作用来灭火，除了固体微粒自身化学性质外，还要求固体微粒具有大的表面积和较强的空间扩散能力。通常，固体微粒的粒径越小，比表面积就越大，布朗运动越强烈，扩散能力越强，灭火效能也越高。当粒径降低到 $10 \sim 20 \mu m$ 时，粒子的比表面积呈几何增加，粒子的布朗运动开始起主导作用，灭火效能也出现跨越式提高。气溶胶灭火剂的粒径属于亚微米级，粒径小到普通干粉灭火剂粒径的极限尺寸以下，因此除了具有很高灭火效能外，还具有明显的气体特征，即绕障能力强且不易沉降。通常，气溶胶灭火剂在使用过程中会使火场能见度降低到 $0.5m$ 以下，因此气溶胶不能在人员密集场所中应用。

#### 2. 灭火效能

气溶胶灭火剂不同于一般气体灭火剂，其灭火效能定义为：扑灭单位封闭空间容积内特定类型火灾所需要的气溶胶灭火剂发生剂的质量，单位为 $g/m^3$。该定义中的"特定火"是指不同可燃物类型的火灾，比如汽油火、柴油火、电缆火、原油火、木材火等。可燃物类型不同，其燃烧性能和扑救难度不同，所以每种灭火剂在灭火过程中的灭火效能存在较大差异。

此外，气溶胶灭火剂的灭火效能还与固体微粒的粒径和化学组分有关。通常，固体微粒的粒径越小，灭火效能越高。气溶胶灭火剂主要由大量氧化物和少量碳酸盐组成，其灭火效能优劣主要看钾盐和锶盐的比例。通常，灭火效能高低顺序为：钾盐 > 钾盐和锶盐混合物 > 锶盐。

总体而言，气溶胶灭火剂扑灭常见可燃液体火灾、电气火灾和可燃固体表面火灾的灭火效能为 $40 \sim 60 g/m^3$。在实际应用中需要乘以一定的安全系数，其工程设计量通常选用 $100 g/m^3$。

#### 3. 毒性指标

从理论上看，气溶胶灭火剂中含 40% 的金属氧化物和碳酸盐等固体微粒以及 60% 的气相反应产物（主要为 $N_2$ 及少量的 $H_2O$、$O_2$），以及微量的 $NO_x$、$C_nH_{2n+2}$ 和 $CO$，其中固体微粒均是无毒的。而不完全燃烧产生的 $NO_x$、$CO$ 和 $C_nH_{2n+2}$ 虽具有一定毒性，但在高温下的氧化还原反应是比较彻底的，其浓度远低于对人的危害浓度。气溶胶灭火剂虽然没有明显的毒性，但短时间暴露在含有气溶胶的环境中仍会引起轻微的不适感，如嗓子干、胸痛等，这是由于吸入的微粒会对呼吸道及肺部黏膜产生刺激，所以气溶胶不适用于人员密集场所。

#### 4. 二次损害性

气溶胶灭火剂中固体微粒的平均粒径在 $1 \mu m$ 以下，具有气体特性，不易沉降，但仍有部分颗粒由于粒径较大或发生团聚而在重力场作用下沉降于被保护物品的表面或内部，这些微粒因化学性质不同可能会对被保护物造成损害。相比于火灾造成的直接伤害，这种由灭火剂造成的设备危害称为"二次损害"。下面将分别对 K 型和 S 型气溶胶灭火剂的二次损害进行分析。

（1）K 型气溶胶灭火剂

K 型气溶胶灭火剂中的固体微粒主要为 $K_2O$、$K_2CO_3$、$KHCO_3$，极易溶于水或在潮湿环境中吸收空气中的水分，通过吸湿形成碱性溶液或液滴。这些微粒所形成的溶液具有导电性，一旦在铜、铝等金属表面形成液膜或液池，将产生电化学腐蚀和化学腐蚀，进而对一些精密仪器和贵重物品关键部分造成损毁。

（2）S 型气溶胶灭火剂

S 型气溶胶灭火剂固体微粒中虽含有 $K_2O$、$K_2CO_3$、$KHCO_3$，但其浓度很低，二次损害远低于危害浓度。S 型气溶胶灭火剂中的 SrO 易与空气中的水分和 $CO_2$ 作用形成难溶于水且化学性质相对稳定的 $Sr(OH)_2$ 和 $SrCO_3$，不会形成电解质溶液，因此不会造成电器设备短路和强腐蚀，且沉降物的绝缘性可达几百兆欧以上，属绝缘体范围。

**5. 灭火剂的储存性能**

热气溶胶灭火剂在自然条件下的储存遵循火工品的储存规律，主要受温度和湿度的影响，当储存过程中采取了防止水分侵蚀措施后，即可简化为单因素的储存问题。热气溶胶的储存寿命可以用 71℃ 高温储存试验方法测得，该方法是一种截尾寿命试验方法，根据高温（71℃）下热气溶胶灭火性能不发生变化的试验时间，推算出其常温（21℃）下的储存时间。

$$t_0 = \tau t_1$$
$$\tau = r(T_1 - T_0)/A \tag{5-9}$$

式中　$t_0$——常温的储存时间（d）；

　　　$t_1$——高温的试验时间（d），一般采用 28d、56d、84d；

　　　$\tau$——加速系数；

　　　$r$——反应速度温度系数，取 2.7；

　　　$T_1$——高温试验温度（K）；

　　　$T_0$——常温试验温度（K）；

　　　$A$——与反应温度系数对应的温度变化（K），取值 10K。

## 5.3.4　气溶胶灭火产品

**1. 工作原理**

热气溶胶是目前最常用的气溶胶灭火产品，当热气溶胶灭火装置收到外部启动信号后，药筒内的固体药剂就会被激活，迅速产生灭火气体，具体工作原理如图 5-1 所示。

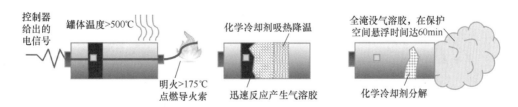

图 5-1　热气溶胶灭火剂的工作原理

药剂的启动方式包括电启动、导火索点燃和热启动三种。

1) 电启动：由系统中的气体灭火控制器或手动紧急启动按钮提供，一般外部装置会向气溶胶灭火装置输入24V电压下1A的脉冲电流，电流经电点火头，点燃固体药粒，而达到释放气体的目的。

2) 导火索点燃：当外部火源引燃连接在固体药剂上的导火索后，导火索点燃固体药剂而达到灭火目的。

3) 热启动：当外部温度超过170℃时，利用热敏线自发启动灭火系统内部固体药剂点燃，释放出灭火气溶胶。

**2. 热气溶胶灭火剂成分的选择**

热气溶胶灭火剂主要由氧化剂、还原剂、胶粘剂及其他添加剂等成分组成。氧化剂提供固相化学反应所需的氧，还原剂可在燃烧时产生所需的热量，胶粘剂可使热气溶胶生成剂成为一种硬度大的固体。

（1）氧化剂的选择

氧化剂的种类直接影响了氧化还原反应所生成的热气溶胶粒子的尺寸，而粒子尺寸对热气溶胶灭火剂的灭火效能至关重要。氧化剂应选择含氧量高、不易潮解、易分解、不含或含少量结晶水且分解产物不易形成有毒或腐蚀性成分的化合物。硝酸盐类如硝酸钾是热气溶胶生成剂中最好的氧化剂，已广泛应用于气溶胶灭火技术。此外，卤酸盐也可被用作热气溶胶生成剂的氧化剂，但ⅠA族元素的卤酸盐如高氯酸盐等不适合作氧化剂。

（2）还原剂的选择

还原剂应选择安全性好、易分解并能产生大量的有利于灭火的$N_2$、$CO_2$等气体的化合物。常用的还原剂包括乳糖、蔗糖和纤维素衍生物，或木炭和炭黑，而胍类物质的衍生物（如二氰胺、硝基胍）也是较好的还原剂。此外，金属粉末、胶粘剂或聚合物（如聚四氟乙烯）也可作为热气溶胶生成剂的还原剂。

（3）胶粘剂的选择

热气溶胶的胶粘剂可以是纤维素衍生物（如硝基纤维素）、树胶、氟化塑料、三聚氰胺、聚烯烃化合物（如端羟基聚丁二烯、聚乙烯）等，其中环氧树脂和酚醛树脂是两种最常见的胶粘剂。

（4）冷却剂的选择

热气溶胶灭火剂是通过高温燃烧反应产生，反应过程中高温火焰和残渣会伴随气溶胶从发生器向外喷放并释放大量热量。因此，除配方设计时要考虑降低燃烧温度外，还要考虑能吸收热量的物质和阻火的方法。

**3. 配方设计的基本原则**

气溶胶灭火剂各组分化合物的质量百分比遵循以下原则进行设计。

（1）氧平衡原则

通过计算氧平衡来调整反应速度，在安全的条件下，反应速度越快则单位时间释放的有效的灭火介质质量及灭火介质浓度越大，从而确保灭火固体微粒的生成，且使气相产物中以$N_2$、$CO_2$、$H_2O$等有利于灭火的成分为主，尽量减少有毒易燃气体的产生，以有效提高灭火效率。

（2）热平衡原则

通过对各化合物之间的反应热、分解热等计算、测试，合理调整各化合物的配比，在满足灭火气溶胶的形成和扩散需要的同时，尽可能降低化学反应产生的热量，以保证高安全性。

### 5.3.5 气溶胶灭火系统

**1. 气溶胶灭火系统的组成和工作原理**

气溶胶灭火系统主要由气溶胶灭火装置、气体灭火控制装置及火灾报警装置三部分组成，其控制方式有自动和手动两种。当被保护区域发生火灾时，控制器收到火灾探测器发出的信号后，控制器即发出声光报警信号，在预定的延迟时间（30s）内，人员撤离火灾现场，之后通过启动模块自动启动灭火装置释放气溶胶进行灭火。此外，气溶胶灭火系统也可以通过现场紧急启动按钮直接开启灭火装置执行灭火功能。气溶胶灭火系统的控制流程如图 5-2 所示。

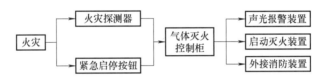

图 5-2 气溶胶灭火系统的控制流程

**2. 气溶胶灭火系统的设计**

（1）设计要求

气溶胶灭火系统的灭火密度应根据《气体灭火系统设计规范》（GB 50370—2005）进行设计。灭火密度指 101kPa 大气压和规定温度下，扑灭单位溶剂内某种火灾所需固体气溶胶发生剂的质量，不同场所的灭火密度规定如下：

1）固体表面火灾中气溶胶的灭火密度为 $100g/m^3$。

2）通信机房和电子计算机机房等场所电气火灾中 S 型气溶胶的灭火设计密度不应小于 $130g/m^3$。

3）电缆隧道（夹层、井）及自备发电机房火灾中 S 型和 K 型气溶胶的灭火设计密度不应小于 $140g/m^3$。

除上述规定外，S 型和 K 型热气溶胶对其他可燃物的灭火密度应根据试验确定，其他型气溶胶的灭火密度应经试验确定。

喷放时间和喷口温度应符合下列规定：热气溶胶灭火剂在通信机房、电子计算机房等防护区使用时，灭火剂喷放时间不应大于 90s，喷口温度不应大于 150℃；在其他防护区，喷放时间不应大于 120s，喷口温度不应大于 180℃。

灭火浸渍时间应符合下列规定：对于木材、纸张、织物等固体表面火灾，应采用 20min；对于通信机房、电子计算机房等防护区火灾及其他固体表面火灾，应采用 10min。

（2）设计用量计算

气溶胶灭火系统的设计用量应按照下式进行计算：

$$W = C_2 V K_v \qquad\qquad (5\text{-}10)$$

式中　$W$——灭火剂设计用量（kg）；

　　　$C_2$——灭火剂的设计密度（kg/m³）；

　　　$V$——防护区净容积（m³）；

　　　$K_v$——容积修正系数；当 $V < 500m^3$ 时，取 $K = 1.0$；当 $500m^3 \leqslant V < 1000m^3$ 时，取 $K = 1.1$；当 $V \geqslant 1000m^3$ 时，取 $K = 1.2$。

---

**【例 5-2】**　以某通信传输站作为一单独防护区，其长、宽、高分别为 5m、5.5m 和 3.3m，其中含实体体积为 15m³，试为该场所选取合适的气溶胶灭火装置。

**【解】**　（1）计算防护区净面积

$$V = (5 \times 5.5 \times 3.3)m^3 - 15m^3 = 75.8m^3$$

（2）灭火剂设计用量计算

根据上述可知：$C_2 = 0.13kg/m^2$，$K_v = 1.0$。则灭火剂设计用量：

$$W = C_2 V K_v = 0.13 \times 75.8 \times 1.0kg = 9.85kg$$

因此，可选 10kg 的 S 型气溶胶灭火装置一台。

---

**3. 气溶胶灭火系统的应用范围**

气溶胶类灭火技术最大的优点是生产成本低、维护方便及适用范围较广。热气溶胶灭火剂一般应用于无人场所或不经常有人员出现的场所。

1）气溶胶灭火系统适合扑救以下场所的初期火灾：

① 航空业的商用飞机、直升机、货物仓、集装箱、地面支持设备、维修站等场所。

② 航海业的海运类机动船、舰、艇的发动机室、机器室、货物仓等场所。

③ 陆地运输的小车、货车、拖车、起重机、铁路机车、运动车、林业机动车、铺路车、公共汽车、集装箱、地铁机车和车上配电房等局部场所。

④ 电力系统配电房、汽轮涡轮机动力室、计算机和服务器室、动力供应和数据中心、电缆沟等局部场所。

⑤ 建筑火灾防护中的屋顶室、车库等。

⑥ 石油行业中的设备（泵房、电力橱、配电系统），油气储存处等。

⑦ 变（配）电间、发电机房、电缆夹层、电缆井等场所的火灾。

⑧ 生产、使用或储存柴油（35 号柴油除外）、重油、变压器油、动植物油等丙类可燃液体场所的火灾。

⑨ 可燃固体物质的表面火灾。

2）S 型气溶胶灭火系统适用于扑救计算机房、通信机房、通信基站、数据传输及储存设备等精密电子仪器场所的电气火灾，但 K 型气溶胶不适用于扑救以上电气火灾。

3）气溶胶灭火系统不能用于以下场所的火灾扑救：

① 人员密集场所，如影院、礼堂、车站等。

② 可燃固体的深位火灾。

③ 有爆炸危险场所的火灾，如有爆炸粉尘的工厂。

④ 强氧化剂，如氧化氮、氟的火灾。

⑤ 钾、钠、镁、钛等活泼金属火灾。

⑥ 金属氢化物如氢化钾、氢化钠等火灾。

⑦ 能自燃的物质的火灾，如磷。

⑧ 过氧化物等能自行分解的化合物火灾。

⑨ 硝酸纤维、火药等无空气仍能氧化的物质火灾。

**4. 气溶胶技术未来发展方向**

气溶胶灭火系统的冷却和气溶胶灭火装置的良性改造一直是科研人员研究的重点。现在使用的气溶胶灭火剂仍然存在缺陷，如灭火气溶胶浓度高、相对效率低、价格昂贵以及对保护对象有腐蚀作用等。今后，气溶胶灭火剂的研制与开发应综合考虑灭火效率、环保效应、使用安全方便、无毒无公害、价格低等几个方面的因素。现代气溶胶灭火技术的研究应主要放在新型气溶胶灭火剂、改性冷气溶胶灭火剂和复合型气溶胶灭火剂的研究上，并以改性冷气溶胶灭火剂和复合型气溶胶灭火剂的研究为主。

# 5.4 常用干粉灭火技术装备

## 5.4.1 固定式干粉灭火系统

固定式干粉灭火系统是由干粉储存装置、输送管道和喷头等组成的，通过惰性气体压力驱动、管道输送后经喷头喷出实施灭火，是扑救和控制建筑初期火灾的重要灭火设施之一。该系统具有灭火时间短、不导电、对环境条件要求不严格等特点，还具有自动探测、自动启动和自动灭火功能。固定干粉灭火系统主要用于扑救可燃气体、可燃液体和电气设备火灾，特别对石油及石油产品的灭火效果尤为显著，但不能用于扑救深度阴燃火灾以及自身能供给氧的化学物质火灾。

**1. 按照驱动气体不同分类**

按照驱动气体的不同，固定式干粉灭火系统可分为储气式、储压式和燃气式灭火系统。

（1）储气式干粉灭火系统

储气式干粉灭火系统是指将驱动气体（氮气或二氧化碳）单独储存在储气瓶中，当接收到火灾信号后，再将驱动气体冲入干粉储罐中将干粉灭火剂送入火场实施灭火。干粉灭火系统大多采用该种系统形式。

（2）储压式干粉灭火系统

储压式干粉灭火系统是将驱动气体与干粉灭火剂储存在同一容器中，灭火时直接启动干粉储罐。该系统结构较储气式简单，但要求驱动气体不泄漏。

（3）燃气式干粉灭火系统

燃气式干粉灭火系统是指驱动气体不采用压缩气体，而是在火灾时点燃燃气发生器内的固体，通过燃烧生成的燃气压力驱动干粉喷射实施灭火。

**2. 按照结构特点不同分类**

按照结构特点的不同，干粉灭火系统可分为管网干粉灭火系统和无管网干粉灭火系统。

（1）管网干粉灭火系统

管网干粉灭火系统是由管道输送灭火剂并通过设置在防护区或保护对象上的喷头喷出灭火剂的系统，主要由灭火剂储罐、储气瓶、安全防护装置、灭火启动装置、管道、喷嘴等部件组成。该灭火系统启动方式包括电控自动、电控手动及应急机械启动。

（2）无管网干粉灭火系统

无管网干粉灭火系统是由储压悬挂式或非储压悬挂式干粉灭火装置及控制组件等组成的灭火系统。相比于管网灭火系统，该系统具有结构简单、设置安装方便、使用方式灵活等优点，可广泛应用在多种场所，其启动方式包括温控启动、热引发启动和电引发启动。

### 3. 按照灭火方式不同分类

按照灭火方式的不同，干粉灭火系统可分为全淹没式灭火系统和局部应用式灭火系统。

（1）全淹没式干粉灭火系统

全淹没式干粉灭火系统是指在规定时间内将干粉灭火剂均匀地释放到整个防护区，通过在防护空间建立起灭火浓度实施灭火的系统形式，常用于扑救封闭空间的火灾，具体形式如图 5-3 所示。

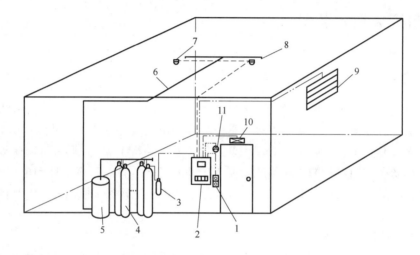

图 5-3　全淹没式干粉灭火系统示意图

1—紧急启/停装置　2—报警控制器　3—启动装置　4—氮气瓶　5—干粉罐　6—干粉输送管
7—火灾探测器　8—干粉喷嘴　9—开口关闭装置　10—喷洒指示灯　11—声光报警器

为了保证灭火的有效性，当采用管网式全淹没系统时，其灭火剂喷射时间不应大于 30s，灭火剂设计浓度不得小于 $0.65\mathrm{kg/m^3}$。灭火剂设计用量应按以下公式进行计算：

$$m = K_1 V + \sum K_{oi} A_{oi} \tag{5-11}$$

$$V = V_V - V_g + V_z \tag{5-12}$$

$$V_z = Q_z t \tag{5-13}$$

$$K_{oi} = 0 \, (A_{oi} < 1\% A_V) \tag{5-14}$$

$$K_{oi} = 2.5 \, (1\% A_V \leqslant A_{oi} < 5\% A_V) \tag{5-15}$$

$$K_{oi} = 5 \, (5\% A_V \leqslant A_{oi} \leqslant 15\% A_V) \tag{5-16}$$

式中　$m$——干粉设计用量（kg）；

　　$K_1$——灭火剂设计质量浓度（kg/m³）；

　　$V$——防护区净容积（m³）；

　　$K_{oi}$——开口补偿系数（kg/m³）；

$A_{oi}$——不能自动关闭的防护区开口面积（$m^2$）；

$V_V$——防护区容积（$m^3$）；

$V_g$——防护区内不燃烧体和难燃烧体的总体积（$m^3$）；

$V_z$——不能切断的通风系统的附加体积（$m^3$）；

$Q_z$——通风流量（$m^3/s$）；

$t$——干粉喷射时间（s）；

$A_V$——防护区的内侧面、底面、顶面的总内表面积（$m^2$）。

全淹没灭火系统的干粉喷射时间不应大于 30s；全淹没灭火系统喷头的布置，应使防护区内灭火剂分布均匀；防护区应设泄压口，并宜设在外墙上，其高度应大于防护区净高的 2/3。泄压口的面积可按以下公式计算：

$$A_X = \frac{Q_0 V_H}{k\sqrt{2p_X V_X}} \tag{5-17}$$

$$V_H = \frac{\rho_q + 2.5\mu\rho_f}{2.5\rho_f(1+\mu)\rho_q} \tag{5-18}$$

$$\rho_q = (10^{-5}p_X + 1)\rho_{q0} \tag{5-19}$$

$$V_X = \frac{2.5\rho_f\rho_{q0} + K_1(10^{-5}p_X+1)\rho_{q0} + 2.5K_1\mu\rho_f}{2.5\rho_f(10^{-5}p_X+1)\rho_{q0}(1.205 + K_1 + K_1\mu)} \tag{5-20}$$

式中　$A_X$——泄压口面积（$m^2$）；

$Q_0$——干管的干粉输送速率（kg/s）；

$V_H$——气固两相流质量体积（$m^3/kg$）；

$k$——泄压口缩流系数，取 0.6；

$p_X$——防护区围护结构的允许压力（Pa）；

$V_X$——泄放混合物质量体积（$m^3/kg$）；

$\rho_q$——在 $p_X$ 压力下驱动气体密度（$kg/m^3$）；

$\mu$——驱动气体系数；

$\rho_f$——干粉灭火剂松密度（$kg/m^3$）；

$\rho_{q0}$——常态下驱动气体密度（$kg/m^3$）。

（2）局部应用式灭火系统

局部应用式灭火系统（图 5-4）是指向保护对象或认为危险的区域直接喷放干粉灭火剂的灭火系统，主要用于扑救不需封闭空间条件的具体保护对象的火灾。局部应用灭火系统的设计可采用面积法或体积法。当保护对象的着火部位是平面时，宜采用面积法；当采用面积法不能做到使所有表面被完全覆盖时，应采用体积法。室内局部应用灭火系统的普通干粉喷射时间不应小于 30s，超细干粉喷射时间不应小于 10s；室外或有复燃危险的室内局部应用灭火系统的普通干粉喷射时间不应小于 60s，超细干粉的喷射时间不应小于 15s。

1）采用面积法设计时，应符合下列规定：

① 保护对象计算面积应取被保护表面的垂直投影面积。

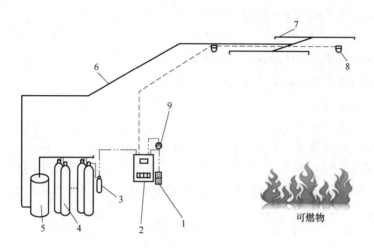

图 5-4　局部应用式干粉灭火系统示意图

1—紧急启/停装置　2—报警控制器　3—启动装置　4—氮气瓶　5—干粉罐
6—干粉输送管　7—干粉喷嘴　8—火灾探测器　9—声光报警器

② 架空型喷头应以喷头的出口至保护对象表面的距离确定其干粉输送速率和相应保护面积；槽边型保护面积应由设计选定的干粉输送速率确定。

③ 干粉设计用量应按式（5-21）计算：

$$m = NQ_i t \tag{5-21}$$

式中　$N$——喷头数量；

　　　$t$——喷射时间（s）；

　　$Q_i$——单个喷头的干粉输送速率（kg/s）。

2）采用体积法设计时，应符合下列规定：

① 保护对象的计算体积应采用假定的封闭罩体积。封闭罩的底面应是实际底面；当封闭罩的侧面及顶部无实际围护结构时，它们至保护对象外缘的距离不应小于 1.5m。

② 干粉设计用量应按以下两式计算：

$$m = V_1 q_v t \tag{5-22}$$

$$q_v = 0.04 - 0.006 A_p A_t \tag{5-23}$$

式中　$V_1$——保护对象的计算体积（m³）；

　　$q_v$——单位体积的喷射速率 [kg/(s·m³)]；

　　$A_p$——假定封闭罩中存在的实体墙等实际围封面面积（m²）；

　　$A_t$——假定封闭罩的侧面围封面面积（m²）。

喷头的布置应使喷射的干粉完全覆盖保护对象，并应满足单位体积的喷射速率和设计用量要求。

此外，为了提高干粉灭火系统的灭火效能，还发展出了脉冲式干粉灭火系统。脉冲干粉灭火系统将灭火剂的存储、释放、自动感应温度启动等功能集于一体，当内设的热启动器感应到外界温度的信号，或者外部连接的控制系统输入启动控制信号时，会瞬间向防护区域喷洒出干粉的灭火装置。该灭火装置由壳体、干粉灭火剂、启动器组成，采用常态无压的形式存储，火灾发生时能自动或人工启动，以脉冲式喷射干粉灭火剂灭火。该装置无需复杂管网支持，既可独立使用，也可联动使用，启动时间小于20s，喷射时间和灭火时间小于1s。

### 5.4.2　移动式干粉灭火装置

移动式干粉灭火装置主要包括手提式、背负式和推车式灭火器，主要利用二氧化碳气体或氮气作动力将筒内的干粉喷出实施灭火。不同火灾场所应选择相应的灭火器，A类火灾场所应选择磷酸铵盐干粉灭火器，B类火灾场所可选择碳酸氢钠和磷酸铵盐干粉灭火器，C类火灾场所可选择磷酸铵盐和碳酸氢钠干粉灭火器，D类火灾场所应选择能扑灭金属火灾的专用D类干粉灭火器，E类火灾场所可选择磷酸铵盐和碳酸氢铵干粉灭火器。此外，在同一灭火器配置场所，当选用两种或两种以上类型的灭火器时，应采用灭火剂相容的灭火器。

**1. 手提式干粉灭火器**

手提式干粉灭火器喷射灭火剂的时间短，有效喷射时间仅为6~15s。手提式干粉灭火器使用时，可手提或肩扛灭火器快速奔赴火场，并在距火源5m左右处选择上风方向对准火焰的根部进行喷射灭火。

**2. 背负式干粉灭火器**

背负式干粉灭火器使用时，应站在距火焰边缘5~6m处，右手紧握干粉枪握把（若为氮气动力，则只能握住木制把手，否则可能被低温气体冻伤），左手扳动转换开关，打开保险机，将喷枪对准火源根部，扣扳机后干粉即可喷出灭火。

**3. 推车式干粉灭火器**

推车式干粉灭火器多为储气瓶式（内挂或外挂），筒体上装有器头护栏，器头上装有压力表。推车式干粉灭火器使用时，将灭火器拉或推到距离现场10m左右的位置，用一手握住喷粉枪，另一手顺势展开喷粉胶管至平直，接着除掉铅封并拔出保险销，用手掌使劲按下供气阀门后扳动喷粉开关，对准火焰左右摆动喷射使干粉笼罩住整个燃烧区域，直至将火扑灭为止。

### 5.4.3　车载式灭火技术装备

车载干粉炮灭火装备主要由消防车动力系统、控制系统、灭火介质驱动与输送系统和干粉炮组成，可用于扑救易燃液体、可燃气体和一般电气火灾。与车载水和泡沫炮灭火设备不同，该设备需要一套气体驱动装置和干粉储存装置。灭火过程中需先开启气体驱动系统，使动力气体通过汇集管以及减压阀后进入干粉罐，当干粉罐的干粉和气体充分混合，混合气体达到工作压力后，开启干粉炮对准火源，即可出粉灭火。具体介绍详见本书第7章。

## 复　习　题

1. 简述干粉灭火剂的分类与组成。
2. 干粉灭火剂的灭火机理有哪些？
3. 干粉灭火剂的主要性能参数有哪些？
4. 超细干粉灭火剂的应用范围有哪些？

5. 超细干粉灭火剂的灭火机理有哪些？

6. 阐述 D 类干粉灭火剂的类型及应用范围。

7. 阐述气溶胶灭火剂的分类及相应的灭火机理。

8. 阐述气溶胶灭火系统的组成及工作原理。

9. 气溶胶灭火剂的使用场所有哪些？

10. 根据灭火方式的不同，干粉灭火系统可以划分为哪些类型？

11. 根据驱动气体不同，干粉灭火系统可以划分为哪些类型？

12. 磷酸铵盐干粉灭火器适用于哪些火灾场所？

# 第6章
## 气体灭火技术

**本章学习目标**

　　教学要求：了解气体灭火剂的分类、灭火机理及应用场景；掌握气体灭火剂的灭火浓度以及灭火用量的计算；在掌握理论计算的基础上，了解常用的气体灭火装置的主要参数和应用场景。

　　重点与难点：气体灭火剂浓度和用量的理论计算。

## 6.1 气体灭火剂概述

　　气体灭火剂是以气体形态进行灭火的物质，主要有卤代烷、二氧化碳、氮气、水蒸气等。气体灭火剂由于具有灭火效能高、灭火时间短、电绝缘性高、清洁无污渍残留等优点，常用于一些特别重要且不宜采用水、泡沫或干粉等灭火剂的精密设备和珍贵物质的火灾扑救。

### 6.1.1 气体灭火剂灭火机理

　　气体灭火剂的灭火机理分为物理灭火和化学灭火两类，其中氮气、二氧化碳、水蒸气和IG541等惰性灭火剂主要以物理作用灭火，而哈龙1211、哈龙1301、七氟丙烷和三氟甲烷主要以化学作用灭火。

　　**1. 化学抑制作用**

　　化学抑制作用主要表现为终止链锁反应。以卤代烷灭火剂为例，当喷射的灭火剂遇高温或火焰时将受热分解，生成的卤素自由基（$X\cdot$）与火焰中的$OH\cdot$、$H\cdot$自由基结合成水、$HX$和$X\cdot$。在燃烧反应中反复生成$X\cdot$而不被消耗，而维持燃烧所必需的$OH\cdot$、$H\cdot$自由基则被迅速消耗掉，使燃烧过程的链式反应终止而灭火。卤素自由基对火焰化学抑制的强弱顺序为：氟＞氯＞溴＞碘。

### 2. 窒息作用

气体灭火剂能够使燃烧物周围迅速充满灭火介质，当灭火介质达到一定浓度时，使燃烧因缺氧窒息而熄灭。

### 3. 惰化作用

当空气中氧含量低于某一值时，燃烧将不能维持，此时的氧含量称为维持燃烧的极限氧含量，而这种通过降低氧浓度的灭火作用称为惰化作用。通常当惰性气体的设计体积分数达到35%～40%时，可将周围空气中氧气的体积分数降至10%～14%，此时燃烧将不能维持。氮气灭火剂和IG541等惰性气体灭火剂的灭火机理主要是惰化灭火作用。

### 4. 冷却作用

气体灭火剂在与高温火焰接触过程中，发生分解反应或相态变化会吸热，喷射出的液态和固态灭火剂在汽化过程中也会吸热，具有一定的冷却作用。

## 6.1.2　气体灭火剂的分类

气体灭火剂按其储存形式可分为压缩气体和液化气体两类，液化气体灭火剂包括哈龙灭火剂及其替代物（卤代烃类灭火剂）和二氧化碳灭火剂。压缩气体灭火剂包括IG01（氩气）、IG100（氮气）、IG55（含氩50%、氮50%体积比）和IG541（含氮50%、氩42%、二氧化碳8%体积比）。

根据灭火剂的种类不同，气体灭火剂还可以分为卤代烷灭火剂和惰性气体灭火剂。

### 1. 卤代烷灭火剂

卤代烷是指烷烃中的部分或全部氢原子被卤素原子取代得到的一类有机化合物的总称。一些低级烷烃的卤代物具有不同程度的灭火作用，称其为卤代物灭火剂，又称哈龙灭火剂。传统卤代烷灭火剂（1301和1211）由于对大气臭氧层有较大的破坏作用，均已停止生产。当前认可使用的卤代物灭火剂为三氟甲烷（HFC-23）、七氟丙烷（HFC-227ea）和六氟丙烷灭火剂，其中七氟丙烷是目前卤代物替代产品中应用最多、技术相对成熟的洁净气体灭火剂。

卤代烷灭火剂主要利用卤素自由基（X·）与火焰中的OH·、H·自由基结合成水、HX和X·，从而抑制燃烧链锁反应，使燃烧中断达到灭火目的。卤代烷灭火剂具有清洁、毒性小、使用期长、灭火效果好等优点，可用于扑救各种易燃可燃气体火灾，甲、乙、丙类液体火灾，可燃固体的表面火灾以及电气设备火灾。

### 2. 惰性气体灭火剂

惰性气体灭火剂是由氦气、氖气、氩气、氮气和二氧化碳中的一种或多种混合而成的灭火剂。氩气、氮气和二氧化碳都属于大气中已经存在的纯自然气体，物理和化学性质稳定，对人体和环境无毒无害，在高温下既不会燃烧，也不会助燃或与其他物质发生化学反应。由于惰性气体灭火剂对保护场所和保护对象没有腐蚀性，同时还具有良好的绝缘性能，灭火后无残留，不会造成二次污染，所以适合于计算机中心、电话交换机中心、精密仪器仪表室、控制室、贵重物品仓库、档案库、图书储藏阅览室等场合的防火保护，也可用于其他有人或无人工作的封闭空间的防火保护。

## 6.1.3　气体灭火剂的特点

气体灭火剂相比于水、干粉和泡沫灭火剂具有明显的优势，但也存在一些难以克服的缺点，这些缺点导致气体灭火剂只能作为其他灭火剂的补充，而不能作为主要灭火剂。

**1. 气体灭火剂优点**

（1）灭火效率高

气体灭火剂能通过气体灭火系统在短时间内充满整个封闭空间并达到灭火浓度，可以扑救位于封闭空间内各处的立体火，具有较高的灭火效率。特别是卤代烷灭火剂能在较低气体浓度下对火灾产生非常强的抑制作用。

（2）灭火速度快

气体灭火剂可以通过气体灭火系统实现自动控制、探测和及时启动，释放后能迅速对燃烧产生抑制作用，将火灾控制在初期阶段。

（3）适用范围广

气体灭火剂可以有效地扑救固体火灾、液体火灾、气体火灾及电气设备火灾，具有较广泛的灭火范围。

（4）无二次污损

气体灭火剂是一种清洁灭火剂，灭火后能很快挥发，对保护对象无任何污损，不存在二次污染。

**2. 气体灭火剂缺点**

气体灭火剂也存在不足之处，主要体现在：

（1）灭火系统投资大

相比于其他固定灭火系统，气体灭火系统一次投资较大。

（2）存在副作用

卤代烷气体灭火剂的使用对环境有较大的影响，如会破坏大气臭氧层，产生温室效应等。此外，某些气体灭火剂本身或在其灭火过程中的分解产物在空间达到一定浓度时，对人体有害，会出现中毒或窒息的现象。

（3）不宜扑灭固体物质深位火灾

由于气体灭火剂的冷却效果较差，而扑灭深位火灾的灭火浓度要远大于扑灭表面火灾的灭火浓度，需要较长的灭火浸渍时间，因此使用气体灭火剂扑救固体深位火灾经济效益较差。

（4）应用限制条件多

气体灭火剂灭火效果不仅取决于气体灭火剂本身，还与防护区域或保护对象是否符合规定的条件有关。受气体灭火剂本身性质的影响，气体灭火剂扑救对有些火灾效果较为理想，而对有些火灾则效果差甚至无效。

## 6.1.4　气体灭火剂的应用范围

气体灭火剂适用于扑救以下火灾：

1）电气火灾。

2）固体表面火灾。

3）液体火灾。

4）灭火前能切断气源的气体火灾。

气体灭火剂不适用于扑救以下火灾：

1）硝化纤维、硝酸钠等氧化剂或含氧化剂的化学制品火灾。

2）钾、镁、钠、钛、锆、铀等活泼金属火灾。

3）氢化钾、氢化钠等金属氢化物火灾。

4）过氧化氢、联胺等能自行分解的化学物质火灾。

5）可燃固体物质的深位火灾。

# 6.2 惰性气体灭火技术

## 6.2.1 惰性气体灭火理论分析

惰性气体灭火剂属于洁净灭火剂，物理和化学性质稳定，喷放后在火灾现场无任何残留且不污染被保护物品，对大气臭氧层无破坏作用，在许多大型保护区和重点保护区被推广使用。惰性气体灭火剂主要通过稀释燃烧反应区的氧气浓度，使氧气浓度低于燃烧所需的最低浓度，以达到灭火的目的。因此，惰性气体的熄灭燃烧机理主要表现为稀释作用和吸热降温作用。

**1. 稀释作用**

惰性气体灭火剂进入燃烧区域后会降低单位体积中可燃物与氧化剂分子的浓度，同时减少分子间的有效碰撞次数，进而有效降低燃烧反应的反应速率、产热速率及温度，使反应区的温度降至熄灭温度以下，其中当氧气浓度低至14%时，扩散燃烧将会停止。

**2. 吸热降温作用**

除了上述稀释作用外，惰性气体进入燃烧反应区后会很快受热使其自身温度上升同时会吸收一些热量，进而表现出一定的冷却作用。惰性气体的吸热量可用下式求出：

$$Q_{惰性} = V_{惰性} \rho_{惰性} c_{p惰性} \Delta T_{中性} \tag{6-1}$$

式中　$V_{惰性}$——供应燃烧区的中性气体体积（$m^3$）；

$\rho_{惰性}$——惰性气体密度（$kg/m^3$）；

$c_{p惰性}$——惰性气体的比热容［$J/(kg \cdot K)$］；

$\Delta T_{中性}$——中性气体与燃烧区的温度差（K）。

可见，投入反应区的惰性气体比热容越大，冷却效果越好。某些惰性气体还能急剧增大气体混合物的热导率以增大吸热量，如氦气便主要通过吸热降温使燃烧熄灭（氦气的热导率是氮气的6倍）。

**3. 惰性气体灭火参数定量分析**

惰性气体灭火剂的灭火效果在很大程度上取决于气体灭火剂的物理化学性质、灭火剂向被保护空间的投放方法、被保护房间的结构、房间气体交换次数等。惰性气体灭火剂（或化学活性抑制剂）的灭火参数分析，通常为以下两种情形：①已知灭火时间，求灭火剂用量；②已知灭火剂用量，求灭火时间。气体灭火系统设计中已知参数有：$V_{房}$——房间体积（$m^3$）；$\alpha_{灭}$——中性气体（化学活性抑制剂）的最低灭火浓度（体积比）；$q_{灭火剂}$——灭火剂流量（L/s）或 $t_{灭}$（s）——灭火时间。

气体灭火系统中灭火剂用量计算即求出在规定灭火时间 $t_{灭}$ 内能保证灭火的秒流量 $q_{灭火剂}$。假设向房间内供给惰性气体时灭火剂不流失，则所用的惰性气体的体积可表示为：

$V_灭 = V_房 \alpha_灭$。由于 $t_灭$ 已知，所以所需的惰性气体流量为：

$$q_{灭火剂} = \frac{V_灭}{t_灭} \tag{6-2}$$

也可表示下式：

$$q_{灭火剂} = \frac{V_房}{t_灭} \alpha_灭 \tag{6-3}$$

如已知灭火剂用量，则灭火时间可表示如下：

$$t_灭 = \frac{V_房}{q_{灭火剂}} \alpha_灭 \tag{6-4}$$

但以上简化公式计算没考虑惰性气体或化学抑制剂灭火过程中所出现的许多物理现象，如在被保护房间内惰性气体或化学抑制剂与空气混合的均匀性、供给气体流失的不可避免性等。在实际火灾中供给房间的中性气体存在流失问题，因此计算中应考虑惰性气体通过房间的不严之处或孔洞处的流失。假设向房间内供给中性气体时（图 6-1），房间内的压力不上升（等于大气压），而且惰性气体与室内空气瞬间均匀混合。

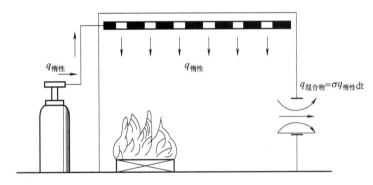

$q_{惰性}$    $q_{惰性}$    $q_{混合物} = \sigma q_{惰性} dt$

图 6-1　惰性气体和化学抑制剂需要量计算示意

灭火任何时间内施加给房间的惰性气体灭火流量的表述方程式如下：

$$\Delta q_灭 = q_灭 - q_灭^{排出} \tag{6-5}$$

式中，$q_灭^{排出}$ 为房间内与空气一起被排出的中性气体秒流量（L/s），与气体混合物中惰性气体浓度 $\alpha_i$ 的变动值成正比。

当排出流量为 $q_混$，$q_灭^{排出}$ 可表示如下：

$$q_灭^{排出} = \alpha_i q_混 \tag{6-6}$$

式中　$q_混$——在单位时间里由房间排出的气体混合物体积；

　　　$\alpha_i$——房间内任一时间内惰性气体浓度（体积比）。

$\Delta q_灭$ 增大使得房间内惰性气体浓度升高而达到灭火浓度 $\alpha_灭$，房间内惰性气体浓度在时间上的变化量 $d\alpha/dt$ 可表示如下：

$$\frac{d\alpha}{dt} = \frac{\Delta q_灭}{V_房} = \frac{q_灭 - q_灭^{排出}}{V_房} \tag{6-7}$$

或：

$$\frac{d\alpha}{dt} = \frac{1}{V_房}(q_灭 - \alpha q_混) \tag{6-8}$$

$q_混 = q_灭$，因此上式可表示如下：

$$\frac{\mathrm{d}\alpha}{\mathrm{d}t} = \frac{1}{V_房}(q_灭 - \alpha q_灭) \tag{6-9}$$

或者：

$$\frac{\mathrm{d}\alpha}{\mathrm{d}t} = \frac{q_灭}{V_房}(1 - \alpha) \tag{6-10}$$

对上式进行变数分离后得到：

$$\frac{\mathrm{d}\alpha}{1 - \alpha} = \frac{q_灭}{V_房}\mathrm{d}t \tag{6-11}$$

在灭火时间内，由开始供给惰性气体 $\alpha = 0$ 到 $\alpha = \alpha_灭$，定积分后得：

$$t_灭 = \frac{V_房}{q_灭}\ln\frac{1}{1 - \alpha_灭} \tag{6-12}$$

上式为灭火时间的计算式，它同灭火气体的秒流量 $q_灭$、灭火浓度 $\alpha_灭$ 和房间体积（考虑供给惰性气体过程中，灭火剂由房间流失的情况）有关。

灭火时间 $t_灭$ 确定后，可以计算扑灭房间火灾所需要的惰性气体储备量：

$$G_灭 = V_房\rho_灭\ln\frac{1}{1 - \alpha_灭} \tag{6-13}$$

$$V_房 = \frac{q_灭 t_灭}{\ln\dfrac{1}{1 - \alpha_灭}} \tag{6-14}$$

但在实际中，灭火剂很难均匀地洒向房间的整个空间中，所以计算公式要附加修正系数 $k_1$ 和 $k_2$：

$$G_灭 = k_1 k_2 V_房\ln\frac{1}{1 - \alpha_灭}\rho_灭 \tag{6-15}$$

式中　$k_1$——修正系数，考虑灭火剂洒布在房间内的不均匀性（$k_1 > 1$）；

　　　$k_2$——储备系数（$k_2 > 1$）。

通过容量控制系统可减小灭火系统灭火剂的用量，此系统将房间内部根据火灾危险区域分解为若干部分，灭火剂用量与各被保护区域中最大区域的体积成正比。

## 6.2.2　氮气灭火技术

### 1. 概述

氮气的分子式为 $N_2$，相对分子质量为 28，沸点为 $-195.8℃$，气体密度（20℃）为 $1251\mathrm{kg/m^3}$。氮气灭火剂主要应用于变压器的火灾扑救以及作为其他气体灭火系统的加压气体，其中氮气灭火系统又称为"排油搅拌防火系统"。氮气灭火剂具有以下特点：

1）无色、无味且不导电。

2）无毒、无腐蚀且化学性质稳定，不参与燃烧反应。

3）臭氧的耗损潜能值（ODP）和全球温室效应影响值（GWP）均为 0。

4）灭火过程中不分解且不留痕迹，对精密仪器设备无损害。

5）氮气需要以高压形式储存在气体钢瓶中。

6）氮气密度与空气近似，在密闭空间中能比哈龙更好地维持灭火浓度。

7）氮气具有窒息性，必须考虑人的健康和安全问题。

**2. 灭火机理**

对于大多数可燃物而言，只要空气中氧浓度下降到 12% ~ 14% 以下时，燃烧就会终止。将氮气注入着火区域，氮气的体积分数达到 35% ~ 50% 时，着火区域中的氧含量（体积分数）将降低至 10% ~ 14%，即可达到窒息灭火的目的。

**3. 应用范围**

氮气可用于扑救 A、B、C 和 D 类火灾，适宜扑救地下仓库、地铁、铁路隧道、控制室、计算机房、图书馆、通信设备、变电站、重点文物保护区等场所的火灾。氮气来源广泛、价格低廉，但使用氮气灭火时会降低着火区的氧含量。因此，氮气灭火剂主要适用于无人或人员较少且能快速撤出的场所。

**4. 氮气灭火系统**

固定式氮气灭火系统主要适用于计算机房、图书馆、通信设备、变电站、重点文物等保护区。由于氮气主要通过窒息灭火，为了在规定的时间内达到设计的灭火浓度，需要喷嘴出口处保持着较大的压力。固定氮气灭火系统使用钢瓶作为灭火剂容器时，需要有较高的储存压力，也要求管道能承受较大的压力。同时温度升高会引起压力升高，使灭火剂泄漏量增大导致应用成本增加。为解决上述问题，可采用制氮机代替钢瓶储气作为氮气灭火剂的来源，并通过自动控制系统使制氮机与火灾探测系统相连接。当火灾探测器发现火情后，通过自动控制系统启动制氮机，可直接从空气中将氮气分离出来，通过管网输送到喷嘴处，实现灭火的目的。制氮机的应用避免了高压储瓶的使用，消除了使用高压储瓶所存在的安全隐患，在一次灭火后也无需填充灭火剂。同时，由于管网有动力供应，只需要计算管网沿程阻力，而无需考虑储气瓶压力降低对管网压力的影响，降低了管网计算的复杂程度。

## 6.2.3　水蒸气灭火技术

**1. 概述**

水不仅在液态时能够灭火，在气态时的灭火效果也非常理想。水蒸气是不燃性惰性气体，通过稀释或置换燃烧区内的可燃气体和助燃气体（氧气），使可燃气体浓度低于燃烧下限或使空气中氧浓度降低，不足以维持燃烧而使燃烧熄灭。水蒸气灭火剂具有以下特点：

1）水蒸气本身具有一定的热焓，灭火时不会像水、泡沫等灭火剂那样对高温设备产生骤冷的破坏应力，故常用水蒸气扑救高温设备火灾。

2）水蒸气灭火后不留痕迹，对被保护设备、器材及物质无污染，但冷却水仍有一定的水渍污染。

3）水蒸气的灭火效率比其他气体灭火剂低，在许多场合被二氧化碳等气体灭火剂取代。

4）水蒸气冷却作用小，不宜扑灭体积和面积较大的火灾。

**2. 灭火机理**

水蒸气是物理灭火剂，其灭火机理主要是通过稀释燃烧区内可燃物蒸气浓度和降低燃烧区的含氧量，减少空气中氧气的浓度。水蒸气还能增加气体燃烧产物的热容，降低火焰温度，当水蒸气在燃烧区的体积分数超过 35% 时即可使燃烧熄灭。

**3. 适用范围**

水蒸气灭火剂主要应用于以下场景的火灾扑救：

1）甲、乙、丙类液体火灾，如烃类（包括汽油、煤油、柴油等油品）、醇类、酮类、苯及其他有机溶剂火灾。

2）可燃气体火灾，如甲烷、乙烷、城市燃气等各种气体火灾。

3）电气设备火灾，如发电机、变压器等电气设备及电子设备火灾。

4）可燃固体物质的表面火灾，如纸张、木材、织物等的表面火灾。

水蒸气灭火剂不适用于以下火灾扑救：

1）水蒸气灭火冷却后仍有一定的水渍污染，故不能用于扑救精密仪表、文物档案及其他贵重物品火灾。

2）遇水蒸气发生剧烈化学反应和爆炸事故的生产工艺装置和设备，如氧化硫设备，不能采用水蒸气灭火。

**4. 水蒸气灭火系统**

（1）根据灭火方式不同分类

根据灭火方式的不同，水蒸气灭火系统可分为全淹没式灭火系统和局部应用式灭火系统。

1）全淹没式水蒸气灭火系统。全淹没式水蒸气灭火系统是通过在防护区内迅速增加水蒸气浓度使之达到灭火浓度实现灭火。在石油化工的生产厂房、油品库房及油泵房等处存在大量使用易燃可燃液体和可燃气体的设备，该类设备常处于高温、高压下运转，一旦发生事故，易燃可燃液体及可燃气体会迅速扩散到整个空间。若要消除可燃气体与空气形成的爆炸性混合物或迅速及时地扑灭初期火灾，可设置全淹没式水蒸气灭火系统，用水蒸气稀释爆炸性混合物或用水蒸气扑救初期火灾，是一种既经济又有效的灭火方法。

2）局部应用式水蒸气灭火系统。局部应用式水蒸气灭火系统用于保护某一局部区域或设备，采用直接喷射灭火方式，利用水蒸气的机械冲击力量吹散可燃气体，并瞬间在火焰周围形成水蒸气层以扑灭火灾。石油化工厂露天生产装置区的加热炉、炼制塔、反应锅、中间储罐等设备，存在大量的易燃可燃液体和可燃气体，有些设备处于高温、高压条件，一旦泄漏就可能发生火灾。为了防止泄漏的可燃气体发生火灾并阻止火势蔓延，可设置局部应用式水蒸气灭火系统。

（2）根据设备安装情况不同分类

根据设备安装情况不同，水蒸气灭火系统可以分为固定式蒸汽灭火系统和半固定式蒸汽灭火系统。

1）固定式蒸汽灭火系统。固定式蒸汽灭火系统多采用全淹没灭火方式，常用于扑灭生产厂房、油泵房、游船舱室、甲苯泵房等整个空间或舱室的火灾。对建筑物容积不大于 $500m^3$ 的保护空间，灭火效果较为理想。固定式蒸汽灭火系统一般由蒸汽源、输气干管、支管、配气管等组成，蒸汽源一般为生产或生活蒸汽锅炉，配气管通过其上均匀开设的系列小孔释放出蒸汽灭火。

2）半固定式蒸汽灭火系统。半固定式蒸汽灭火系统用于扑灭局部区域的火灾，属于局部应用系统，设置场合有露天装置区的高大炼制塔、地上式可燃液体储罐、车间内局部的油品设备等。该灭火系统用于扑灭闪点大于 45℃ 且罐体未破裂的可燃液体储罐火灾，具有良好的灭火效果。因此，地上式可燃液体（不包括润滑油）储罐区宜设置半固定式蒸汽灭火系统。半固定式蒸汽灭火系统由蒸汽源、输气干管、支管、接口短管组成。发生火灾时，将软管接到接口上由人操作水蒸气喷枪实施灭火。

**5. 水蒸气灭火系统的设计参数**

（1）水蒸气的灭火浓度

水蒸气灭火浓度指在防护区空间水蒸气灭火所要求的最小体积百分比。水蒸气灭火属于物理灭火作用，即通过降低空气中的氧含量，产生窒息作用实现灭火。因此，汽油、煤油、柴油和原油等的蒸汽灭火浓度不宜小于 35%，即每立方米燃烧区空间内应有不少于 281.25g 蒸汽（在一个大气压下），考虑到蒸汽的损耗，一般要求水蒸气灭火浓度不小于 284g/m³。

（2）水蒸气的供给强度

水蒸气释放应满足供给强度的要求，使得防护空间内的灭火水蒸气在较短的时间内达到灭火浓度，及时扑灭初期火灾，并弥补水蒸气冷凝成小水滴造成的损失。水蒸气灭火延续时间不宜超过 3min，因此水蒸气供给强度计算如下：

$$q = \frac{284}{3 \times 60} \text{g}/(\text{s} \cdot \text{m}^3) = 1.58\text{g}/(\text{s} \cdot \text{m}^3) = 0.00158\text{kg}/(\text{s} \cdot \text{m}^3)$$

值得注意的是，水蒸气灭火效果受周围环境影响很大，房间密封状况不好或房间空间较大时，水蒸气的灭火效果会相应下降，此时应提高水蒸气的供给强度。

（3）水蒸气延续供给时间

水蒸气延续供给时间一般按 3min 考虑，即应在 3min 内使燃烧空间的蒸汽量达到灭火浓度。

（4）水蒸气灭火系统的压力

水蒸气灭火系统的压力（水蒸气分配箱的压力）应保证配气管上的喷气孔出口的压力要求。由于水蒸气灭火系统的管道较短，只要管径确定合适，蒸汽源的压力一般都能满足要求。

当用水蒸气扑救甲、乙、丙类液体火灾时，要防止高温蒸汽流直接冲击燃烧液体，以避免火灾扩大。这时需要增大阻力，使水蒸气压力不要过高且要降低水蒸气喷出时的流速。

**6. 水蒸气灭火系统灭火剂用量的确定**

（1）理论设计水蒸气灭火剂用量计算

一般情况下，灭火浓度可由下式确定：

$$W_1 = 0.284V \tag{6-16}$$

式中　$W_1$——灭火最小蒸汽量（kg）；

　　　$V$——室内空间体积（m³）。

（2）实际灭火水蒸气用量计算

实际水蒸气用量可按下式计算：

$$W_s = q_z t_z V \tag{6-17}$$

式中　$W_s$——实际灭火水蒸气用量（kg）；

　　　$q_z$——水蒸气供给强度[kg/(s·m³)]；

　　　$t_z$——水蒸气延续供给时间（s）；

　　　$V$——防护空间体积（m³）。

### 6.2.4 IG541 灭火技术

**1. 概述**

IG541 灭火剂是由 52% 氮气、40% 氩气和 8% 二氧化碳组成，密度略大于空气。IG541 的化学性质稳定，既不支持燃烧又不与大部分物质发生反应。IG541 灭火剂是一种无毒、无色、无味、惰性、不导电的纯"绿色"压缩气体，具有来源丰富、无腐蚀性气体、无臭氧耗损潜能值、不会产生"温室效应"以及不产生长久影响大气寿命的化学物质等优点，是一种较为理想的环保型灭火剂。

**2. 灭火机理**

IG541 主要是通过降低防护区内的氧气浓度（空气由正常氧浓度 21% 降至灭火氧浓度 12.5%），使其不能维持燃烧而达到灭火的目的，应用方式为全淹没式灭火。

**3. 应用范围**

该灭火系统适用于保护封闭空间的场所，其典型火灾危险性场所如下：

1）电气和电子设备室。

2）通信设备室。

3）国家保护文物中的金属、纸绢质制品和音像档案库。

4）易燃和可燃液体储存间。

5）喷放灭火剂之前可切断可燃、助燃气体气源的可燃气体火灾危险场所。

6）经常有人工作的防护区。

**4. IG541 灭火系统灭火剂用量的确定**

（1）IG541 设计用量

IG541 灭火剂采用全淹没灭火方式，其灭火设计用量或惰化设计用量应按照下式计算：

$$W = K \frac{V}{S} \ln \frac{100}{(100 - c_1)} \tag{6-18}$$

式中　$W$——灭火设计用量或惰化设计用量（kg）；

　　　$c_1$——灭火设计体积分数或惰化设计体积分数（%）；

　　　$V$——防护区净容积（m³）；

　　　$K$——海拔修正系数，见表 6-1；

　　　$S$——灭火剂在 101kPa 大气压和防护区最低环境温度下的质量体积（m³/kg）。

灭火剂的质量体积 $S$ 可按以下经验公式计算：

$$S = 0.6575 + 0.0024T \tag{6-19}$$

式中　$T$——防护区最低环境温度（℃）。

表 6-1　海拔修正系数

| 海拔/m | 修正系数 $K$ | 海拔/m | 修正系数 $K$ |
|---|---|---|---|
| -1000 | 1.130 | 2500 | 0.735 |
| 0 | 1.000 | 3000 | 0.690 |
| 1000 | 0.885 | 3500 | 0.650 |
| 1500 | 0.830 | 4000 | 0.610 |
| 2000 | 0.785 | 4500 | 0.565 |

（2）灭火设计浓度

IG541 的灭火设计浓度应不小于其灭火浓度的 1.3 倍，惰化设计浓度应不小于惰化浓度的 1.1 倍。一般固体表面火灾的灭火浓度为 28.1%，其他可燃物的 IG541 混合气体灭火浓度见表 6-2，惰化浓度见表 6-3。

表 6-2 IG541 混合气体灭火浓度

| 可燃物 | 灭火浓度（%） | 可燃物 | 灭火浓度（%） |
| --- | --- | --- | --- |
| 甲烷 | 15.4 | 丙酮 | 30.3 |
| 乙烷 | 29.5 | 丁酮 | 35.8 |
| 丙烷 | 32.3 | 甲基异丁酮 | 32.3 |
| 戊烷 | 37.2 | 环己酮 | 42.1 |
| 庚烷 | 31.1 | 甲醇 | 44.2 |
| 正庚烷 | 31.0 | 乙醇 | 35.0 |
| 辛烷 | 35.8 | 1-丁醇 | 37.2 |
| 乙烯 | 42.1 | 异丁醇 | 28.3 |
| 二乙醚 | 34.9 | 普通汽油 | 35.8 |
| 石油醚 | 35.0 | 航空汽油 100 | 29.5 |
| 甲苯 | 25.0 | 2 号柴油 | 35.8 |

表 6-3 IG541 混合气体惰化浓度

| 可燃物 | 甲烷 | 丙烷 |
| --- | --- | --- |
| 惰化浓度（%） | 43.0 | 49.0 |

（3）剩余量

IG541 灭火系统的剩余量应按下式计算：

$$W_s \geq 2.7V_0 + 2.0V_p \tag{6-20}$$

式中　$W_s$——系统灭火剂剩余量（kg）；

　　　$V_0$——系统全部储存容器的总容积（$m^3$）；

　　　$V_p$——管网的管道内容积（$m^3$）。

（4）系统储存量

IG541 灭火系统的储存量应为防护区灭火设计用量及系统剩余量之和。可按下式进行计算：

$$W_c = W + W_s \tag{6-21}$$

式中　$W_c$——系统储存量（kg）。

## 6.2.5 二氧化碳灭火技术

**1. 概述**

二氧化碳是一种无色、无味、不导电、性能稳定、便于装罐和储存，能扑救多种火灾的洁净气体灭火剂。二氧化碳灭火剂适用于扑救气体火灾，甲、乙、丙类液体火灾，电气设备、精密仪器及贵重设备火灾，图书档案火灾和一般固体物质火灾。常温常压下，纯净的二氧化碳是一种无色无味的气体，表6-4为二氧化碳灭火剂的物理性能指标。

表6-4  二氧化碳灭火剂的物理性能指标

| 内　容 | 指　标 | 内　容 | 指　标 |
|---|---|---|---|
| 分子式 | $CO_2$ | 临界容积/($m^3$/kg) | 0.51 |
| 相对分子质量 | 44.01 | 临界密度/(kg/$m^3$) | 0.46 |
| 升华点/℃ | -78.5 | 气体密度（0℃）/(g/L) | 1.977 |
| 熔点/℃ | -56.6 | 液体密度（20℃）/(g/L) | 0.766 |
| 临界温度/℃ | 31.35 | 蒸气压/Pa | $56.8 \times 10^5$ |
| 临界压力/MPa | 7.395 | 汽化潜热（沸点时）/(J/g) | 577.67 |

**2. 灭火机理**

二氧化碳灭火剂的灭火机理包括冷却作用和窒息作用，其中以窒息灭火为主。灭火所用的二氧化碳是以液态的形式加压充装在灭火器中，而液态二氧化碳从灭火器喷出立即汽化会吸收大量的热量，其中1kg液态二氧化碳汽化时需吸收578kJ热量，具有较好的冷却降温作用。由于汽化吸收热的原因，液态二氧化碳从灭火器里喷出后会立即变成干冰，干冰遇热后升华为气态二氧化碳还会吸收大量的热量冷却可燃物表面。液态二氧化碳挥发成气体过程中体积会扩大760倍，能有效稀释空气中的氧浓度，使其达到燃烧的最低氧浓度以下而产生窒息作用，使火焰熄灭。

**3. 应用范围**

二氧化碳灭火剂常用于以下场所：

1）液体火灾或石蜡、沥青等可熔化固体的火灾。

2）气体火灾。

3）固体表面火灾及棉布、织物、纸张等部分固体深位火灾。

4）600V以下的各种电气设备火灾。

二氧化碳灭火剂不适用于以下场所：

1）灭火浓度要求高（扑救火灾时需要34%～75%灭火浓度）的场所。

2）硝化纤维、火药等含氧化剂的化学制品火灾。

3）钾、钠、镁等活泼金属火灾（二氧化碳与这些活泼金属会发生反应）。

4）氢化钾、氢化钠等金属氢化物火灾。

**4. 二氧化碳灭火系统灭火剂用量的确定**

针对保护系统的不同，二氧化碳灭火系统主要采用全淹没灭火方式和局部应用灭火方式，其中全淹没灭火方式需要保护对象有较好的封闭条件。二氧化碳灭火系统主要由灭火剂储气瓶组、驱动装置、液体单向阀、气体单向阀、选择阀、集流管、连接管、安全泄放装置、信号反馈装置、检漏装置、控制盘等组成。灭火系统操作应具有自动控制、电气手动控制和机械应急启动功能。

（1）防护区的划分

防护区是指满足全淹没灭火系统要求的有限封闭空间。设置全淹没气体灭火系统保护的场所，二氧化碳灭火体系防护区设置应满足以下要求：①两个或两个以上的防护区采用组合分配系统时，一个组合分配系统所保护的防护区不应超过 8 个；②组合分配系统的灭火剂储存量应按储存量最大的防护区确定。

（2）防护区泄压口面积

二氧化碳灭火系统防护区泄压口面积可按下式计算：

$$A_x = k \frac{Q_t}{\sqrt{p_t}} \tag{6-22}$$

式中　$k$——泄压系数，此处取 0.0076；

　　$A_x$——泄压口面积（$m^2$）；

　　$Q_t$——二氧化碳喷射率（kg/min）；

　　$p_t$——围护结构的允许强度（Pa）。

【例 6-1】　某防护区围护结构的允许压强为 1.1kPa，二氧化碳喷射率为 150kg/min，求泄压口面积。

【解】

$$A_x = k \frac{Q_t}{\sqrt{p_t}} = 0.0076 \times \frac{150}{\sqrt{1100}} m^2 = 0.034 m^2$$

泄压口面积应为 $0.034 m^2$，当防护区设有防爆泄压孔或门窗缝隙没设密封条时，可不单独设置泄压口。

（3）全淹没二氧化碳灭火系统灭火剂用量

全淹没二氧化碳灭火系统灭火剂用量包括设计用量和剩余用量。

1）设计用量计算。全淹没二氧化碳灭火系统的灭火剂设计用量应按下式计算：

$$W = K_b(0.2A + 0.7V) \tag{6-23}$$

其中：

$$A = A_V + 30A_0 \tag{6-24}$$

$$V = V_V - V_g \tag{6-25}$$

式中　$W$——全淹没二氧化碳灭火系统灭火剂的设计用量（kg）；

　　$K_b$——物质系数；

　　$A$——折算面积（$m^2$）；

　　$A_V$——防护区的内侧、底面、顶面的总面积（包括其中的开口）（$m^2$）；

　　$A_0$——开口总面积（$m^2$）；

　　$V$——防护区的净容积（$m^3$）；

　　$V_V$——防护区容积（$m^3$）；

　　$V_g$——防护区内非燃烧体和难燃烧体的总体积（$m^3$）。

式（6-23）是二氧化碳设计用量基本计算公式，包括了灭火用量和开口流失补偿量。上述公式中，系数 0.2 是二氧化碳设计用量的面积系数（单位为 $kg/m^2$），系数 0.7 是二氧化碳设计用量的体积系数（单位为 $kg/m^3$），系数 30 是开口面积的补偿系数。物质系数 $K_b$ 是二氧化碳设计浓度（指体积分数）与其基本设计浓度之间的换算系数，用下式表示：

$$K_{\mathrm{b}} = \frac{\ln(1 - \phi)}{\ln(1 - 0.34)} \tag{6-26}$$

式中　$\phi$——该物质的二氧化碳设计浓度。

二氧化碳的设计浓度不应小于灭火浓度的 1.7 倍，且不得低于 34%。当防护区存在两种或两种以上的可燃物时，该防护区的二氧化碳设计浓度应按这些可燃物中最大的考虑。

另外，防护区的环境温度对二氧化碳设计用量也有影响，当防护区环境温度超过 100℃时，二氧化碳设计用量应在式（6-23）计算值的基础上，每超过 5℃增加 2%；当防护区环境温度低于 -20℃时，二氧化碳设计用量应在式（6-23）计算值的基础上，每降低 1℃增加 2%。

2）剩余量计算。全淹没二氧化碳灭火系统的剩余量见系统剩余量。

（4）局部应用二氧化碳灭火系统灭火剂用量计算

局部应用二氧化碳灭火剂用量包括设计用量、管道蒸发量和剩余量。

1）设计用量。局部应用二氧化碳灭火系统灭火剂设计用量计算可采用面积计算法或体积计算法。当保护对象的着火部位是比较平直的表面时，宜采用面积计算法；当火对象为不规则的物体时，应采用体积计算法。

① 面积计算法。当保护对象为油盘等液体火灾时，局部应用灭火系统宜采用面积计算法设计，二氧化碳灭火剂设计用量可按照下式计算：

$$W = NQ_i t \tag{6-27}$$

式中　$W$——二氧化碳灭火剂设计用量（kg）；

　　　$N$——喷头数量；

　　　$Q_i$——单个喷头设计流量（kg/min）；

　　　$t$——二氧化碳灭火剂喷射时间（min）。

局部应用灭火系统的二氧化碳灭火剂喷射时间不应小于 0.5min；对于燃点温度低于沸点温度的液体和可熔化固体的火灾，二氧化碳喷射时间不应小于 1.5min。

② 体积计算法。当保护对象为变压器及其类似物体时，局部应用灭火系统宜采用体积计算法设计，二氧化碳灭火剂设计用量可按照下式计算：

$$W = V_1 q_V t \tag{6-28}$$

式中　$W$——二氧化碳灭火剂设计用量（kg）；

　　　$V_1$——保护对象的计算体积（m³）；

　　　$q_V$——二氧化碳灭火剂单位体积喷射率 [kg/(min·m³)]；可按下式计算：

$$q_V = k_{\mathrm{b}} \left( 16 - \frac{12A_{\mathrm{p}}}{A_{\mathrm{t}}} \right) \tag{6-29}$$

式中　$A_{\mathrm{t}}$——假定的封闭罩侧面围封面面积（m²）；

　　　$A_{\mathrm{p}}$——在假定的封闭罩中存在的实体墙等实际围封面的面积（m²）。

保护对象的计算体积应采用设定的封闭罩体积。封闭罩体积为假想将保护对象包围起来的设定空间，其封闭面为实体面或想定面。在确定时，封闭罩的底应为保护对象下边的实际地面，各个侧面和顶面为与保护对象距离不小于 0.6m 的想定面，在这个设定空间内的物体体积不能被扣除。

**【例6-2】** 对一外部尺寸为 2.7m×2.5m×2.8m 的油浸电力变压器，设有局部应用二氧化碳灭火系统，求该系统二氧化碳灭火剂设计用量。

**【解】** 由于油浸电力变压器形状不规则，故采用体积计算法。

计算体积为：

$$V = (2.7 + 0.6 \times 2) \times (2.5 + 0.6 \times 2) \times (2.8 + 0.6) \, \text{m}^3 = 49.6 \, \text{m}^3$$

油浸电力变压器的物质系数为 2，设定封闭罩内存在的实际围封面体积 $A_p = 0$，则二氧化碳体积喷射率：

$$q_V = k_b \left( 16 - \frac{12 A_p}{A_t} \right) = 2 \times (16 - 0) \, \text{kg/(min} \cdot \text{m}^3) = 32 \, \text{kg/(min} \cdot \text{m}^3)$$

二氧化碳的喷射时间：

$$t = 0.5 \, \text{min}$$

故二氧化碳的设计用量：

$$W = V_1 q_V t = 49.06 \times 32 \times 0.5 \, \text{kg} = 784.96 \, \text{kg}$$

2）二氧化碳管道蒸发量。当管道敷设在环境温度超过 45℃ 的场所且无绝热层保护时，应考虑二氧化碳在管道中的蒸发量。因为对于局部应用二氧化碳灭火系统，只有液体和固态二氧化碳才能有效地灭火。二氧化碳在管道中的蒸发量可按下式计算：

$$W_v = \frac{W_g c_p (T_1 - T_2)}{H} \tag{6-30}$$

式中　$W_v$——二氧化碳在管道中的蒸发量（kg）；

　　　$W_g$——受热管道的质量（kg）；

　　　$c_p$——管道金属材料的比热容 [kJ/(kg·℃)]，钢管可取值 0.46kJ/(kg·℃)；

　　　$T_1$——二氧化碳喷射前管道的平均温度（℃），可取环境平均温度；

　　　$T_2$——二氧化碳的平均温度（℃），高压系统可取 15.5℃，低压系统可取 -20.6℃；

　　　$H$——二氧化碳的汽化潜热（kJ/kg），高压系统可取 150.7kJ/kg，低压系统可取 276.3kJ/kg。

3）系统剩余量。二氧化碳灭火系统的剩余量指在灭火剂喷射时间内不能释放到防护区空间而残留在灭火系统中的灭火剂量，包括灭火剂储存容器剩余量和管道剩余量两部分。

① 喷射时间结束时残留在储存容器内的灭火剂量可按下式计算：

$$W_s = \rho V_d \tag{6-31}$$

式中　$W_s$——储存容器内灭火剂剩余量（kg）；

　　　$\rho$——灭火剂液态密度（kg/m³）；

　　　$V_d$——储存容器导液管入口以下部分容器的容积（m³）。

② 管道内的剩余量按低压系统和高压系统分别计算。高压二氧化碳灭火系统管道内剩余量可视为零，不予考虑；低压二氧化碳灭火系统管道内的剩余量可按下式计算：

$$W_r = \sum \rho_i V_i \tag{6-32}$$

式中　$W_r$——低压二氧化碳灭火系统管道内的二氧化碳剩余量（kg）；

$\rho_i$——第 $i$ 段管道内二氧化碳平均密度（kg/m³）；

$V_i$——管网内第 $i$ 段管道的容积（m³）。

（5）二氧化碳灭火剂储存量

二氧化碳灭火系统的灭火剂储存量应为设计用量、管道蒸发量和剩余量之和，可按下式计算：

$$W_c = K_m W + W_v + W_s + W_r \tag{6-33}$$

式中  $W_c$——二氧化碳灭火系统灭火剂储存量（kg）；

$W$——二氧化碳灭火系统灭火剂设计用量（kg）；

$K_m$——裕度系数，全淹没式灭火系统取 1、局部应用式灭火系统中高压系统取 1.4、低压系统取 1.1；

$W_v$——二氧化碳在管道中的蒸发量（kg），高压全淹没系统取 0kg；

$W_s$——储存容器内的二氧化碳剩余量（kg），高压系统取 0kg；

$W_r$——管道内的二氧化碳剩余量（kg），高压系统取 0kg。

# 6.3 七氟丙烷灭火技术

## 6.3.1 概述

七氟丙烷灭火剂是一种无色无味的气体，化学分子式为 $CF_3CHFCF_3$，分子量为 170，密度约为空气的 6 倍，采用高压液化储存。七氟丙烷灭火剂不导电、不破坏臭氧层，在常温下可加压液化，灭火后无残留物。七氟丙烷属于新型高效低毒灭火剂，灭火浓度低（8%～10%），可用于扑救固体表面火灾、液体火灾、气体火灾及电气火灾，可用于保护经常有人的场所。

## 6.3.2 灭火机理

七氟丙烷的灭火机理包括冷却作用和化学抑制作用，其中以化学抑制作用为主。七氟丙烷的汽化潜热大，在汽化过程中会吸收大量的热量，同时七氟丙烷受热分解也要吸收大量的热量，因此表现出较好的冷却效果。此外，七氟丙烷在火场中分解出的活性自由基能有效消除维持燃烧所必需的自由基，使燃烧过程的链锁反应中断而灭火。

## 6.3.3 适用范围

七氟丙烷主要适用于保护数据中心、电信通信设施、过程控制室、高价值的工业设备区、图书馆、博物馆、美术馆、易燃液体储存区等场所，但不适用于扑救钠、钾、镁、钛、锆、铀和钚等活泼金属火灾以及金属氧化物火灾。

## 6.3.4 七氟丙烷灭火系统灭火剂用量的确定

### 1. 七氟丙烷设计用量或惰化设计用量

七氟丙烷属于全淹没式灭火系统，其灭火设计用量或惰化设计用量应按照下式计算：

$$W = K \frac{V}{S} \frac{C_1}{(100 - C_1)} \tag{6-34}$$

式中　W——灭火设计用量或惰化设计用量（kg）；

　　　K——海拔修正系数，见表6-1；

　　　$C_1$——灭火设计浓度或惰化设计浓度（%）；

　　　V——防护区净容积（$m^3$）；

　　　S——灭火剂过热蒸气在101kPa大气压和防护区最低环境温度下的质量体积（$m^3/kg$）。

　　　　可按下式计算：

$$S = 0.1269 + 0.000513T \tag{6-35}$$

式中　T——防护区最低环境温度（℃）。

**2. 七氟丙烷灭火设计浓度**

七氟丙烷灭火系统的灭火设计浓度不应小于灭火浓度的1.3倍，惰化设计浓度不应小于惰化浓度的1.1倍。七氟丙烷灭火剂的灭火浓度及惰化浓度见表6-5和表6-6。此外，当防护区内存有两种及以上可燃物时，防护区的灭火设计浓度应采用可燃物中最大的灭火剂设计浓度。

表6-5　七氟丙烷灭火剂的灭火浓度

| 可 燃 物 | 灭火浓度（%） | 可 燃 物 | 灭火浓度（%） |
|---|---|---|---|
| 甲烷 | 6.2 | 异丙醇 | 7.3 |
| 乙烷 | 7.5 | 丁醇 | 7.1 |
| 丙烷 | 6.3 | 甲乙酮 | 6.7 |
| 庚烷 | 5.8 | 甲基异丁酮 | 6.6 |
| 正庚烷 | 6.5 | 丙酮 | 6.5 |
| 硝基甲烷 | 10.1 | 环戊酮 | 6.7 |
| 甲苯 | 5.1 | 四氢呋喃 | 7.2 |
| 二甲苯 | 5.3 | 吗啡 | 7.3 |
| 乙腈 | 3.7 | 汽油（无铅、7.8%乙醇） | 6.5 |
| 甲醇 | 9.9 | 航空燃料汽油 | 6.7 |
| 乙醇 | 7.6 | 2号柴油 | 6.7 |
| 乙二醇 | 7.8 | 变压器油 | 6.9 |

表6-6　七氟丙烷灭火剂的惰化浓度

| 可 燃 物 | 惰化浓度（%） |
|---|---|
| 甲烷 | 8.0 |
| 二氯甲烷 | 3.5 |
| 1,1-二氟乙烷 | 8.6 |
| 1-氯-1,1-二氟乙烷 | 2.6 |
| 丙烷 | 11.6 |
| 1-丁烷 | 11.3 |
| 戊烷 | 11.6 |
| 乙烯氧化物 | 13.6 |

七氟丙烷在固体表面火灾中的灭火设计浓度为 7.6%；在图书、档案、票据和文物资料库等防护区中的灭火设计浓度采用 10%；在油浸变压器室、带油开关的配电室和自备发电机房等防护区中的灭火设计浓度宜采用 9%；在通信机房和电子计算机房等防护区中的灭火设计浓度宜采用 8%。

### 3. 七氟丙烷灭火剂储存量计算

七氟丙烷灭火系统的储存量应按下式计算：

$$W_0 = W + \Delta W_1 + \Delta W_2 \tag{6-36}$$

式中　$W_0$——系统灭火剂储存量（kg）；

　　　　$W$——灭火设计用量或惰化设计用量（kg）；

　　　　$\Delta W_1$——储存容器内的灭火剂剩余量（kg），可按储存容器内引升管管口以下的容器容积量换算；

　　　　$\Delta W_2$——管道内的灭火剂剩余量（kg）。

均衡管网和只含一个封闭空间的非均衡管网内的灭火剂剩余量 $\Delta W_2$ 均可不计。防护区中含两个或两个以上封闭空间的非均衡管网内的灭火剂剩余量 $\Delta W_2$ 可按各支管与最短支管之间长度差值的容积量计算。

---

【例 6-3】　建在海拔 2500m 的城市的一座大型计算机房，建筑面积 600m²，高度为 6m，其中地板架空的电缆层高度为 1m，吊顶高度为 1.5m，常年空调温度为 20℃，空间非可燃固体物质的实际体积为 100m³，采用七氟丙烷灭火系统进行灭火，在不考虑其他因素的情况下，试计算七氟丙烷灭火剂设计用量（七氟丙烷灭火设计浓度取 8%，海拔修正系数取 0.735，$S = 0.1269 + 0.000513T$，温度取 20℃）。

【解】　七氟丙烷灭火设计浓度 $C_1 = 8\%$

$$S = (0.1269 + 0.000513 \times 20)\,\text{m}^3/\text{kg} = 0.13716\,\text{m}^3/\text{kg}$$

则：

$$W = K\frac{V}{S}\frac{C_1}{100 - C_1} = 0.735 \times \frac{600 \times 6 - 100}{0.13716} \times \frac{8}{100 - 8}\,\text{kg} = 1630.9\,\text{kg}$$

由此计算出七氟丙烷灭火剂设计用量为 1630.9kg。

---

【例 6-4】　某易燃液体储存间的长度为 12m、宽度为 7m、高度为 3m，储存物品为甲醇和乙醇，环境温度按 20℃ 考虑，采用全淹没式七氟丙烷灭火系统保护，分别求出储存间所处海拔为 1900m 和 0m 的灭火设计用量。

【解】　（1）确定设计浓度

查表 6-5 可知甲醇可燃物的七氟丙烷灭火浓度为 9.9%，乙醇可燃物的七氟丙烷灭火浓度为 7.6%。根据灭火设计浓度不应小于灭火浓度的 1.3 倍，得到甲醇可燃物的七氟丙烷灭火设计浓度为 12.9%，乙醇可燃物的七氟丙烷灭火设计浓度为 9.9%。防护区中的灭火浓度应取甲醇和乙醇中最大的灭火剂设计浓度，因此该场所中七氟丙烷的设计浓度为 12.9%。

（2）防护区净容积

$$V = 12 \times 7 \times 3 \text{m}^3 = 252 \text{m}^3$$

（3）七氟丙烷质量体积

$$S = 0.1269 + 0.000513T = (0.1269 + 0.000513 \times 20) \text{m}^3/\text{kg} = 0.1372 \text{m}^3/\text{kg}$$

（4）海拔修正系数

当储存间所处海拔为1900m，则其海拔修正系数可用插值法计算，其计算式如下：

$$K_{1900} = \frac{2000 - 1900}{2000 - 1500}(K_{1500} - K_{2000}) + K_{2000} = \frac{100}{500} \times (0.830 - 0.785) + 0.785 = 0.794$$

（5）海拔1900m灭火设计用量

$$W = K \frac{V}{S} \frac{C_1}{100 - C_1} = 0.794 \times \frac{252}{0.1372} \times \frac{12.9}{100 - 12.9} \text{kg} = 216 \text{kg}$$

（6）海拔0m灭火设计用量

海拔为0m，则修正系数为1.000，故其灭火设计用量：

$$W = K \frac{V}{S} \frac{C_1}{100 - C_1} = 1.000 \times \frac{252}{0.1372} \times \frac{12.9}{100 - 12.9} \text{kg} = 272 \text{kg}$$

## 6.4 常用气体灭火技术及装备

### 6.4.1 固定式气体灭火系统

固定式气体灭火系统一般由灭火剂储存装置、启动分配装置、输送释放装置、监控装置等组成。

**1. 根据系统结构特点不同分类**

根据系统结构特点的不同，气体灭火系统可分为无管网气体灭火系统和管网气体灭火系统。

（1）无管网气体灭火系统

无管网灭火系统是指按一定的应用条件，将灭火剂储存装置和喷放组件等预先设计、组装成套且具有联动控制功能的灭火系统，又称为预制灭火系统。该系统可分为柜式气体灭火装置和悬挂式气体灭火装置。

1）柜式气体灭火装置。柜式气体灭火装置是指由气体灭火剂瓶组、管路、喷嘴、信号反馈部件、检漏部件、驱动部件、减压部件（氮气、氩气灭火装置）、火灾探测部件、控制器组成的能自动探测并实施灭火的灭火装置，其中火灾探测部件、控制器可与柜体分装。柜式气体灭火装置关键灭火成分是所充装的气体，充装气体类型不同其主要的性能参数不同。主要性能参数具体数值见表6-7。

2）悬挂式气体灭火装置。悬挂式气体灭火装置根据启动方式的不同可分为定温式、电爆式和电磁阀式三种。定温式悬挂式气体灭火装置由灭火剂储瓶、感温释放组件、悬挂支架、压力表等组成，不需安装灭火剂输送管道等系统，采用悬挂或壁挂式安装，当火灾发生时，阀门上的定温玻璃球破裂，感温释放组件开启，直接向防护区喷射灭火剂。电爆式和电磁阀式悬挂气体灭火装置由灭火剂储瓶、容器阀、喷嘴、驱动装置（电爆头或电磁阀）、信号反馈装置、悬挂支架等组成，该装置一般与火灾探测器、手动启动按钮、火灾报警控制器等报警系统设备配套使用；当防护区发生火灾时，火灾探测器动作，火灾报警控制器确认火警并输出启动信号，使灭火装置启动实施喷放灭火剂，或由人员确认火警后按下手动启动按钮，使电爆头或电磁阀动作从而将阀门打开喷放灭火剂实施灭火。

表 6-7　不同类型柜式气体灭火装置的主要性能参数

| 充装气体类型 | 工作温度范围/℃ | 储存压力/MPa | 最大工作压力/MPa | 泄压装置动作压力/MPa | 最大充装密度/（kg/m³） | 最大充装压力/MPa | 喷射时间/s |
|---|---|---|---|---|---|---|---|
| 二氧化碳 | 0 ~ 49 | 5.17 | 15 | 19 ± 0.95 | 600 | — | ≤60 |
| 七氟丙烷 | 0 ~ 50 | 2.5 | 4.2 | 泄压动作压力设定值应不小于 1.25 倍最大工作压力，但不大于部分强度试验压力的 95%，泄压动作压力范围为设定值×（1 ±5%） | 1150 | — | ≤10 |
| 三氟甲烷 | − 20 ~ 50 | 4.2 | 13.7 | | 860 | — | ≤10 |
| 氮气 | 0 ~ 50 | 15 | 17.2 | | — | 15 | ≤60 |
| 氩气 | 0 ~ 50 | 15 | 16.5 | | — | 15 | ≤60 |

注：当工作温度范围超过表中规定值时，应将其实际的工作温度范围标记在装置上。

悬挂式气体灭火装置灭火剂无管路损失，具有灭火速度快、灭火效率高等优点，适用于较小的、无特殊要求的防护区。

悬挂式气体灭火装置主要适用于固体表面火灾、液体火灾、灭火前能切断气源的气体火灾、电气火灾等，既可单独设置用来保护较小空间的防护区，也可多台联用保护较大空间的防护区。

（2）管网气体灭火系统

管网灭火系统是指按一定的应用条件进行计算，将灭火剂从储存装置经由干管、支管输送至喷放组件实施喷放的灭火系统。管网系统又可分为组合分配系统和单元独立系统。

1）组合分配系统。组合分配系统是指用一套灭火系统储存装置同时保护两个或两个以上防护区或保护对象的气体灭火系统。组合分配系统的灭火剂设计用量是按最大的一个防护区或保护对象来确定的，如组合中某个防护区需要灭火，则通过选择阀、容器阀等控制，定向释放灭火剂。这种灭火系统的优点是可大幅度减少储存容器数和灭火剂用量，有较高应用价值。

2）单元独立系统。单元独立系统是指用一套灭火剂储存装置保护一个防护区的灭火系统。一般说来，用单元独立系统保护的防护区在位置上是单独的或离其他防护区较远不便于组合，或是两个防护区相邻但有同时失火的可能。对于一个防护区包括两个以上封闭空间也可以用一个单元独立系统来保护，但设计时必须做到系统储存的灭火剂能够满足这几个封闭空间同时灭火的需求，并能同时供给它们各自所需的灭火剂量。当两个防护区需要灭火剂量较多时，也可采用两套单元独立系统保护一个防护区，但设计时必须做到这些系统同步工作。

**2. 根据应用方式不同分类**

根据应用方式的不同，气体灭火系统可以分为全淹没式气体灭火系统和局部应用气体灭火系统。

（1）全淹没式气体灭火系统

全淹没式气体灭火系统是指在规定的时间内，向防护区喷射一定浓度的气体灭火剂，并使其均匀地充满整个防护区的灭火系统。全淹没式气体灭火系统的喷头均匀布置在防护区的顶部，火灾发生时，喷射的灭火剂与空气形成混合气体，迅速在此空间内建立有效扑灭火灾的灭火浓度，并将灭火剂浓度保持一段所需要的时间，即通过灭火剂气体将封闭空间淹没实施灭火。

全淹没式气体灭火系统的喷头类型、数量及其布置应使防护区内的所有部位都达到设计浓度，且喷放不引起易燃液体飞溅。喷头的安装，宜贴近防护区顶面，距顶面的距离不宜大于 0.5m，全淹没式灭火系统喷放时间不应大于 60s，浸渍时间不应小于 10min。

（2）局部应用式气体灭火系统

局部应用式气体灭火系统是指在规定的时间内向保护对象以设计的喷射率直接喷射气体，在保护对象周围形成局部高浓度，并持续一定时间的灭火系统。局部应用气体灭火系统的喷头均匀布置在保护对象的四周，当火灾发生时，将灭火剂直接而集中地喷射到保护对象上，使其笼罩整个保护对象外表面，即在保护对象周围局部范围内达到较高灭火剂气体浓度时实施灭火。

局部应用式气体灭火系统的保护对象应符合下列规定：

1）保护对象周围的空气流动速度不应大于厂家注册数据。

2）当保护对象为可燃液体时，液面至容器缘口的距离不得小于 150mm。

局部应用式气体灭火系统应符合下列规定：

1）保护对象计算面积应按被保护对象水平投影面四周外扩 1m 计算。

2）局部应用式气体灭火系统喷头应根据厂家注册的喷头到被保护层表面距离或喷头射程、保护面积和流量（喷射速率）选择。

3）局部应用灭火系统喷头的布置应使计算面积内不留空白，并使喷头喷射角范围内没有遮挡物。

局部应用式气体灭火系统的设计喷射时间不应小于 30s，有下列情况之一者，应根据试验结果增加喷射时间：①对于需要较长的冷却期，以防止复燃的任何危险的情况；②对于燃点温度低于沸点温度的液体和可融化固体的火灾。

**3. 其他分类**

此外，根据灭火剂类型的不同可分为惰性气体灭火系统、卤代烷气体灭火系统；根据加压方式的不同，气体灭火系统可分为自压式气体灭火系统、内储压式气体灭火系统和外储压式气体灭火系统。

## 6.4.2 移动式气体灭火装置

移动式气体灭火装置可分为手提式气体灭火器和推车式灭火器，其中常用的气体灭火器有二氧化碳灭火器和卤代烷灭火器。二氧化碳灭火器适用于扑救 A 类、B 类、C 类和 E 类火灾，被广泛应用于图书、档案、贵重设备、精密仪器以及 600V 以下电气设备等场所的火灾。卤代烷灭火器可有效扑灭 B 类、C 类火灾及 E 类火灾，被广泛应用于一些机房、配电室或存放文物档案及精密机械设备的区域。

## 6.4.3　车载式灭火装备

车载式的气体灭火装备即气体消防车。气体消防车主要应用于地下建筑、隧道、地下商业街、地下仓库等大型火灾的扑救。由于地下建筑火灾具有火情监测困难、指挥决策困难、通信困难、扑救困难等特点，使得扑救这些地下建筑火灾变得非常困难。目前地下建筑火灾的扑救方式主要是窒息灭火，即通过封堵切断氧的供应而使火灾自然熄灭。采用气体消防车可使封堵灭火由被动灭火转为主动灭火，可以有效减少灭火持续时间和火灾损失。

## 复 习 题

1. 常用的惰性气体灭火剂有哪些？

2. 二氧化碳灭火剂的灭火机理有哪些？

3. 七氟丙烷灭火剂的灭火机理有哪些？

4. 氮气灭火剂的灭火机理有哪些？

5. 简述气体灭火剂的适用范围。

6. IG541 气体灭火剂由哪些气体组成？

7. 对一外部尺寸为 2.1m×1.4m×1.8m 的油浸电力变压器，设有局部应用式二氧化碳灭火系统，求该系统二氧化碳灭火剂设计用量。

8. 某易燃液体储存间的尺寸为 10m×8m×3.5m，储存物品为甲醇和乙醇，环境温度按 25℃ 考虑，采用全淹没式七氟丙烷灭火系统保护，分别求出储存间所处海拔为 2500m 和 0m 的灭火设计用量。

9. 固定式气体灭火系统主要由哪些装置组成？

10. 根据应用方式的不同，固定式气体灭火系统可分为哪些类型？

11. 无管网气体灭火系统可分为哪些类型？各自有何特点？

12. 根据系统结构特点的不同，气体灭火系统可分为哪些类型？

# 7

## 第7章
# 灭火类消防车技术及应用

**本章学习目标**

　　教学要求：本章主要介绍了水罐消防车、泡沫消防车、干粉消防车、涡喷消防车等灭火类消防车的分类、组成、灭火原理及灭火应用情况。

　　重点与难点：消防供水能力的计算方法。

## 7.1 消防车概述

　　消防车是指用于执行灭火、辅助灭火或应急救援等消防业务所使用的机动车辆的总称，配有灭火剂、灭火救援器材和灭火救援设备，可配合消防员开展火灾扑救、灾害和事故救援等多项任务。消防车是应急救援的主要装备，具有机动能力强、灭火范围广、车载器具多和救援功能强等优点，其技术水平是国家消防装备整体综合实力的体现。

### 7.1.1 消防车分类

　　消防车种类多样，功能复杂，通常按照底盘承载能力、外观结构、泵压、结构特征、水泵位置、使用功能等进行分类。

　　**1. 按功能分类**

　　消防车根据功能的不同可分为灭火类消防车、举高类消防车、专勤类消防车和保障类消防车四大类。

　　1）灭火类消防车。灭火类消防车是指可喷射灭火剂并能独立扑灭火灾的消防车。这类消防车主要包括泵浦消防车、水罐消防车、供水消防车、泡沫消防车、涡喷消防车、二氧化碳消防车、干粉消防车和联用消防车等。

　　2）举高类消防车。举高类消防车是指具有登高救援和举高灭火作业等功能的消防车，这类消防车主要有云梯消防车、登高平台消防车和举高喷射消防车等。

3）专勤类消防车。专勤类消防车是指执行灭火救援之外的某项或某几项技术作业的消防车，主要包括通信指挥消防车、照明消防车、抢险救援消防车、排烟消防车、侦检消防车、洗消消防车、隧道消防车和轨道消防车等。

4）保障类消防车。保障类消防车是指主要装备各类保障器材设备，为执行任务的消防员提供保障的消防车，包括器材消防车、勘察消防车、救护消防车、供气消防车、供液消防车和宣传消防车等。

**2. 按消防泵的工作压力分类**

1）低压泵消防车：泵的额定工作压力大于等于 1.0MPa、小于 1.4MPa。

2）中压泵消防车：泵的额定工作压力大于等于 1.4MPa、小于 2.5MPa。

3）中、低压泵消防车：泵的低压额定工作压力大于等于 1.0MPa、小于 1.4MPa，中压额定工作压力大于等于 1.4MPa、小于 2.5MPa，中、低压可以联用。

4）高、低压泵消防车：泵的低压额定工作压力大于等于 1.0MPa、小于 1.4MPa，高压额定工作压力大于 3.5MPa、小于等于 4.0MPa，高、低压可以联用。

5）超高压泵消防车：泵的额定工作压力大于 10MPa，主要用于高压喷雾。

**3. 按水泵安装位置分类**

根据水泵在消防车上的安装位置不同，消防车可分为前置泵式消防车、中置泵式消防车、后置泵式消防车和倒置泵式消防车。

**4. 按底盘承载能力分类**

根据消防车底盘承载能力的不同，消防车可分为微型消防车、轻型消防车、中型消防车和重型消防车。

**5. 按外观结构分类**

根据外观结构的不同，消防车可分为单桥消防车、双桥消防车、平头消防车和尖头消防车。

**6. 按结构特征分类**

1）罐类消防车，如水罐消防车、干粉消防车和泡沫消防车等。

2）举高类消防车，如举高喷射消防车、登高平台消防车等。

3）特种类消防车，如抢险救援消防车、照明消防车等。

## 7.1.2 消防车型号

为了识别不同用途的消防车，GB 7956.1—2014《消防车　第 1 部分：通用技术条件》对消防车产品型号做了相应的规定。消防车的产品型号由消防车企业名称代号、消防车类别代号、消防车主参数代号、消防车产品序号、消防车结构特征代号、消防车用途特征代号、消防车分类代号、消防装备主参数代号组成，必要时附加消防车企业自定代号。型号编制方法如图 7-1 所示。

## 7.1.3 常用车载器具

**1. 消防器材**

消防器材主要包括：空气泡沫枪、水枪、消防吸水管、滤水器、分水器、消防水带、水带挂钩、水带包布、异径接口、同型接口、直流水枪、消防栓过渡接头、开花水枪、直流开关水

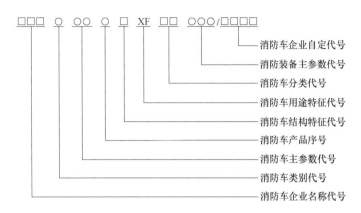

图 7-1    消防车型号编制

枪、洋镐、地面扳手、吸水管扳手、护带桥、混合器吸液管、腰斧、消防板斧、铁锹、撬杠。

**2. 抢险器材**

抢险器材主要包括：拉梯、竹梯、铁梯、机动链锯、液压扩张钳、便携式万向切割器、登高器、起重气垫、气动破拆工具、气体切割器、斧、镐、钳、锹。

**3. 防护设备**

防护设备主要包括：消防头盔、消防服、消防手套和消防靴、消防安全带和保险钩、呼吸保护器具、内置式重型防化服、封闭式防化服、防火防化服、军用防化防核服、简易防化服、避火服、移动式供气源、双气瓶呼吸器、多用途滤毒罐、防化手套、电绝缘手套、防割手套、防高温手套、防化安全靴。

## 7.2 | 水罐消防车

水系消防车一般以水罐消防车为主，水罐消防车上除了消防水泵及相关器材以外，还配备较大容量的储水罐及水枪、水炮等设备，如图 7-2 所示。水罐消防车能在不借助外部水源的情况下独立完成灭火救援任务，也可借助火场周围水源采取直接吸水的方式进行火灾扑救。水罐消防车还可向其他消防车和灭火喷射装置进行供水，可作为缺水地区的供水车或输水车。随着时代的发展，火灾种类和火灾规模的复杂化迫使水罐消防车也必须升级换代，一些担负抢险、举高等特种救援任务的消防车辆上也配备了载水装置，在救援的同时进行灭火作业。此外，一些水

图 7-2    水罐消防车

罐消防车还通过加装抢险救援器材成为城市主战消防车，提高其综合救援能力。

### 7.2.1    水罐消防车的分类和组成

**1. 水罐消防车的分类**

根据装备的水泵种类不同，水罐消防车可以分为普通水罐消防车、中低压泵水罐消防

车、高低压泵水罐消防车和高中低压泵水罐消防车。

（1）普通水罐消防车

该类消防车采用单级或双级离心消防泵，扬程可达到 110 ~ 130m，流量一般在 30 ~ 60L/s 之间。

（2）中低压泵水罐消防车

消防泵由二级离心叶轮串联组成，低压扬程为 1.0MPa、流量为 40L/s，中压扬程为 2.0MPa、流量为 20L/s，是未来消防部队的主力车型。

（3）高低压泵水罐消防车

消防泵由多级离心式叶轮串联组成，前 1 级叶轮为低压叶轮，后 3 级叶轮为高压叶轮，低压与高压可以同时喷射，高压扬程可达 4.0MPa、流量 4000L/min，低压扬程 1.0MPa、流量 4000L/min。

（4）高中低压泵水罐消防车

该类消防车可以进行低压、中压、高压喷射灭火，也可以低压、高压联用。当使用中压时，可以进行远距离供水和高层建筑供水。

根据消防水泵安装位置不同，水罐消防车可分为中置泵式水罐消防车和后置泵式水罐消防车两种类型。中置泵式水罐消防车中水泵安装在车辆的中部，器材箱设置于车辆的后部。后置泵式水罐消防车中水泵安装在车辆的后部，器材箱设置于消防车后部及后部两侧。

根据载水量的不同，水罐消防车可分为轻型、中型和重型三种。目前常用的水罐消防车主要为中型和重型两种，主要通过中型和重型汽车底盘改装而成。

**2. 水罐消防车的组成**

水罐消防车可分为带水炮和不带水炮两种。前者主要由乘员室、水泵及其管路系统、水罐、取力器、器材箱、附加冷却器等组成。而后者在前者的基础上添加了水炮、水炮出水管路以及水炮回转和俯仰操作机构等。

（1）乘员室

乘员室一般由驾驶室和消防员室组成，可乘坐 5 ~ 8 名消防员，放置消防员的一些随身携带的器材，如安全腰带、腰斧、强光照明灯等。乘员室分为两种：一种是一体化驾乘室，驾驶员和消防员在一个空间内，便于交流沟通；另一种是独立式结构，消防员室在驾驶室后面，这保持了驾驶室的完整性，安全性好，但不便于交流沟通。

（2）车厢

车厢一般由水罐、水泵及其管路、器材箱等部分组成，置于消防车后部或者左右两侧，器材箱内部放置消防器材，器材箱和水泵操作间的门普遍采用卷帘门，有利于灭火救援工作的展开。

（3）水泵与管路系统

水泵与管路系统主要由水泵、管路、阀门及引水泵等组成，它是消防车的核心部分。水泵通过支承架固定在底盘的大梁上，可将发动机的机械能转换成水的动能和势能，其技术水平代表消防车的灭火能力。水泵可分为低压消防泵（单级离心泵、双级离心泵）、高低压消防泵、中低压消防泵等几种，以中低压消防泵和高低压消防泵的市场占有率最高。管路系统包括水泵的进水管路和出水管路两部分，其中水泵的进水口连接进水管路，出水口与出水管路连接。消防管路应采用不同颜色区分，其中进水管路和水罐至消防泵的输水管路应为国标规定的深绿色，出水管路应为国标规定的大红色。带水炮的水罐消防车在不带水炮的水罐消防车管路基础上增加了出水管路和水炮。

（4）引水装置

离心泵本身不具备吸取低水位水源（泵吸水口以下 7~8m）的功能，必须匹配引水装置。消防车普遍选用真空泵，其功能是抽吸泵及管道内的空气，使其达到一定的真空度，与大气压形成压差，在压差的作用下将低水位水源引入离心泵内。

（5）水泵装置的动力传动与操纵系统

水泵动力传动系统由取力器、传动轴、操作杆、电控或气控开关等组成。大部分消防车的水泵动力都是经过取力器从汽车的发动机取出，这样做既减少了消防车的自重，也节约了成本，但行驶部分与水泵难以同时实现各自的工况要求或者根本无法同时工作。

（6）仪表

仪表主要由压力表、真空表、液位表、转速表等组成。水罐消防车及供水消防车上设有各种监控仪表，如发动机和水泵的转速表、出水压力表、引水真空表（或真空压力两用表）、液位表及有关汽车行驶的各种仪表。

（7）附加装置

附加装置主要包括控制发动机转速的手油门、冷却装置、废气利用及电气装置等。水泵的扬程和流量通过调整发动机转速的油门来实现。驾驶员根据前方水枪手的需求，利用手油门调节水泵的转速。手油门有机械式、液压式、手动式、电子式等多种结构，目前国内普遍采用电子式手油门精确调节水泵转速。

消防车在灭火时常处于满负荷工作，发动机冷却条件不佳，因此需要附加冷却器对发动机内的循环水和取力器内的润滑油进行冷却。消防车的附加冷却器有两处，一处位于发动机和底盘原冷却水箱的连接管处，其作用是利用水泵中冷水的循环与发动机进行热交换，改善发动机的冷却条件；另一处在取力器底部壳体的润滑油进口中，利用水泵中冷水的循环冷却不断升温的润滑油。

附加电气装置包括警报器、警灯、液位表及指示器、前后照明灯、室内灯、器材箱照明灯、出水灯以及各种电气开关等。

## 7.2.2　水罐消防车的使用范围和使用注意事项

**1. 使用范围**

水罐消防车主要以水作为灭火剂，一般用来扑灭建筑房屋的火灾和固体（A 类）火灾。水罐消防车与泡沫灭火设备联用时可以用来扑灭油类火灾，当配置高压喷雾喷头时亦可以扑灭电气设备火灾。此外，水罐消防车还可以用于大型火场及缺水城市的运水及供水等。

**2. 使用注意事项**

1）用过海水、污水或含其他杂质的水源后，应对水罐消防车的水泵系统、管路及水罐进行清洗，以防腐蚀。

2）离心泵工作时，应将附加冷却器开关打开，进行强制冷却，改善发动机冷却条件，保证发动机在正常温度下工作。

3）水泵不能长时间无水工作，或有水工作而长时间不出水，会导致水泵过热，加速水泵磨损及密封垫圈损坏。

4）当采用消防车水罐内水或利用消火栓供水时，不应使用引水装置。

## 7.2.3 消防供水原则及供水能力计算

**1. 消防供水原则**

1）就近停靠，使用水源。火场供水消防车，应停靠使用距离火场较近的消防水源（人工水源或天然水源），以便达到迅速供水灭火的目的，停靠使用水源切忌舍近求远。

2）确保重点，兼顾一般。火场供水必须着眼于火场主要方面，应集中主要的供水力量，保证火场主攻方向的用水量和不间断供水，有效控制火势，阻止火势蔓延，从而达到消灭火的目的。在火场的主要方面，重点灭火区域供水得到可靠的保证后，在可能的情况下，对火场的次要方面，也要考虑供应必要的消防用水。当火场供水力量不足时，必须及时果断地放弃次要灭火区域的供水，保证重点灭火区域的用水。

3）快速准确，确保不间断供水。第一出动供水力量到达火场后，对扑救初期火灾保持绝对优势时应以最快的速度组织供应扑救初期火灾的用水量，做到速战速决。

**2. 消防供水能力计算**

（1）水罐消防车的水泵压力

1）水罐消防车采用单干线或双干线直接供水时，水泵的出口压力均按一条干线计算：

$$H_b = h_q + h_d + H_{1-2} \tag{7-1}$$

式中　$H_b$——消防车水泵出口压力（$10^4$Pa）；

　　　$h_q$——水枪喷嘴处压力（$10^4$Pa），见表7-1；

　　　$h_d$——水带干线的压力损失（$10^4$Pa）；

　$H_{1-2}$——标高差（m），即消防车停靠地面与水枪手站立位置垂直高度差。

**表7-1　直流水枪的技术数据**

| 有效射程 /m | 喷嘴口径（16mm） | | 喷嘴口径（19mm） | | 喷嘴口径（22mm） | | 喷嘴口径（25mm） | |
|---|---|---|---|---|---|---|---|---|
| | 压力/$10^4$Pa | 流量/（L/s） | 压力/$10^4$Pa | 流量/（L/s） | 压力/$10^4$Pa | 流量/（L/s） | 压力/$10^4$Pa | 流量/（L/s） |
| 7.0 | 9.2 | 2.7 | 9.0 | 3.8 | 8.7 | 5.0 | 8.5 | 6.4 |
| 10.0 | 14.0 | 3.3 | 13.5 | 4.6 | 13.0 | 6.1 | 13.0 | 7.8 |
| 13.0 | 22.0 | 4.2 | 20.5 | 5.7 | 20.0 | 7.5 | 19.0 | 9.6 |
| 15.0 | 29.0 | 4.8 | 27.0 | 6.5 | 25.2 | 8.5 | 24.5 | 10.8 |
| 17.0 | 39.5 | 5.6 | 35.5 | 7.5 | 33.5 | 9.7 | 31.5 | 12.2 |
| 20.0 | 70.0 | 7.5 | 59.0 | 9.6 | 52.5 | 12.2 | 48.5 | 15.2 |

根据压力损失叠加法，水带干线压力损失为串联系统内各条水带压力损失之和，计算方法如下：

$$H_d = n h_d \tag{7-2}$$

式中　$H_d$——水带串联系统的压力损失（$10^4$Pa）；

　　　$n$——干线水带条数（条）；

　　　$h_d$——每条水带的压力损失（$10^4$Pa），具体见表7-2。

表 7-2 单条胶里水带压力损失 （单位：$10^4$Pa）

| 流量/(L/s) | 水带直径/mm | | |
|---|---|---|---|
| | 65 | 80 | 90 |
| 4.6 | 0.740 | 0.317 | 0.169 |
| 5.0 | 0.875 | 0.375 | 0.200 |
| 5.5 | 1.06 | 0.454 | 0.242 |
| 6.0 | 1.26 | 0.540 | 0.287 |
| 6.5 | 1.48 | 0.634 | 0.338 |
| 7.0 | 1.72 | 0.735 | 0.392 |
| 7.5 | 1.97 | 0.844 | 0.450 |
| 8.0 | 2.24 | 0.860 | 0.511 |
| 8.5 | 2.53 | 1.08 | 0.578 |
| 9.0 | 2.84 | 1.22 | 0.648 |
| 9.6 | 3.23 | 1.38 | 0.740 |
| 10.0 | 3.50 | 1.50 | 0.800 |
| 11.0 | 4.24 | 1.82 | 0.970 |
| 12.0 | 5.04 | 2.16 | 1.15 |
| 13.0 | 5.92 | 2.54 | 1.35 |
| 14.0 | 6.86 | 2.94 | 1.57 |
| 15.0 | 7.88 | 3.38 | 1.80 |
| 16.0 | 8.96 | 3.84 | 2.05 |
| 17.0 | 10.15 | 4.34 | 2.32 |
| 18.0 | 11.35 | 4.87 | 2.58 |
| 19.0 | 12.61 | 5.42 | 2.89 |
| 20.0 | 14.00 | 6.00 | 3.20 |

根据阻力系数法，水带干线压力损失为串联系统内各条水带阻抗之和与流量平方的乘积，计算方法如下：

$$H_d = nSQ^2 \qquad (7\text{-}3)$$

式中 $H_d$——水带串联系统的压力损失（$10^4$Pa）；

$n$——干线水带条数（条）；

$S$——每条水带的阻抗系数（Pa·$s^2$/$L^2$），见表 7-3；

$Q$——干线水带内的流量（L/s）。

表 7-3 不同口径水带的阻抗系数

| 水带直径/mm | 50 | 65 | 80 | 90 |
|---|---|---|---|---|
| 阻抗系数 | 0.150 | 0.035 | 0.015 | 0.008 |

水枪要产生密集射流，水枪喷嘴前必须有一定的压力，即水枪喷嘴压力。水枪喷嘴压力除可按表 7-1 确定外，还可按如下公式计算：

$$h_q = S_q Q^2 \tag{7-4}$$

式中　$h_q$——水枪喷嘴处压力（$10^4$Pa）；

　　　$S_q$——水枪阻抗系数（Pa·s$^2$/L$^2$），见表 7-4；

　　　$Q$——水枪流量（L/s）。

表 7-4　水枪的阻抗系数

| 水枪直径/mm | 13 | 16 | 19 | 22 | 25 | 28 | 30 | 32 | 38 |
|---|---|---|---|---|---|---|---|---|---|
| $S_q$ | 2.890 | 1.260 | 0.634 | 0.353 | 0.212 | 0.134 | 0.102 | 0.079 | 0.040 |

2）利用分水器供水，消防车水泵出口压力计算。利用分水器供应数支水枪用水，消防车水泵的出口压力，应满足水枪的有效射程要求。

$$H_b = h_q + h_{d干} + h_{d支} + H_{1-2} \tag{7-5}$$

式中　$H_b$——消防车水泵出口压力（$10^4$Pa）；

　　　$h_q$——水枪喷嘴处压力（$10^4$Pa）；

　　　$h_{d干}$——水带干线的压力损失（$10^4$Pa）；

　　　$h_{d支}$——工作水带支线的压力损失（$10^4$Pa）；

　　　$H_{1-2}$——标高差（m），即消防车停靠地面与水枪手站立位置垂直高度差。

3）多干线并联供水，消防车水泵出口压力计算。火场使用大口径水枪时，需采用数条干线并联供水。

$$H_b = h_q + h_{d并} + H_{1-2} \tag{7-6}$$

式中　$H_b$——消防车水泵出口压力（$10^4$Pa）；

　　　$h_q$——水枪喷嘴处压力（$10^4$Pa）；

　　　$h_{d并}$——多干线并联时水带系统的压力损失（$10^4$Pa）；

　　　$H_{1-2}$——标高差（m），即消防车停靠地面与水枪手站立位置垂直高度差。

水带并联压力损失可通过流量平分法和阻力系数法计算。当各干线的长度、直径相同时，每条水带干线的流量相同，即每条干线的流量为 $Q/n$（$Q$ 为水枪流量，$n$ 为干线支数），根据流量平分法计算并联系统的水带压力损失。计算公式如下：

$$h_{d并} = h_{d1} + h_{d2} + \cdots + h_{dn}$$

或　　　　　　　　$$h_{d并} = S_干 (Q/n)^2 \tag{7-7}$$

式中　$h_{d1}$、$h_{d2}$、$\cdots$、$h_{dn}$——任一水带干线中各条水带的压力损失（$10^4$Pa）；

　　　$S_干$——水带并联系统中任一条水带干线中各条水带的阻抗系数之和；

　　　$Q$——水带并联系统的总流量（L/s）；

　　　$n$——水带并联系统中水带干线的数量（条）。

若干线的长度、直径不同时，应根据阻力系数法先求出水带并联系统的阻抗 $S_总$，再计算水带系统的压力损失，计算公式如下：

$$h_{d并} = S_总 Q^2$$
$$S_总 = S_干 / n^2 \tag{7-8}$$

式中 $S_{总}$——水带并联系统的总阻抗系数；

　　　$S_{干}$——水带并联系统中每条水带干线的阻抗系数。

（2）水罐消防车最大供水距离

在确定消防车最大供水距离时，应保证消防车能长时间正常运转，并使所用的水带不致因水压过高而爆破。另外，火场供水中，消防水枪的关闭会造成水带内压力瞬时升高，因此，考虑水带的耐压强度时，还应考虑水锤作用的影响。消防车的最大供水距离是由所铺设的水带干线的长度来衡量的，即：

$$S_n = (rH_b - h_q - H_{1-2})/h_d \tag{7-9}$$

式中 $S_n$——消防车最大供水距离（采用水带条数表示）；

　　　$r$——消防车泵扬程使用系数，具体根据车况确定，一般取值为 0.6 ~ 0.8，新车或特种车可取值为 1；

　　　$H_b$——消防车水泵出口压力（$10^4$ Pa）；

　　　$h_q$——水枪喷嘴处压力（$10^4$ Pa）；

　　　$H_{1-2}$——标高差（m），即消防车停靠地面与水枪手站立位置垂直高度差；

　　　$h_d$——每条水带的压力损失（$10^4$ Pa）。

通过计算，将部分消防车最大供水距离列于表 7-5，作为火场供水决策参考。表 7-5 设定的条件是消防车水泵扬程使用系数为 0.8，19mm 水枪有效射程为 15m，采用 65mm 胶里水带单干线供水，标高差为零。

表 7-5　水罐消防车最大供水距离（参考值）

| 车型 | | | | SHX5140GXFSG50GZD | | | CG36/30 | CG35/30 | CG36/40 | CG36/42 | CG35/40 | CG60/50 | CG37/60 |
|---|---|---|---|---|---|---|---|---|---|---|---|---|---|
| | 型号 | | | NH20 | | | BS30 | BS30 | BD42 | BD42 | BD40 | BD50 | BS60 |
| 水泵 | 额定转速/（r/min） | 低压 | 中压 | 高压 | | | 3240 | 3240 | 2950 | 2950 | 2950 | 2900 | 3000 |
| | 流量/（L/s） | 30 | 16.7 | 6.7 | | | 30 | 30 | 40 | 42 | 40 | 50 | 60 |
| | 扬程/m | 100 | 180 | 400 | | | 110 | 110 | 120 | 120 | 120 | 130 | 130 |
| 消防泵扬程使用系数 | | 0.8 | 0.8 | 0.8 | | | 0.8 | 0.8 | 0.8 | 0.8 | 0.8 | 0.8 | 0.8 |
| 供水距离（水带条数） | | 35 | 79 | — | | | 41 | 41 | 46 | 46 | 46 | 52 | 52 |

（3）水罐消防车最大供水高度

消防车的最大供水高度与水带耐压强度和消防水泵的出口压力有关，即：

$$H_{1-2} = H_b - h_q - h_d \tag{7-10}$$

式中 $H_{1-2}$——消防车的供水高度（m）；

　　　$H_b$——消防车水泵出口压力（$10^4$ Pa）；

　　　$h_q$——水枪喷嘴处压力（$10^4$ Pa）；

　　　$h_d$——水带系统的压力损失（$10^4$ Pa）。

目前全国各地配备的消防车按车泵类型分，一般有高低压泵、中低压泵、低压泵三种，低压、中压泵一般额定出口压力分别为 $100 \times 10^4$ Pa、$200 \times 10^4$ Pa，实际应用中，为发挥消防车的供水潜能，允许在此基础上适当提高泵压，具体需视车况等因素确定。

建筑火灾扑救过程中，供水线路总长度应按室外水带（3 条）、室内机动支线水带

（2 条）和登高水带长度之和计算，其中，垂直铺设的登高水带的长度可按实际供水高度的 1.2 倍计算，沿楼梯铺设的登高水带的长度按实际供水高度的 2 倍计算。通过计算，下面将消防车供水高度与水泵出口压力的关系列于表 7-6，作为火场供水决策参考。表 7-6 设定的条件是供水线路采用 65mm 胶里水带单干线供水，供应一支 19mm 水枪，流量为 6.5L/s，有效射程为 15m。

**表 7-6　水罐消防车供水高度与水泵出口压力的关系**

| 垂直铺设水带 | | 沿楼梯铺设水带 | |
| --- | --- | --- | --- |
| 供水高度/m | 水泵出口压力/$10^4$Pa | 供水高度/m | 水泵出口压力/$10^4$Pa |
| 10 | 46 | 10 | 46 |
| 15 | 51 | 15 | 53 |
| 20 | 58 | 20 | 58 |
| 25 | 63 | 25 | 64 |
| 30 | 68 | 30 | 69 |
| 50 | 89 | — | — |
| 80 | 122 | — | — |
| 100 | 144 | — | — |
| 120 | 167 | — | — |
| 150 | 198 | — | — |

（4）水罐消防车的控制火势面积

$$A_{车} = Q_{车}/q \tag{7-11}$$

式中　$A_{车}$——每辆消防车控制火势面积（$m^2$）；

　　　$Q_{车}$——每辆消防车供水流量（L/s），火场上每辆消防车一般供水流量为 10~20L/s；

　　　$q$——灭火用水供给强度［L/（s·$m^2$）］。

**3. 消防车运水供水计算**

（1）已知运水距离计算运水消防车的数量

已知运水距离，确定必要的相关因素，可按下式计算运水消防车的数量：

$$n_{运} = \left[\frac{Sq_1}{\overline{V}\,\overline{G}} + 2\right] \tag{7-12}$$

式中　$n_{运}$——运水消防车的数量（辆）；

　　　$S$——运水行驶路程（m）；

　　　$q_1$——向主战车输水流量（L/min）；

　　　$\overline{V}$——运水消防车平均行驶速度（m/min）；

　　　$\overline{G}$——运水消防车水罐的平均容量（L）。

一些消防队在进行运水车辆估算时还有另一种算法，即：

$$N_{运} = \frac{t_1 + t_2 + t_3}{T} \tag{7-13}$$

式中　$N_{运}$——所需运水车辆数；

　　　$t_1$——运水的水罐车在水源处的上水时间（min），该时间由上水时间、消防车启停时间和接卸吸水管或水带的时间组成；

$t_2$——在火场中水的传输时间（min），该时间由消防车启停时间和接卸吸水管或水带的时间组成；

$t_3$——运水车运送水往返时间（min）；

$T$——1 辆灭火主战车所载水量供 2 支喷嘴口径 19mm 水枪的使用时间（min）。

消防力量到场后，指挥员根据火场到水源的距离、每车补水的时间、每车供水的时间和 1 辆车灭火时出水的时间做一简单推算就能估计出所需车的数量。

（2）已知运水消防车的数量计算运水距离

已知运水消防车的数量，可按下式计算水平运水距离 $S_{x_1}$ 和垂直运水距离 $S_{y_1}$：

$$S_{x_1} = 0.5 \frac{\overline{V}\,\overline{G}}{q_1}(n_{运} - 2) \tag{7-14}$$

$$S_{y_1} = S_{x_1}\sin\theta \tag{7-15}$$

式中　$S_{x_1}$——水平运水距离（m）；

　　　$S_{y_1}$——垂直运水距离（m）；

　　　$\theta$——水平运水的爬升坡度（°）。

**4. 消防车接力供水计算**

（1）单车接力供水距离的计算

单车水平接力供水距离，可按下式计算：

$$S_{x_2} = \alpha L n_x = \alpha L \left[\frac{p_b - p_z - p_g}{p_{dx}}\right] \tag{7-16}$$

式中　$S_{x_2}$——水平接力供水距离（m）；

　　　$\alpha$——水平铺设水带系数；

　　　$L$——水带长度（m）；

　　　$n_x$——水平铺设水带数量（条）；

　　　$p_b$——消防车泵出口压力（$10^4$Pa）；

　　　$p_g$——由于水泵出口和水枪出口高度差产生的压力损失，当水枪出口低于水泵出口时取负值（$10^4$Pa）；

　　　$p_{dx}$——水平铺设的一盘水带的水头损失（$10^4$Pa）；

　　　$p_z$——水枪、分水器进口压力或转输供水出口压力（$10^4$Pa）。

（2）单车垂直接力供水距离计算

单车垂直接力供水距离可按下式计算：

$$S_{y_2} = \beta L \left[\frac{p_b - p_z - n_x p_{dx}}{\beta L + p_{dy}}\right] \tag{7-17}$$

式中　$S_{y_2}$——垂直接力供水距离（m）；

　　　$\beta$——垂直铺设水带系数；

　　　$p_{dy}$——垂直铺设的一盘水带的水头损失（$10^4$Pa）；

　　　$n_x$——水平铺设水带数量（条）；一般情况下上式中括号内可取整数。

（3）多车组合接力供水距离的计算

多车组合的水平接力供水距离可按下式计算：

$$S_{x_2} = \alpha L \sum_{i=1}^{n} n_{接i} \qquad (7-18)$$

式中　$n_{接i}$——水平接力供水消防车的数量（辆）。

多车组合的垂直接力供水距离可按下式计算：

$$S_{y_2} = \beta L \sum_{i=1}^{n} n_{接i} \qquad (7-19)$$

（4）接力供水消防车数量的计算

水平接力供水消防车的数量可按下式计算：

$$n_{接} = \left[ \frac{S_x - S_{战}}{\alpha L n_x} \right] \qquad (7-20)$$

式中　$S_x$——水源至火场的水平距离（m）；

　　　$S_{战}$——主战车距供水目标距离（m）；

　　　$n_x$——接力车水平铺设水带数量（条）。

垂直接力供水消防车的数量，可按下式计算：

$$n_{接} = \left[ \frac{S_y - S_{战}}{\beta L n_y} \right] \qquad (7-21)$$

式中　$S_y$——接力车至供水目标的垂直距离（m）；

　　　$n_y$——接力车垂直铺设水带数量（条）。

**5. 消防车直接供水计算**

（1）消防车单干线直接供水的计算

在消防车的扬程内，已知水平供水距离，水平铺设水带数量可按下式计算：

$$n_x = \left[ \frac{S_{x_3}}{\alpha L} \right] \qquad (7-22)$$

式中　$S_{x_3}$——主战车距供水目标的水平供水距离（m）。

已知垂直供水距离 $S_{y_3}$，垂直铺设水带数量 $n_y$，可按下式计算：

$$n_y = \left[ \frac{S_{y_3}}{\beta L} \right] \qquad (7-23)$$

式中　$S_{y_3}$——主战车距供水目标的垂直供水距离（m）。

在消防车的扬程范围内，已知消防车配备水带数量 $n_{备}$，水平铺设水带距离 $S_{x_3}$，可按下式计算：

$$S_{x_3} = \alpha L \left[ n_{备} - \frac{n_{备}}{10} \right] \qquad (7-24)$$

已知消防车配备水带数量 $n_{备}$，垂直铺设水带距离 $S_{y_3}$ 可按下式计算：

$$S_{y_3} = \beta L \left[ n_{备} - \frac{n_{备}}{10} - n_x \right] \qquad (7-25)$$

已知低压泵的性能，水平最大供水距离可按下式计算：

$$S_{x_3} = \alpha L \left[ \frac{\gamma p_N - p_Q - p_g}{p_{dx}} \right] \qquad (7-26)$$

式中　$\gamma$——消防泵扬程使用系数；

$p_N$——消防泵的额定扬程（$10^4$Pa）；

$p_Q$——水枪工作压力或分水器处压力（$10^4$Pa）。

已知低压泵的性能，求垂直最大供水距离，可按下式计算：

$$S_{y_3} = \beta L\left[\frac{\gamma p_N - p_Q - n_x p_{dx}}{\beta L + p_{dy}}\right] \tag{7-27}$$

（2）消防车单干线接分水器直接供水的计算

已知水平供水距离，水平铺设水带数量，可按式（7-22）直接计算，只是在计算时要考虑分水器。

已知垂直距离，铺设水带数量，可按式（7-23）计算。

已知消防车配备水带数量为 $n$ 条，水平铺设水带距离 $S_{x_3}$，可按下式计算：

$$S_{x_3} = \alpha L\left[\left(n_{备干} - \frac{n_{备干}}{10}\right) + \frac{n_{备支} - \dfrac{n_{备支}}{10}}{K}\right] \tag{7-28}$$

式中　$n_{备干}$——消防车配备干线水带数量（条）；

　　　$n_{备支}$——消防车配备支线水带数量（条）；

　　　$K$——分水器前支线的条数。

已知消防车配备水带数量 $n_备$，垂直铺设水带距离 $S_{y_3}$ 可按下式计算：

$$S_{y_3} = \beta L\left[\left(n_{备干} - \frac{n_{备干}}{10} - n_{x干}\right) + \frac{n_{备支} - \dfrac{n_{备支}}{10} - n_{x支}}{K}\right] \tag{7-29}$$

已知消防泵扬程和水枪流量，最大供水距离可按式（7-26）和式（7-27）计算。如果消防泵是中低压泵，注意加上修正系数。

**6. 消防车混合供水计算**

消防车混合供水可按下式计算：

$$S_x = S_{x_1} + S_{x_2} + S_{x_3}$$
$$S_y = S_{y_1} + S_{y_2} + S_{y_3} \tag{7-30}$$

**7. 火场供水组织方式**

火场指挥员应根据火灾现场的实际情况和供水任务，及时建立火场供水组织。

（1）消防中队火场供水组织

消防中队进行火场供水时，通常有以下几种组织方式：

1）灭火救援班。灭火救援班单独进行灭火时，由驾驶员和1名消防员负责组织供水。

2）一个中队。一个消防中队投入灭火救援时，由1名中队指挥员或班长负责组织供水。

3）两个或两个以上中队。两个或两个以上消防中队投入灭火时，上级指挥员尚未到达火场时，由辖区消防中队指挥员（或增援中队火场指挥员）和水源班长负责组织供水。

（2）火场指挥部的火场供水组织

消防总（支、大）队指挥员到达火场后，火场指挥部应指定专人负责指挥火场供水。

**8. 消防供水方法**

（1）直接供水

直接供水是指火场供水车（泵）直接停靠于水源取水或利用车载水直接铺设水带干线

出水枪灭火。直接供水的形式有两种：一是消防车利用车载水直接出水枪（炮）灭火；二是消防车（泵）停靠于水源吸水，出水枪（炮）灭火。

1）直接供水的条件。当水源与火场之间的距离在消防车（泵）供水能力范围内时，消防车（泵）应就近停靠使用水源吸水，铺设水带直接出水枪灭火。当到场消防车总载水量足以扑灭初期火灾时，消防车可靠近燃烧区，消防人员铺设水带直接出水枪灭火。

2）直接供水的形式。消防车（泵）直接供水的形式包括：单干线1支水枪、单干线2支水枪、双干线2支水枪、双干线3支水枪、手抬机动泵吸水出水枪灭火等。

（2）串联供水

1）串联供水的条件。火场附近有消火栓或其他可以使用的水源时，负责供水的消防车可以使用消火栓或其他技术措施取水；在需要提高普通水罐（低压泵）消防车出水口压力时；火场燃烧面积大，灭火用水量较大，需要长时间不间断供水时；水带数量充足或有利于铺设水带的情况下，水源距离火场超过1000m时。

2）串联供水的形式。分为以下两种：

① 接力供水。当水源距离火场超过消防车、泵供水能力时，可利用若干辆消防车分别间隔一段距离，停放在供水线路上，由后车向前车依次连接水带，通过水泵加压将水输送到前车水罐，供前车出水枪灭火。供水干线应尽量使用大口径水带。

② 耦合供水。当火灾现场高度或距离超过普通水罐消防车、泵的供水高度或供水距离时，可利用若干辆消防车或消防车与手抬机动泵进行耦合供水，提高前车泵压，将水供到高处或远处。

（3）运水供水

运水供水是利用若干辆消防水罐车、洒水车、运输液体的槽（罐）车等，从水源处加水运送到前方的主战消防车供出水灭火。

1）运水供水的条件。具体包括：火场附近没有消火栓或其他可以使用的水源，消防车需要到较远的地方去加水时；火场燃烧面积较大，灭火用水量较多，火灾现场附近水源供应能力不足时；消防队配有大容量水罐消防车，火场周围交通道路、水源情况便于运水时；火场现场环境复杂，不便于远距离铺设水带供水时。

2）运水供水的形式。根据供水消防车的载水量，主要采用两种运水供水形式：

① 现场没有重型水罐消防车供水时，采用多辆轻型、中型水罐消防车、洒水车、运输液体的槽（罐）车等来回运水，向主战消防车供水。

② 现场有重型水罐消防车供水时，采用由重型水罐消防车向主战消防车供水，多辆轻型、中型水罐消防车、洒水车、运输液体的槽（罐）车等来回运水，向重型水罐消防车供水。

（4）排吸器引水与移动泵供水

1）排吸器引水供水。消防车距水源8m以外无法靠近，或超过消防车吸水深度，水温超过60℃影响真空度时，可使用排吸器与消防车、移动消防泵联合取水以及向前方供水。

2）浮艇泵吸水供水。消防车距水源8m以外无法靠近，或超过消防车吸水深度以及水源较浅消防车难以进行吸水的情况下，可利用浮艇泵吸水为消防车供水。浮艇泵吸水时，水源深度需保证在75mm以上。

3）手抬机动泵吸水供水。消防车距水源8m以外无法靠近，或超过消防车吸水深度时，可利用手抬机动泵为消防车供水。

【**例 7-1**】　某一油罐区，固定顶立式罐的直径均为 10m。某日因遭雷击，固定冷却系统损坏，其中一只储罐着火，并造成地面流淌火，距着火罐壁 15m 范围内的邻近罐有 2 只，若采用 6% 普通蛋白泡沫灭火，泡沫混合液量为 48L/s，采用移动式水枪冷却，着火罐及邻近罐冷却水供给强度分别为 0.6L/(s·m) 和 0.35L/(s·m)。试计算消防用水量。

【**解**】　(1) 配制泡沫的灭火用水量

$$Q_{灭} = aQ_{混} = 0.94 \times 48L/s = 45.12L/s$$

$a$ 为泡沫混合液中的含水率，此处使用 6% 泡沫液，故 $a$ 取 0.94。

(2) 着火罐冷却用水量

$$Q_{着} = n\pi Dq = 1 \times 3.14 \times 10 \times 0.6L/s = 18.84L/s$$

(3) 邻近罐冷却用水量

$$Q_{邻} = 0.5n\pi Dq = 0.5 \times 2 \times 3.14 \times 10 \times 0.35L/s = 10.99L/s$$

(4) 油罐区消防用水量

$$Q = Q_{灭} + Q_{着} + Q_{邻} = (45.12 + 18.84 + 10.99)L/s = 74.95L/s$$

【**例 7-2**】　有一辆消防车从天然水源处吸水，使用 10 条 65mm 胶里水带供应一支 19mm 水枪，扑救室外火灾，要求水枪的有效射程不小于 15m，水源至火场地势平坦，试计算消防车水泵出口压力。

【**解**】　水源至火场地势平坦，则 $H_{1-2} = 0$。

查表 7-1 得 19mm 水枪，有效射程为 15m 时，水枪喷嘴处压力和流量分别为 $27 \times 10^4$Pa 和 6.5L/s。

查表 7-2 得 65mm 胶里水带，流量为 6.5L/s 时，每条水带的压力损失为 $1.48 \times 10^4$Pa，10 条水带的压力损失：

$$h_d = 10 \times 1.48 \times 10^4Pa = 14.8 \times 10^4Pa$$

水带压力损失也可按下式计算：

$$h_d = nSQ^2$$

$n = 10$，查表 7-4 和表 7-5 得 $S = 0.035$，$Q = 6.5$L/s，则：

$$h_d = nSQ^2 = 10 \times 0.035 \times 6.5^2 \times 10^4Pa = 14.8 \times 10^4Pa$$

消防车水泵出口压力：

$$H_b = h_q + h_d + H_{1-2} = (27 + 14.8 + 0) \times 10^4Pa = 41.8 \times 10^4Pa$$

【**例 7-3**】　某单层木材仓库着火，燃烧面积约 240m²，火场上每辆消防车供应两支 19mm 水枪，有效射程为 15m，灭火用水供给强度为 0.2L/(s·m²)，试计算火场供水车数量。

【**解**】　(1) 根据水枪的控制面积确定供水车数量

查表 7-1 得 19mm 水枪、有效射程为 15m 时，流量为 6.5L/s。每支 19mm 水枪的控制面积：

$$f = Q/q = 6.5/0.2\mathrm{m}^2 = 32.5\mathrm{m}^2$$

火场供水车数量：

$N = A/(nf) = 240/(2 \times 32.5)$ 辆 $= 3.69$ 辆，实际使用取 4 辆。

（2）根据消防车控制火势面积确定供水车数量

每辆消防车出两支 19mm 水枪，消防车供水流量为 13L/s，则每辆消防车控制火势面积：

$$A_{车} = Q_{车} \div q = 13 \div 0.2\mathrm{m}^2 = 65\mathrm{m}^2$$

火场供水车数量：

$N = A/A_{车} = 240/65$ 辆 $= 3.69$ 辆，实际使用取 4 辆。

（3）根据火场燃烧面积确定供水车数量

$N = Aq/Q_{车} = 240 \times 0.2/13$ 辆 $= 3.69$ 辆，实际使用取 4 辆。

通过以上计算可以发现，三种计算方法的结果是一致的，其实原理是相同的，也就是说火场上可以采用任何一种方法进行计算。

### 7.2.4 火场供水注意事项

1）消防车辆进入火场后，应当按照火场指挥员指定的位置停稳车辆。车辆的停放姿态需能够满足对火场进攻与撤退的需要，必须确保灵活自如地随时撤出危险位置。车辆发动机必须保持运转状态，切不可盲目熄火，贻误灭火时机。消防车开始供水时，应逐步升高水压，避免因水枪的反作用力以及突然升压产生的水锤现象造成灭火人员伤亡或水带爆破，影响灭火救援工作的顺利开展。消防水带在铺设过程中，如果要通过有锐利物品的公路和地面时要做好水带的保护，防止水带被割伤爆裂和汽车通过碾压水带影响救火。

2）在接入水源的过程中，应注意消火栓供水压力是否能够满足消防车需要。调取天然水源应注意河塘的水深情况、淤泥情况等，防止过浅水深以及进水管吸水口受淤泥影响而导致火场供水中断。

3）在水源离火场距离超过消防车的直接供水能力时，应采用消防车接力供水方式进行火场供水。供水车驾驶员应注意受水车溢水管的溢水情况，保持适当的供水量。在后车无法观察前车的溢水情况时，前车驾驶员可以打开本车水罐上部的人孔，防止因供水量过大发生的胀罐现象。在供水过程中，受水车应选择坚硬的路面停放，在无法停放于坚硬路面时，应采取必要的措施，防止因溢水而使车辆陷入泥潭。直接耦合接力供水时，应尽量使用同一型号的消防车辆，各车之间必须相互协调，防止因操作不当使供水中断。在直接供水压力较高时，应注意保持适当水压，防止伤及灭火人员。

## 7.3 泡沫消防车

泡沫消防车是指装配有水泵、泡沫液罐、水罐以及成套的泡沫混合和产生系统，以泡沫灭火为主、水灭火为辅的灭火车辆。泡沫消防车由汽车底盘和其上装部分的专用装置组成，其中专用装置主要包括取力器、水泡沫液罐、器材箱、泵房、消防泵、真空泵、泡沫比例混合装置及消防枪炮等。泡沫消防车通过取力器装置将汽车底盘发动机的动力输出,并经一套传动装置驱动消防泵工作,通过消防泵、泡沫比例混合装置将水和泡沫液按一定比例混合,再经消防炮和泡沫灭火枪喷出灭火。

## 7.3.1 泡沫消防车的分类

根据泡沫比例混合器中的混合成分不同,泡沫消防车可分为普通泡沫消防车和压缩空气泡沫消防车。

**1. 普通泡沫消防车**

普通泡沫消防车是在水罐消防车的基础上通过设置泡沫灭火系统改进而成的,具有水罐消防车的水力系统及主要设备,并配备泡沫液罐、泡沫比例混合器、压力平衡阀、泡沫液泵和泡沫枪炮等设备。普通泡沫消防车特别适合扑灭石油及其产品等易燃液体火灾,既可独立扑灭火灾,也可向火场供水和供泡沫混合液。

**2. 压缩空气泡沫消防车**

压缩空气泡沫消防车通过在泡沫比例混合器中加入压缩空气,利用压缩空气的搅动和吹动作用产出大量细腻的泡沫进行灭火,如图 7-3 所示。压缩空气泡沫系统主要由消防泵、压缩空气系统、泡沫比例混合系统、喷射装置、管路系统等组成,其液罐内配备有水和泡沫,通过压缩空气泡沫系统喷射泡沫。压缩空气泡沫系统的作用是将一滴水变成多个泡沫,其中每一个泡沫的灭火功效与一滴水的功效相等,因此大大提高了灭火效

图 7-3 压缩空气泡沫消防车

果。压缩空气泡沫灭火剂是扑救 A 类、B 类火灾的理想灭火剂,尤其适用于扑救建筑物、森林及灌木丛、草场、垃圾填埋场、纸张、谷物、轮胎等 A 类固体物质火灾以及运输工具内部火灾等,是扑救高层建筑火灾的有力武器。

(1) 优点

相对于普通泡沫消防车而言,压缩空气泡沫消防车有以下优点:

1) 灭火效率高。压缩空气泡沫消防车采用的是压缩空气、高效浓缩泡沫灭火液和水三合一的强力喷灭方式,附于泡沫上的水膜吸热面积大、吸热能力强。同时泡沫又具有隔绝空气的作用,专用的泡沫液可以阻止化学链式反应,灭火效果远远优于传统泡沫消防车和水罐消防车。泡沫剂可明显地减小水分子之间的张力,使泡沫液具有很强的渗透性,可渗透到燃烧物的内部,大大缩短灭火时间。由于降温迅速,可减小轰燃和复燃的危险,减少烟雾的形成,可大大减小消防员的危险。

2) 水和泡沫用量少,使用成本低。压缩空气泡沫为高倍数泡沫,发泡率高,通常配方比只有 0.2% ~ 0.5%,而普通泡沫的配方比为 3% ~ 6%,压缩空气泡沫浓缩液用量仅为普通泡沫液的 1/10。此外,水分全部附着于泡沫表面,起到了吸热的作用,减少了水的流失,克服了常规水罐消防车用水量大的弱点。在同等灭火条件下,该类消防车比传统水罐消防车节水 80% 以上,特别适用于干旱缺水的城乡地区使用。

3) 车身小巧,机动灵活。压缩空气泡沫消防车灭火效能高,在保证同等灭火能力下,

车身可大幅度减小。短小的车身使其在灭火过程中行动灵活，转弯、调头容易，机动性能大幅度提高。

4）灭火人员劳动强度低。消防水管中流动的是压缩空气泡沫，只含少量的水，水带重量是传统水带重量的 1/5～1/3，操作轻松，可节省灭火人员体力以利于长时间灭火作业。

5）泡沫形态可根据火场情况快速调节。压缩空气泡沫消防车可方便地调节泡沫形态，以满足不同情况下的灭火需求。湿式泡沫含水量大，并具有较好的渗透性，可用于初期灭火和消除残火。干式泡沫含水量少，并具有较强的附着力和稳定性，能较长时间附着在物体的表面，对未燃物能起到很好的隔离保护作用，灭火后也可有效地防止复燃。

（2）分类

根据车体体型的不同，泡沫消防车可分成轻型、中型和重型泡沫消防车。

1）轻型泡沫消防车：底盘承载能力 $G_a$ 符合 $0.5t < G_a \leqslant 5t$ 之间的泡沫消防车。

2）中型泡沫消防车：底盘承载能力 $G_a$ 符合 $5t < G_a \leqslant 8t$ 之间的泡沫消防车。

3）重型泡沫消防车：底盘承载能力 $G_a$ 符合 $G_a > 8t$ 的泡沫消防车。

### 7.3.2 泡沫消防车的组成和性能参数

泡沫消防车是在水罐消防车的基础上通过设置泡沫灭火系统改进而成的，车上装备较大容量的水罐、泡沫液罐、水泵、水枪及成套泡沫设备和其他消防器材。泡沫消防车既可独立扑救易燃和可燃液体火灾，也可向火场供水和供泡沫混合液。

泡沫消防车主要由乘员室、车厢、泵及传动系统、泡沫比例混合装置、泡沫/水两用炮及其他附加装置组成，如图 7-4 所示。泡沫比例混合装置根据空气泡沫比例混合系统的形式来确定，主要由泡沫比例混合器、压力水管路、泡沫液进出管路及球阀等组成。消防管路用不同颜色区分，消防泵进水管路及水罐至消防泵的输水管路应为国标规定的深绿色，泡沫液罐与泡沫液泵或泡沫比例混合器的输液管路应为规定的深黄色，消防泵出水管路应为规定的大红色。

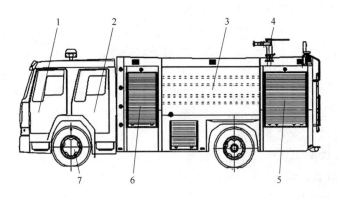

图 7-4 泡沫消防车的结构图

1—驾驶室 2—乘员室 3—水泡沫液罐 4—消防枪/炮 5—泵房 6—器材室 7—底盘

### 1. 动力输出装置

国产泡沫消防车多采用主车发动机取力方式，目前中型和重型泡沫消防车的取力方式主要为将取力器置于主离合器和变速器之间的夹心式取力器（变速器前置式）和传动轴取力器（变速器后置式）两种方式。采用夹心式取力器将主发动机的动力取出经传动系统传到水泵，驱动水泵运转，可以实现双动功能，是目前主要的取力方式。

**2. 水-泡沫罐体**

水-泡沫罐体是泡沫消防车上装载灭火剂的主要容器，泡沫液罐的结构与水罐基本相同，容积小于水罐。由于泡沫液的腐蚀性很强，一般采用含镍、铬的不锈钢材料制造，或采用聚丙烯抗腐材料或玻璃钢加强塑料制造，也有使用玻璃钢罐体或在普通钢板的内壁敷贴玻璃钢。罐顶设有人孔，便于人员出入维修。部分泡沫消防车在水罐与泡沫罐之间设有可拆卸的连通孔盖，根据需要可全部装水，变成一般的水罐消防车。泡沫消防车的其他结构和装置与水罐消防车大体相似，区别在于附加电气系统中增加了泡沫液位显示器线路。

安装在泡沫消防车上的水-泡沫罐体需要同时满足以下要求：

1）当泡沫车罐容积超过 $12m^3$ 时，容积误差不应超过 $\pm 2\%$；当容积在 $1 \sim 12m^3$ 时，每减少 $1m^3$，其误差绝对值增加 $0.1\%$；当容积小于 $1m^3$ 时，容积误差不应超过 $10\%$。

2）罐体和阀门应采用防腐材料或经过防腐处理。

3）罐容积超过 $2m^3$ 时，罐内应设防荡板；罐容积超过 $3m^3$ 时，罐内应设纵向防荡板，防荡板隔出的单腔容积不应大于 $2m^3$。

4）容积大于 $1m^3$ 的罐顶部应设置可供人员进出的人孔及人孔盖，人孔直径不小于 $0.4m$。水罐人孔盖在罐内压力超过 $0.1MPa$ 时可自动卸压。

5）水罐和泡沫液罐最低处应设置排污孔，排出的淤物不应接触车身或底盘零部件。

6）水罐和泡沫液罐应设置液位或液量的指示装置。

7）水罐和泡沫液罐应能承受 $0.1MPa$ 的静水压力，且经 $0.1MPa$ 静水压强度试验后罐体两侧面不应出现明显残余变形以及与之相连接的管道、阀门无渗漏。

8）泡沫液罐应设置呼吸口，呼吸口应保证正常输送泡沫液。

**3. 器材箱**

器材箱多采用钢框架焊接结构，内敷全铝合金板或钢板。器材箱内部的布置结构可分为四种：固定分隔档式，即各个分隔档框架是固定式的，不可调节；活动分隔档式，即分隔框架由铝合金型材制作内铺设花纹铝板，可调节间隔；推拉抽屉式，即制作为推拉式的抽屉形式便于取用器材，但制作比较复杂；旋转架式，即将各分隔档制作成可旋转的小型器材隔档，其中进口消防车多采用这种形式。

**4. 消防泵**

目前国内泡沫消防车所配置的消防泵大致可分为三类：常压泵（低压泵），即单级离心泵；中低压组合消防泵，即多级离心泵；高低压泵。消防泵的配置有中置和后置之分。

**5. 泵房**

泵房和器材箱一样，多为全钢式框架焊接结构，除了置放消防泵以外，一般也有放置与泵相关的器材空间，以便消防队员操作。

**6. 泡沫比例混合装置**

空气泡沫比例混合系统通过负压或正压供给泡沫液，使泡沫液和水按一定比例（3%、6% 和 9%）混合，并由水泵将混合液送至泡沫发生装置。它的工作原理是利用水泵出口引出的水流在经过文丘里管的入口和出口时产生的负压将从泡沫计量控制阀流出的泡沫原液吸入车载水泵中，按照设定的比例，使泡沫原液和水混合为具有良好灭火能力的泡沫混合液，再经水泵出口沿管道输送至车载消防炮或消防枪喷射出去。目前国内的泡沫比例混合器以6%混合比的泡沫液为主。

空气泡沫比例混合系统的布置形式主要分为两种：第一类是出口侧混合方式，第二类是进口侧混合方式。根据混合方式的不同，空气泡沫比例混合系统还可以分为预混合系统、线型比例混合系统、环泵式比例混合系统和自动压力平衡式比例混合系统。

（1）预混合系统

预混合系统是预先将泡沫液和水按照一定的比例混合好，优点是结构简单、比例精准；缺点是不能水和泡沫两用，而且只适用于清水泡沫，这是由于普通蛋白泡沫和氟蛋白泡沫不能长期与水预混合。

（2）线型比例混合系统

线型比例混合系统的工作原理如图7-5所示，在消防泵与车辆出水口之间设置文丘里管，利用水流流过收缩部位所产生的真空度吸入泡沫液，获得给定比例的空气泡沫混合液。这种结构设计比较简单、故障少且造价便宜，但管路向出口端收缩使得压力损失大、吸入量和送水量受限，造成枪和炮进口压力较低。移动式线型比例混合器，通常安装在水带连接处。

（3）环泵式比例混合系统

环泵式比例混合系统的工作原理如图7-6所示，工作时从水泵的出水管上引出一路压力水，通过一只泡沫比例混合器，在它的收缩部位造成真空（实际利用喷射泵以及文丘里管原理），此处经管道与泡沫液罐相连接，泡沫液在大气压作用下进入混合器。泡沫液的流量由混合器调节阀（计量器）控制，首先在泡沫比例混合器出液管中制成20%～30%比例的浓混合液，再将该浓度的混合液送入泵的进水管，进而使泵出水管路中的混合液浓度达到规定的混合比例。

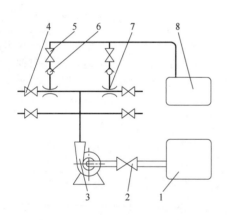

图7-5　线型比例混合系统原理图

1—水罐　2—进水阀　3—水泵
4—泡沫混合液输出管路　5—泡沫液管出液阀
6—单向阀　7—文丘里管　8—泡沫液罐

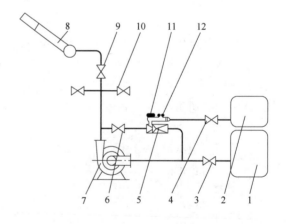

图7-6　环泵式比例混合系统

1—水罐　2—泡沫液罐　3—水泵进水阀　4—混合器
进液阀　5—泡沫比例混合器　6—混合器进水阀
7—水泵　8—泡沫-水两用炮
9—泡沫炮出水液阀　10—出水液阀
11—混合器调节阀　12—吸液阀盖

环泵式比例混合系统具有结构简单、故障少且造价低等优点，多采用刚性泡沫容器。相比于线型比例混合系统，环泵式比例混合系统可以获得较大的流量和压力，但必须使水泵先正常工作以吸取泡沫液。此外，进水口不能直接使用压力水源，适宜使用天然水源或将压力水先注入水罐。

（4）自动压力平衡式比例混合系统

自动压力平衡式比例混合系统是将泡沫液强制压入水中形成混合液的混合方式，它有依靠出水压力压送和采用专用泡沫液泵压送两种方式。目前选用正压式自动比例混合系统的泡沫消防车多采用泡沫液泵压送方式，该方式对精准监测和控制要求较高，具有比例控制精准的优点，但成本较高，多用于高端泡沫消防车。

### 7.3.3　泡沫消防车的使用注意事项

泡沫消防车是扑救石油、化工、厂矿企业、港口货场等火灾的必要装备。石油化工类火灾具有燃烧速度快、火场情况变化多、爆炸燃烧概率大以及对消防车及消防人员的威胁大等特点。火场中正确使用泡沫消防车是扑灭石油化工类火灾的基础。为了使泡沫消防车到达火场的有利位置后能够迅速展开灭火，必须注意以下几点：

1）泡沫消防车应当用侧后部对向火场，迅速出水，增至适当压力后，打开压力水旋塞，再打开泡沫罐出液球阀，将混合器调至适当位置，对准火焰中心，喷射泡沫液。

2）当使用泡沫炮或枪进行近距离灭火时，应当根据火势情况对消防车进行必要的保护，通常可用石棉布遮盖车体或并用水雾进行保护。

3）在整个灭火过程中驾驶员必须坚守岗位，注意本车泡沫液的实时余量，并及时加注泡沫液。泡沫液一旦用尽再加注，必然影响整个灭火行动。

### 7.3.4　泡沫消防车的灭火应用

**1. 泡沫灭火器具的相关计算**

（1）空气泡沫枪的混合液流量计算

$$q_{泡} = k_{混}\sqrt{p} \tag{7-31}$$

式中　$q_{泡}$——空气泡沫枪的混合液流量（L/s）；

$p$——泡沫枪的进口压力（$10^4$Pa）；

$k_{混}$——泡沫枪混合液流量系数，PQ4、PQ8 和 PQ16 的取值分别为 0.478、0.956 和 1.912。

（2）空气泡沫灭火器具的控制面积计算

$$A_{泡} = q_{泡}/q \tag{7-32}$$

式中　$A_{泡}$——每个空气泡沫灭火器具的控制面积（$m^2$）；

$q_{泡}$——每个空气泡沫灭火器具的泡沫产生量（L/s）；

$q$——泡沫灭火供给强度 [L/（s·$m^2$）]。

（3）空气泡沫灭火器具所需数量计算

根据燃烧面积确定空气泡沫灭火器具数量，计算公式如下：

$$N = A/A_{泡} \tag{7-33}$$

式中　$N$——火场需要泡沫灭火器具的数量（支）；

　　　$A$——火场燃烧面积（$m^2$）；

　　　$A_泡$——每个空气泡沫灭火器具的控制面积（$m^2$）。

**2. 泡沫消防车灭火参数计算**

泡沫消防车只是在水罐消防车的基础上增加了一套泡沫灭火系统，因此，上一节的计算内容适用于泡沫消防车，但它也有自己特定的计算内容。

（1）泡沫消防车的最大供泡沫距离计算

为发挥泡沫枪的效能和消防车的供水能力，泡沫枪的进口压力宜不低于 $50 \times 10^4 Pa$，计算公式如下：

$$S_n = (H_b - H_i - H_{1-2})/h_d \tag{7-34}$$

式中　$S_n$——消防车的最大供泡沫距离（水带条数）；

　　　$H_b$——消防车水泵出口压力（$10^4 Pa$）；

　　　$H_i$——泡沫管枪进口压力（$10^4 Pa$），通常取 $50 \times 10^4 Pa$；

　　　$H_{1-2}$——标高差（m），即泡沫车停靠地面与泡沫枪手站立位置的垂直高度差；

　　　$h_d$——水带的压力损失（$10^4 Pa$）。

（2）泡沫灭火车所需数量计算

1）根据泡沫消防车控制面积确定火场泡沫消防车数量：

$$N = A/A_车 \tag{7-35}$$

式中　$N$——火场泡沫消防车数量（辆）；

　　　$A$——火场燃烧面积（$m^2$）；

　　　$A_车$——每辆泡沫消防车控制火势面积（$m^2$）。

2）根据火场燃烧面积确定泡沫消防车数量：

$$N = \frac{Aq}{Q_车} \tag{7-36}$$

式中　$N$——火场泡沫消防车数量（辆）；

　　　$A$——火场燃烧面积（$m^2$）；

　　　$q$——泡沫灭火供给强度 $[L/(s \cdot m^2)]$；

　　　$Q_车$——每辆泡沫消防车泡沫供给强度（$L/s$）。

**【例 7-4】**　某一油罐区，固定顶立式罐的直径均为 14m。某日因遭雷击，固定灭火系统损坏，其中一只储罐着火，呈敞开式燃烧，并造成地面流淌火约 $80 m^2$。若采用普通蛋白泡沫及 PQ8 型泡沫枪灭火（进口压力为 $70 \times 10^4 Pa$ 时，PQ8 型泡沫枪的泡沫量为 50L/s，混合液流量为 8L/s），泡沫灭火供给强度为 $1L/(s \cdot m^2)$，试计算灭火需用泡沫液量。

**【解】**　（1）固定顶立式罐的燃烧面积

$$A = \frac{\pi D^2}{4} = \frac{3.14 \times 14^2}{4} m^2 = 153.86 m^2$$

（2）扑灭储罐及液体流散火需用泡沫量

储罐：　　　　　$Q_1 = A_1 q = 153.86 \times 1 L/s = 153.86 L/s$

液体流散火：　　$Q_2 = A_2 q = 80 \times 1 L/s = 80 L/s$

(3) PQ8 型泡沫枪数量

进口压力为 $70 \times 10^4 Pa$ 时，每支 PQ8 型泡沫枪的泡沫量为 50L/s，泡沫混合液量为 8L/s，则扑灭储罐及液体流散火需用 PQ8 型泡沫枪的数量计算如下。

储罐：$N_1 = Q_1/q = 153.86/50$ 支 $= 3.08$ 支，实际使用取 4 支。

液体流散火：$N_2 = Q_2/q = 80/50$ 支 $= 1.6$ 支，实际使用取 2 支。

(4) 泡沫混合液量

$$Q_混 = N_1 q_{1混} + N_2 q_{2混} = (4 \times 8 + 2 \times 8) L/s = 48 L/s$$

(5) 泡沫液常备量

$$Q_液 = 0.108 Q_混 = 0.108 \times 48 t = 5.19 t$$

灭火泡沫液常备量为 5.19t。

【例 7-5】 某火场准备使用 65mm 胶里水带供一支 PQ8 型泡沫枪灭火，当消防车水泵出口压力为 $70 \times 10^4 Pa$，泡沫枪进口压力为 $50 \times 10^4 Pa$，标高差为 0 时，试求其最大供泡沫距离。

【解】 PQ8 型泡沫枪进口压力为 $50 \times 10^4 Pa$ 时，根据公式：$q_泡 = k_混 \sqrt{p}$，计算得出泡沫混合液量为 6.76L/s。

查表 7-2，经计算得每条 65mm 胶里水带的压力损失为 $1.602 \times 10^4 Pa$。

则消防车最大供泡沫混合液距离为

$$S_n = \frac{H_b - H_i - H_{1-2}}{h_d} = \frac{70 - 50 - 0}{1.602} 条 = 12.5 条$$

而在实际火场中使用取 12 条。

消防车最大供泡沫混合液距离为 12 条水带长度。

## 7.4 干粉消防车

干粉消防车是指装配有干粉罐及全套干粉喷射装置与吹扫装置的灭火类消防车。干粉消防车以干粉为灭火介质，以惰性气体为驱动气体，通过干粉喷射装置喷射干粉灭火剂，适用于扑救可燃液体、可燃气体及电气设备等火灾。当使用 ABC 干粉灭火剂时，还可用于扑救一般固体物质火灾。

### 7.4.1 干粉消防车的分类和组成

**1. 分类**

根据驱动方式的不同，干粉消防车可分为储气式干粉消防车和储压式干粉消防车，其中储气式干粉消防车是目前最常用的干粉消防车。根据载粉量的不同，干粉消防车可分为轻型、中型和重型干粉消防车，其中轻型和中型干粉消防车在国内最为常用。

## 2. 组成

干粉消防车多通过现有汽车底盘改装而成，在保持原车底盘性能的基础上加装干粉罐、加压装置、整套干粉喷射装置以及其他消防器材。少数干粉消防车在装备干粉灭火系统的同时还装配有消防水泵及其管路系统，使干粉消防车在具备常规消防车基本功能的同时还拥有了泵浦消防车的功能。

储气式干粉消防车是由储气瓶储存的压缩气体能量驱动喷射干粉的消防车。储气瓶式干粉消防车的具体结构组成如图 7-7 所示，大体可分为上装部分和下装部分两大部分。

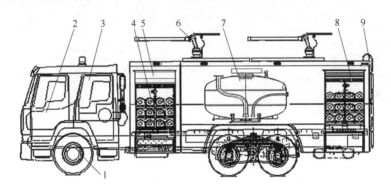

图 7-7　储气瓶式干粉消防车结构图
1—底盘　2—驾驶室　3—乘员室　4—动力氮气瓶组　5—前罐厢总成　6—干粉炮
7—干粉罐　8—后罐厢总成　9—后备梯

下装部分主要为消防车的底盘，可分为通用汽车底盘和专用汽车底盘两大类。通用汽车底盘是指直接使用其他汽车企业生产的底盘，经过简单的改造后作为干粉消防车等特种车辆的底盘；专用汽车底盘是指单独用于专用汽车的底盘，除该类专用汽车外不能用于其他车辆。干粉消防车底盘改装要求不高，不需要改变汽车底盘的工作原理和原有的重要结构，只需添加必要的工作装置，比如副车架、器材箱、盖板等结构。另外，干粉消防车的市场有限，生产销售的数量较小，研发专用底盘的经济效益低下，因此现有干粉消防车的底盘几乎都为通用底盘。

上装部分主要包括：动力氮气瓶组、干粉罐、干粉炮、干粉枪、输气系统、出粉管路、吹扫管路、放余气管路及控制阀门和仪表等。

（1）动力氮气瓶组

动力氮气瓶组是输送干粉灭火剂的动力源，由若干气瓶组成，安装在车厢后部，通过卡簧固定在车厢器材箱内，并设有减震圈和防松动橡胶垫。

（2）干粉罐

干粉罐是储存干粉灭火剂的容器，通过固定支撑结构安装在车厢中部，顶部设有安全阀接头、放余气接头和压力表接头，并安装单向阀结构作为进气结构，以防止干粉倒流，具体构造如图 7-8 所示。

（3）干粉炮

干粉炮主要由炮管、弯头内套管、定位机构及变量控制阀等组成，是一种可变量炮，一般有 2~3 种喷射强度，可视火情选择不同的喷射强度。

（4）输气系统

输气系统的作用是将压缩氮气按要求输送到干粉罐内，推动干粉沿出粉管路、干粉炮（枪）喷洒到火场。输气系统分为高压输气系统和低压输气系统两部分。高压输气系统是指由氮气瓶到减压阀的高压入口之间的部分，它主要由集气管、截止阀、减压阀及管路组成，该部分管件均能承受 15MPa 的压力。低压输气系统是指从减压阀出口处至干粉罐进气环管之间的部分，它主要由三通管、球阀、软管、接管等组成。

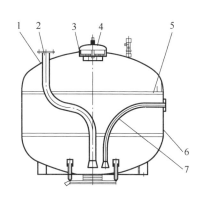

图 7-8　干粉罐结构图

1—出粉管补强圈　2—炮出粉口　3—加粉孔座
4—加粉孔盖　5—补强圈　6—罐体　7—枪出粉口

（5）减压阀

减压阀是输气系统中的重要零件，主要是将氮气瓶内 13.7 ~ 14.7MPa 的高压氮气减压到 1.4MPa，并供给干粉储罐作为干粉灭火剂的喷射动力。当干粉罐内压力达到工作压力时，氮气瓶组将自动停止供气；当罐内压力低于工作压力时，氮气瓶组将自动补气，使之维持工作压力。

（6）出粉管路

干粉消防车出粉管路有三条：炮出粉管路、左干粉枪出粉管路和右干粉枪出粉管路。

（7）吹扫管路

吹扫管路系统主要由吹扫总管路、炮吹扫管路、左右枪吹扫管路、分配管及管路控制阀门等组成，主要用于清除干粉消防车喷射干粉后残留在枪、炮及管路中的剩余干粉。

（8）放余气管路

放余气管路的作用是当干粉停止喷射后，将罐内的余气放掉，以免发生危险。

（9）压力表

干粉氮气系统共设有四只压力表，其中一只用以观察气源压力，另外三只分别安装在干粉炮上和车厢内，用来观察干粉炮和车厢内的压力。

### 7.4.2　干粉消防车的性能参数和使用范围

**1. 性能参数**

除轻型干粉消防车外，中型、重型干粉消防车都装备干粉炮，表 7-7 列出了部分干粉消防车的主要性能参数。

表 7-7　部分干粉消防车的主要性能参数

| 名称 | SXF5100TXFGF20P | SXF5140TXFGF35P | ZDX5190TXFGF40 | CX5130GXFGF40 |
|---|---|---|---|---|
| 外形尺寸/mm | 7200 × 2400 × 3320 | 8300 × 2500 × 3300 | 9500 × 2500 × 3500 | 7910 × 2480 × 3200 |
| 发动机额定功率/kW | 99 | 132 | 191 | 117 |
| 最高车速/(km/h) | 90 | 90 | 95 | 97 |
| 满载总质量/kg | 9200 | 14100 | 18525 | 13000 |

（续）

| 干粉质量/kg | 2000 | 1750×2 | 4000 | 3600 |
|---|---|---|---|---|
| 氮气瓶数量/只 | 9 | 12 | 18 | 16 |
| 氮气瓶工作压力/MPa | 15 | 15 | 15 | 15 |
| 干粉炮射程/m | ≥35 | ≥35 | ≥35 | ≥40 |
| 干粉炮喷射率/(kg/s) | 30 | 30 | 35 | ≥40 |

**2. 使用范围**

干粉消防车主要适用于扑救大面积可燃和易燃液体火灾（如石油、液态烃、醇和醚等）、可燃气体火灾（如液化可燃气、天然气和煤气等）、带电设备火灾以及一般物质的火灾。对于大型石油化工企业、油田、码头和化工厂管道火灾的扑救效果尤为显著，是石油化工企业常备的消防车。

### 7.4.3 干粉消防车的工作原理

干粉氮气系统工作流程如图 7-9 所示，打开氮气瓶组后高压氮气经减压阀压力降至1.4MPa，之后打开进气球阀对干粉罐充气，当罐内压力达到 1.4MPa 时，减压阀处于平衡状态。氮气通过管道从罐的底部进入干粉罐，强烈搅动干粉，使罐内的气、粉两相混合流处于"沸腾"状态。当打开干粉炮或干粉枪进行喷射时，罐内压力降低使得减压阀又自动开启，继续向干粉罐内补充氮气，如此反复保证灭火作业的正常进行。干粉罐内压力可通过炮操纵杆上的压力表或器材箱内的罐压力表读出，罐上设有安全阀，确保干粉罐的安全。

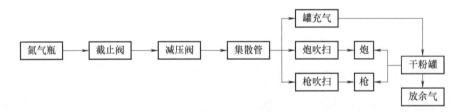

图 7-9　干粉氮气系统工作流程

灭火过程中，干粉气流在与火焰接触时，吸收燃烧反应链中的自由基团，中断链锁反应，从而使火焰熄灭。

### 7.4.4 干粉炮和干粉枪的操作使用

**1. 干粉炮的操作使用方法**

1）首先打开炮口闷盖，再检查炮操纵盒上的各操纵手柄是否处于关闭位置。

2）调整操纵扶手位置。调整时操作人员手握干粉炮操纵扶手，右手同时扳动右侧扶手下的拉销手柄，扶手转动到合适位置后，松开拉销手柄，定位销自动复位，即到所需工作位置。

3）打开炮定位销。操作时将炮左侧操纵扶手上的定位销手柄向下按，同时向后拉至开的位置，松开定位销手柄，使其卡入开位置缺口中。干粉炮即可在垂直方向俯仰角 ±45°、水平方向 ±270°范围内运动。

4）视火情调整干粉炮喷射强度。当需要喷射不同强度时，可将强度调节手柄按箭头所指方向进行调节。

5）当干粉喷完后，将罐出粉阀门关闭。如果连续使用，再打开前罐干粉球阀，即可连续喷粉，灭火后将前罐干粉阀门关闭。

**2. 干粉枪的操作使用方法**

1）首先对干粉枪的干粉罐充气。

2）打开车厢器材箱门，取出喷枪，拉出胶管，对准火源，胶管另一端与后罐干粉快速接头连接以接通出粉管路。

3）当干粉罐的表压达到工作压力时，打开枪出粉球阀，然后扣动扳机，干粉即从枪口高速喷出。

4）工作完毕后，关闭后罐进气球阀、枪出粉球阀，待吹扫干净放回原处。

**3. 干粉炮和干粉枪的吹扫操作**

喷粉工作结束后，应对干粉炮或干粉枪进行吹扫，清除余粉。

1）打开吹扫总球阀，再打开炮吹扫球阀，对干粉炮进行吹扫；打开干粉枪吹扫球阀，即可对干粉枪及出粉胶管进行吹扫。

2）吹扫完后，关闭各吹扫球阀。将炮转到原固定位置，把胶管从快速接头上取下，缠到卷车上。

3）将氮气瓶瓶头阀门关闭，再将气源截止阀关闭。

**4. 放余气操作**

干粉罐充气后，如果没有喷粉或罐内干粉只喷出一部分，应将罐内存气放掉。首先，打开干粉罐放余气球阀进行放气，放完后关闭球阀；然后打开减压阀的泄放阀，将管路内余气放出，气放净后关闭泄放阀。

### 7.4.5　干粉消防车使用注意事项

1）干粉消防车所携带的干粉灭火剂应适合扑救所发生火灾的类别。

2）严禁将干粉消防车停在下风口或逆风喷射。

3）不得随意敲打和改动干粉系统的压力容器和压力管路，以防发生意外事故。

4）使用干粉炮喷射干粉时，必须使干粉罐充气至额定压力后再行喷射，否则会因压力不足而影响射程和灭火效果。

## 7.5 涡喷消防车

　　涡喷消防车是以涡喷发动机为灭火主动力的新型大功率高效能消防车，如图 7-10 所示。涡喷消防车利用涡喷发动机高速气流做载体，将灭火剂撞击成雾状颗粒，以巨大动能、远距离、高强度、大范围地喷出直接灭火。由于涡喷发动机可在短时间内喷射出大流量的灭火剂，不仅能从三维空间上有效地控制和扑灭大火，还能对火场

图 7-10　涡喷消防车

进行通风降温，因此可在扑灭高层建筑、无人值守的化学危险品仓库、地下车库、电缆沟、隧道、古建筑及轮船舱室等火灾中发挥重要作用。

### 7.5.1 涡喷消防车的结构及工作原理

涡喷消防车的主要结构包括底盘、灭火剂罐、消防泵系统、涡喷发动机以及液压系统，如图 7-11 所示。底盘由传动系、行驶系、转向系和制动系四部分组成，底盘作用是支承、安装汽车发动机及其各部件、总成，并接受发动机的动力，使汽车产生运动，保证正常行驶。灭火剂罐内盛装水、泡沫液或干粉灭火剂。消防泵系统将灭火剂罐内的灭火剂通过管路送至涡喷发动机尾喷口。

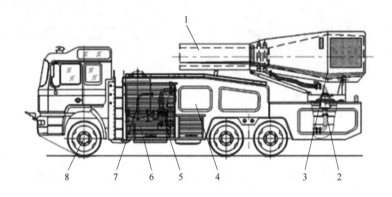

图 7-11　涡喷消防车结构图

1—喷射管　2—连接管连接中心回转体　3—涡喷发动机喷射总成　4—液罐总成
5—消防泵　6—氮气瓶压力容器　7—超细干粉罐　8—底盘

涡喷消防车由安装在汽车底盘上的涡喷发动机产生的高流速气体作为灭火剂的喷射动力，以外接水源或者自备常规消防车的水箱、水泵进行供水，以外界灭火剂或自备灭火剂箱提供灭火剂。灭火过程中以涡喷发动机产生的高速气体射流为载体，使注入的灭火剂与高速气体射流在发动机尾的喷口雾化装置内发生撞击，灭火剂流体被撞击、切割成均匀粒度的雾状介质，通过尾部喷口高速射出，形成占据三维空间的拥有巨大体积、大流量的"气体-细水雾"射流、"气体-泡沫"射流或"气体-细水雾-超细干粉"射流，实现了灭火剂的远距离、高强度、高流速、小扩散角、大范围的喷射。涡喷消防车的有效喷射距离可达 100m，可瞬间覆盖 200m$^2$ 的火场面积，比常规消防车的灭火能力高出 8～10 倍。涡喷消防车主要用于油田、石化工厂、天然气泵站、机场等需要快速扑灭油气大火的场所，也可快速为火场降温，吹除有毒有害或易燃易爆气体，保障人员和设备的安全。

### 7.5.2 涡喷消防车的分类

涡喷消防车根据喷射介质的不同主要分为：喷气式涡喷消防车、喷射水雾射流式涡喷消防车、喷射泡沫射流式涡喷消防车和多剂联用射流式涡喷消防车。

**1. 喷气式涡喷消防车**

喷气式涡喷消防车是指将涡轮喷气发动机固定在汽车上，利用涡轮发动机的高速尾气射流破坏火焰的稳定燃烧，将火焰吹灭的涡喷消防车。

### 2. 喷射水雾射流式涡喷消防车

喷射水雾射流式涡喷消防车是指把水射入喷气发动机喷口处的高速气流中，利用射速为 $300 \sim 400 m/s$ 的高速气体射流将水冲击成水雾，并与气流掺混后成为水雾射流，射向火场进行灭火工作的涡喷消防车。该类涡喷消防车不能喷射泡沫灭火剂，且水与高速气体射流的动能交换不是在能量交换装置中进行的，使得气、水射流的能量交换不充分，存在喷射距离近、水雾穿入火焰的能力弱等缺点。这类涡喷消防车有很好的火场降温、驱除有毒烟雾的能力，当喷射的水雾强度低于 $7kg/(m^2 \cdot min)$ 时，不具有灭火能力。

### 3. 喷射泡沫射流式涡喷消防车

喷射泡沫射流式涡喷消防车是将泡沫液射入喷气发动机喷口处的高速气流中，泡沫液经过射流后可形成微小泡沫珠状的"干泡沫"，从而进行高效灭火的涡喷消防车。在涡喷发动机高速气体射流冲击下，射入换能器中的所有水成膜泡沫液生成粒径为 $2 \sim 3mm$ 且不含液态水的泡沫珠。喷射 $1min$ 时泡沫珠射流便能形成平均 $5cm$ 厚覆盖面积达到 $200m^2$ 的泡沫层，具有较强的火场覆盖能力。泡沫珠坠地后没有流动性，但却有很好的附着力，能够吸附在形状复杂的物体表面，形成稳定的泡沫覆盖层，免除了泡沫射流需经流淌才能形成均匀覆盖层所需的时间，具有强大的阻止油火复燃的能力。

### 4. 多剂联用射流式涡喷消防车

多剂联用射流式涡喷消防车是指在常规涡喷消防车原有功能基础上对灭火剂喷射系统重新设计，增加了喷射超细水雾、干粉灭火剂或超细干粉灭火剂的喷射系统，实现了多剂联用，扩展了涡喷消防车的功能。根据射流种类的不同又可分为"气体-干粉""气体-超细水雾-干粉"和"气体-超细水雾-超细干粉"涡喷消防车。多剂联用涡喷消防车的车体后部有 2 个与干粉消防车连接的接口，2 个与水罐消防车连接的接口，可以通过外接干粉消防车喷射干粉灭火剂以及通过外接水罐消防车喷射水雾。当涡喷消防车利用高速气流将干粉灭火剂射出形成气溶胶灭火剂射流，射入处于猛烈燃烧阶段的大跨度建筑物、化工车间、化学品仓库、隧道等空间时，可快速切断燃烧反应链，熄灭火焰并阻止爆燃爆轰的发生。当将干粉或超细干粉灭火剂与超细水雾混合喷射时，生成"超细水雾-干粉""超细水雾-超细干粉"混合射流，在射程中干粉粒子吸附超细水滴并与干粉（超细干粉）灭火剂粒子吸附在一起，增大了粉粒粒径，抑制了超细干粉粒子的分散，使射流密度增大，粒子的弥散能力降低，这种混合射流可快速笼罩火焰，具有较强的灭火能力。

## 7.5.3　涡喷消防车的特点

### 1. 功率大、效能高

涡喷消防车以航空涡轮喷气发动机作为喷射灭火剂的动力，其功率远超常规消防车，灭火效能比常规消防车的灭火能力高出 $8 \sim 10$ 倍。涡喷消防车的高速喷射性能，克服了细小水滴射不到火焰中心的固有弱点，使大流量的细水雾可沿水平方向快速射入火焰中心。同时涡喷消防车还增大了混合射流对火焰的冲击力度，显著增强了水雾对火焰稳定燃烧的破坏作用，大幅度提高了雾状水的灭火优势。

### 2. 控火能力强

常规消防车喷射出的直流水 $90\%$ 以上都流淌掉，而涡喷消防车喷射出的大流量、高强度的雾状水 $95\%$ 以上被汽化，大幅度降低火场温度，具有极强的控火能力。高速气流还对火焰切割破坏以及大面积的泡沫使火焰覆盖窒息，使消防车的控火和灭火能力显著提高。

**3. 稀释、洗消功能**

涡喷消防车是一种强风力发生器，能产生强劲的高速射流。当有毒有害、易燃易爆气体发生泄漏时，涡喷消防车射出的每秒钟近百立方米的高流速气体流携带着纯净的水雾，可迅速驱散、稀释泄漏出的有毒有害气体，使其达不到点燃的浓度，以便迅速组织人员采取相应救援措施。涡喷消防车喷射出的大流量"气体-水雾"射流有很强的阻隔大火辐射热的作用，可在水雾射流掩护下救助被困人员，减少人员伤亡；同时还具有极好的吹除、稀释有毒气体和洗消污染源的功能，便于救援人员堵漏抢修。

**4. 灭火应用范围广**

多剂联用涡喷消防车可同时连接多种灭火介质存储装置，能单独或同时喷射多种灭火介质，集灭火、正压送风、防化洗消等于一体，能够广泛应用于商场、石油化工车间、仓库、机场、港口码头、地铁隧道、大空间大跨度建筑物等各类场所的 A 类、B 类、C 类火灾和带电火灾的扑救及抢险救援工作。

# 7.6 其他灭火类消防车

## 7.6.1 泵浦消防车

泵浦消防车主要由底盘、取水系统、增压系统、控制系统及直臂吊等组成，如图 7-12 所示。泵浦车作为远程供水系统的组成部分，不配备灭火剂罐，直接利用水源或供水的消防车灭火，可实现串联、并联供水作业，满足 7×24 小时连续运转。泵浦消防车可为扑灭油田、码头、石化企业、工矿企业及现代化城市火场的火灾提供远距离、大流量供水，也可用于矿井、地铁、城市及乡村等排涝工作以及满足农田灌溉、城市绿化等供水需求。

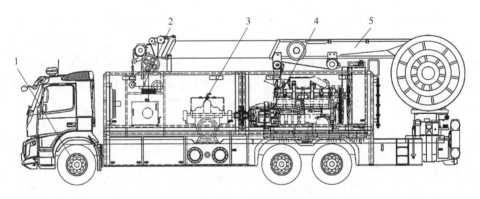

图 7-12 泵浦消防车结构与组成

1—底盘 2—取水系统 3—增压系统 4—控制系统 5—直臂吊

## 7.6.2 干粉泡沫联用消防车

干粉泡沫联用消防车是指同时配备泡沫消防车和干粉消防车的装备和灭火剂的消防车（图 7-13），它可以单独或同时喷射泡沫和干粉灭火剂。该类消防车适用于扑救可燃气体、易燃液体、有机溶剂和电气设备以及一般固体物质火灾。灭火过程中将泡沫灭火剂与干粉灭火剂复合喷射有利于发挥出各自的灭火优势并大幅度缩短灭火时间，其中干粉灭火剂可以阻断燃烧反应链实现快速灭火，泡沫灭火剂可以发挥吸热降温、覆盖窒息作用以阻止火焰复燃。

### 7.6.3 干粉水联用消防车

干粉水联用消防车是指同时配备水罐消防车和干粉消防车的装备和灭火剂的消防车，它可以单独或同时喷射水和干粉灭火剂，如图 7-14 所示。该类消防车适用于扑救可燃气体、易燃液体、有机溶剂和电气设备以及一般固体物质火灾。灭火过程中将水灭火剂与干粉灭火剂复合喷射能有效发挥干粉灭火剂的化学抑制作用和水灭火剂的吸热降温和覆盖窒息作用，可以实现快速和高效灭火并有效阻止火焰复燃。干粉和水灭火剂复合喷射增大了干粉灭火剂的射程，而斥水的干粉灭火剂又使水射流疏松化，扩大了水与火焰的接触面积，成为一种高效灭火新手段。

图 7-13 干粉泡沫联用消防车

图 7-14 干粉水联用消防车

### 7.6.4 细水雾消防车

细水雾消防车作为消防领域中发挥重大作用的一种消防装置，是在水罐消防车的基础上利用特殊喷嘴将高压喷水产生的水微粒以细水雾形式喷射的消防车，如图 7-15 所示。细水雾消防车灭火系统是利用水作为扑灭、压制和控制火灾的介质，细水雾具有高效率的冷却与窒息的双重作用且无毒、价格低廉、绿色环保，有利于火灾现场人员的安全疏散。该类消防车可作为局部应用系统保护独立的设备或设备的某一部分，也可作为全淹没系统保护整个空间，适用于水源匮乏地区及部分禁止用水的场所。

图 7-15 细水雾消防车

### 7.6.5 气体消防车

气体消防车是指主要装备气体灭火剂瓶，以气体作为灭火剂的消防车，如图 7-16 所示。根据灭火剂种类的不同，气体消防车主要分为二氧化碳消防车、七氟丙烷消防车、IG-541消防车以及氮气消防车。目前市场中以二氧化碳和氮气消防车为主，其中氮气消防车的出现时间较晚且成本较高。气体消防车的灭火机理为窒息、隔离和冷却作用,灭火过程中可以切断燃烧区域中的氧气供给,降低燃烧区域中的氧气浓度,冷却燃烧物使火场温度降低,达到灭火目的。该类消防车主要适用于博物馆、计算机房、图书馆、通信设备、变电站、重点文物保护区等特殊场所火灾的扑救工作。

### 7.6.6 机场消防车

机场消防车是指用于扑救飞机火灾的消防车,主要由越野底盘、车用消防泵、水罐和泡沫液罐等组成,如图7-17所示。该类消防车具有加速快、越野性好、自动控制程度高以及可在行驶中喷射灭火剂等优点,通常要求到达机场起落区域任何部分的响应时间不超过3min。根据机场消防灭火的需要,机场消防车大致可分为快速先遣车和大型消防车两种。快速先遣车主要作用是在大型消防车之前到达飞机出事地点,对失控或失事飞机进行降温、灭火扑救,并尽力协助乘员逃生和转移重要物资。而目前的发展趋势是将快速先遣车和大型消防车的功能合二为一,使其既能满足快速调动的要求又具有足够的消防灭火和救援能力。

图7-16 二氧化碳消防车

图7-17 机场消防车

## 复 习 题

1. 根据功能的不同,消防车可以分为哪些类型?
2. 根据结构特征的不同,消防车可以分为哪些类型?
3. 按照水泵种类不同可将水罐消防车分为哪些类型?
4. 简述水罐消防车的使用范围。
5. 简述消防供水的基本原则。
6. 简述泡沫消防车的适用范围及主要结构组成。
7. 简述干粉消防车的工作原理和适用范围。
8. 简述涡喷消防车的工作原理。
9. 按喷射介质可将涡喷消防车分为哪些类型?
10. 涡喷消防车具有哪些优点?
11. 气体消防车的主要应用范围有哪些?

# 8

# 第8章
# 举高类消防车技术及应用

**本章学习目标**

　　教学要求：认识和掌握举高喷射消防车、举高破拆消防车、云梯消防车、登高平台消防车以及重型粉剂举高喷射消防车的组成、性能参数及灭火应用情况。

　　重点与难点：举高喷射消防车及云梯消防车的灭火应用。

## 8.1 | 概述

　　随着城市建设的高速发展，高层建筑在美化现代城市的同时，也给火灾扑救工作带来了新的难题。举高类消防车的出现为有效处理高层建筑火灾，保护人民的生命和财产安全提供了新的技术手段。举高类消防车是指装备有支撑系统、回转机构、举高臂架、工作斗（平台）和灭火装置，可进行登高灭火和救援的消防车。

### 8.1.1 举高类消防车的分类和用途

**1. 根据不同功能和用途分类**

　　根据举高类消防车功能和用途的不同，可以将举高类消防车分为登高平台消防车、云梯消防车和举高喷射消防车三种类型。

　　1）登高平台消防车是指装备折叠式或折叠与伸缩组合式臂架、载人平台、转台及灭火装置的举高类消防车。车上设有工作平台和消防水炮（水枪），供消防员进行登高扑救高层建筑火灾、营救被困人员和抢救贵重物资。

　　2）云梯消防车是指装备伸缩式云梯、升降斗及灭火装置的举高类消防车。云梯消防车的梯架结构为开口槽形桁架式，适用于高层建筑火灾现场的人员快速营救。

　　3）举高喷射消防车是指装备折叠式或折叠与伸缩组合式臂架、转台及灭火装置的举高类消防车。消防员可在地面遥控操作臂架顶端的灭火喷射装置在空中向施救目标进行喷射扑救，适用于扑灭高层建筑火灾、大跨度建筑火灾及石油化工火灾。

**2. 根据不同臂架结构形式分类**

根据臂架结构形式的不同，举高类消防车可以分为曲臂举高类消防车、直臂举高类消防车和组合臂举高类消防车三种类型。

1) 曲臂举高类消防车。曲臂举高类消防车的臂架由两个以上的折叠臂或折叠臂与伸缩臂组成。车辆处于行驶状态时，臂架折叠；工作状态时，通过各自的变幅机构实现臂架的俯仰和伸缩，使工作斗（平台）举升和变幅。

2) 直臂举高类消防车。直臂举高类消防车的臂架由多节同步伸缩臂组成。工作状态时，由伸缩式液压缸及链条或钢绳机构驱动。

3) 组合臂举高类消防车。组合臂举高类消防车的臂架由同步伸缩的多节臂和折叠臂组成。

### 8.1.2　举高类消防车常用的术语和定义

**1. 满载质量**

满载质量指消防车在装备齐全，汽车底盘按规定加足冷却液和燃料且按规定装载灭火剂和乘员时消防车的质量。

**2. 载人平台**

载人平台指安装在登高平台车臂架顶端或云梯架顶端的载人工作台。

**3. 安全工作范围**

安全工作范围是指举高车可安全工作的臂架（梯架）运动区域。

**4. 最大工作高度**

带工作斗的举高类消防车的最大工作高度是指工作斗空载状态臂架（梯架）举升到最大高度，工作斗站立面到地面的垂直距离。没有工作斗的举高类消防车的最大工作高度是指臂架（梯架）举升到最大工作高度，臂架（梯架）顶端到地面的垂直距离。

**5. 最大工作幅度**

举高类消防车的最大工作幅度是指工作斗空载，向举高车侧面伸展臂架（梯架）至安全限位装置停止臂架（梯架）运动，工作斗远离臂架（梯架）的边缘至臂架（梯架）回转平台中心的水平投影距离。没有工作斗的举高类消防车的最大工作幅度是指臂架（梯架）顶端至回转平台中心的水平投影距离。

**6. 支腿横、纵向跨距**

举高类消防车支腿跨距分为纵向跨距和横向跨距。将举高类消防车支腿向外伸展至最大，支撑举高类消防车并调平，沿举高类消防车纵轴线方向两支腿接地面中心距离为支腿纵向跨距，沿举高类消防车纵轴线垂直方向两支腿接地面中心距离为支腿横向跨距。

**7. 工作斗**

工作斗是指由底板和围栏组成的钢结构件，安装在臂架（梯架）顶端用于承载人员或物品。

**8. 滑车**

滑车是指安装在云梯消防车梯架上的移动式升降平台，由绳索依次绕过若干滑轮组成，用于梯架顶端和地面之间的快速运输。

#### 9. 真空度

真空度指标准大气压力与引水装置工作时在引水管路中所形成的压力之差。

#### 10. 引水时间

引水时间指自消防车引水装置开始工作至消防泵出口压力表显示压力的时间。

#### 11. 应急操作装置

应急操作装置是指应急状态下用于控制支腿、臂架（梯架）和工作斗动作的装置。

## 8.2 举高喷射消防车

举高喷射消防车是指主要装备是直臂、折叠臂、组合臂（伸缩臂和折叠臂）及供液管路，顶端安装消防炮，可以高空喷射水和泡沫灭火剂的举高类消防车，如图 8 -1 所示。举高喷射消防车具有射程远、流量大的特点，广泛用于石化火灾、储罐区火灾、工业与民用高层建筑火灾、高架仓库等大跨度大空间火灾的扑救。

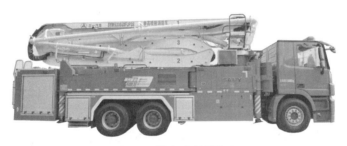

图 8-1 举高喷射消防车

### 8.2.1 举高喷射消防车的结构与组成

举高喷射消防车主要由底盘、取力装置、副车架和支腿系统、转台、臂架、消防系统、液压系统、电气系统、安全系统、应急系统及其他装置组成，如图 8-2 所示。此外，部分举高喷射消防车还配有水罐和泡沫液罐。

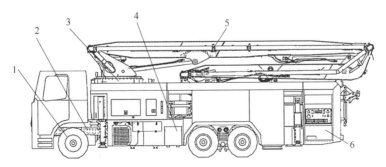

图 8-2 举高喷射消防车的结构与组成

1—底盘 2—副车架和支腿系统 3—转台 4—取力装置 5—臂架 6—消防系统

#### 1. 取力装置

举高喷射消防车通过取力器从发动机取力来驱动液压泵和水泵的运转。举高喷射消防车的取力装置主要分为夹心式、断轴式与侧盖式,采用同时取力的方式。夹心式或断轴式取力用于驱动水泵,侧盖式用于驱动液压泵。

**2. 副车架和支腿系统**

副车架是装在汽车底盘大梁上的附加车架,主要作用是布置和承载车上全部部件以及在作业时起支撑作用以保证整车的平衡和可靠。副车架由四个支腿撑起,承受整车的质量和所有外载负荷,是车辆绝大部分零部件的连接载体。支腿系统包括水平支腿、垂直支腿以及控制其动作的操纵装置。副车架与支腿系统共同构成整车的承载基础,为车辆行驶或作业提供安全可靠的支撑。

**3. 转台**

转台主要由台架、回转驱动机构、回转支承、控制台等组成。转台是承上启下的重要部件,向上通过销轴与臂架和变幅液压缸连接,向下通过回转支承与副车架连接。

**4. 臂架**

举高类喷射消防车的臂架通常由一组或两组伸缩臂、折叠臂构成。臂架的构成形式根据作业高度、作业范围不同一般分为以下三种类型:一是由两组伸缩臂侧置铰接而成的直曲臂混合结构,一般应用于最大举升高度较高的举高喷射消防车;二是由一组伸缩臂和一节折叠臂铰接组成的直曲臂混合结构,一般应用于中、低举升高度的举高喷射消防车,如图 8-3a 所示;三是由多节折叠臂相互铰接组成的纯折叠臂结构,一般应用于最大举升高度较低的举高喷射消防车,如图 8-3b 所示。

a)                    b)

图 8-3  直曲混合臂架和折叠臂架举高喷射消防车
a) 直曲混合臂架  b) 折叠臂架

**5. 消防系统**

举高喷射消防车的消防系统主要由水罐、泡沫液罐、水泵系统、外供水接口及管路、泄压阀、水管旋转接头、伸缩水管及各臂折弯处的软管、消防炮等组成。部分举高喷射消防车还装备了可同时喷射泡沫及干粉的消防炮,即设置有干粉系统,利用管路输送干粉到消防炮,从位于消防炮中心的同轴干粉炮口中喷射干粉,利用泡沫带动干粉,从而实现远射程泡沫、干粉联用。

**6. 液压系统**

举高喷射消防车液压系统一般包括液压泵、液压油箱、过滤器、各种液压缸、马达、控制阀、换向阀、溢流阀、平衡阀、锁阀等元件，形成下车支腿回路和上车回路两大部分。当举高喷射消防车装备有高空破拆装置时，还须增加破拆装置的液压回路，包括破拆装置控制阀、伸缩缸等。

**7. 电气系统**

举高喷射消防车电气系统包括底盘电气系统和上车电气系统两部分。底盘电气系统主要包括取力器控制、水泵电气控制、照明电路、发动机远程启停控制、发动机转速控制、支脚系统控制、主操纵及显示电路、下部安全电路、应急操作电路及其他电气等。上车电气系统主要包括电气旋转接头、发动机远程启停电路、发动机转速控制、臂架的控制及显示电路、安全限位系统、应急操作电路及炮控制电路等。

**8. 安全保护系统**

举高喷射消防车的安全保护系统主要涉及臂架结构、支腿结构、水路系统、液压系统、电气系统等，如图8-4所示。

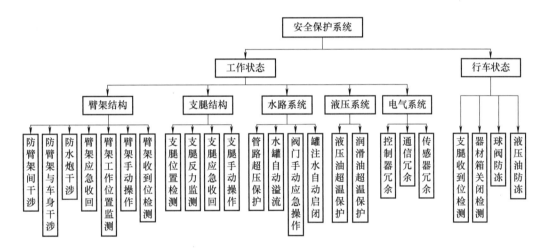

图8-4　举高喷射消防车的安全保护系统

**9. 应急系统**

应急系统是车辆发生故障或意外情况导致主动力系统无法正常工作时，通过备用动力系统或其他阀件等装置，将举升起的车辆臂架及支腿回收到行驶状态的系统。一般包括：动力电磁阀直接驱动、蓄电池驱动电瓶泵、汽油机驱动液压泵、应急手动操作。

**10. 其他装置**

部分举高喷射消防车装备了高空破拆装置、红外摄像装置等，其中在消防炮或臂架顶端安装红外摄像装置可以实时探测火场情况并传输到转台操作台上。

## 8.2.2　举高喷射消防车的灭火技术参数

举高喷射消防车相比于其他消防车而言，具有灭火高度高、灭火幅度范围大的优点，逐渐成为消防部队的主力车型之一。部分全折叠臂举高喷射消防车的主要性能参数见表8-1。

表 8-1　部分全折叠臂举高喷射消防车的主要性能参数

| 主要性能参数 | | 车型 | | |
| --- | --- | --- | --- | --- |
| | | SYM5530JXFJP62 | SYM5421JXFJP48 | SYM5330JXFJP38 |
| 整车参数 | 外形尺寸 | 15.5m×2.5m×4m | 12m×2.5m×3.97m | 10.6m×2.5m×4m |
| | 总重量 | 52200kg | 42450kg | 33000kg |
| 底盘参数 | 底盘型号 | 奔驰 5046 | 沃尔沃 FM500 | 奔驰 3341 |
| | 发动机功率 | 335kW（1800r/min） | 368kW（1800r/min） | 305kW（1800r/min） |
| 支撑系统 | 最大展开跨距 | 9.45m×13.00m（前×后） | 9.10m×9.84m（前×后） | 7.30m×7.30m（前×后） |
| | 最小展开跨距 | 4m | 3.3m | 3.3m |
| | 支腿动作时间 | 40s | 40s | 35s |
| 臂架系统 | 最大工作高度 | 62m | 48m | 38m |
| | 最大向下工作深度 | 45m | 28m | 21.9m |
| | 臂架展开时间 | 270s | 200s | 125s |
| | 回转时间 | 200s | 130s | 200s |
| | 最大工作幅度 | 56m | 42.5m | 33m |
| | 回转角度 | ±360° | ±360° | ±360° |
| | 臂架末端允许吊重 | 180kg | 180kg | 180kg |
| 消防系统 | 最大理论射程 | 90m | 80m | 90m |
| | 消防炮左右摆角范围 | ±30° | ±45° | ±45° |
| | 外直供接口 | 可外直供水或泡沫 | 可外直供水或泡沫 | 可外直供水或泡沫 |
| | 液罐容积 | 4000L | 3000L | 3400L |
| | 管道允许工作压力 | 4MPa | 4MPa | 2MPa |

相比于传统的伸缩臂举高喷射消防车，表 8-1 所列的全折叠臂举高喷射消防车具有以下特点：

1）水平跨度大，灭火范围广。大跨度举高喷射消防车臂架可在全展状态（"全趴平"）下工作，最大工作幅度为常规伸缩臂高喷消防车的 1.6～1.9 倍。

2）跨障碍能力强，可实现精准灭火。采用基于人体工程学的全折叠臂架可任意调整每节臂架姿态，跨越各种障碍物，使臂架末端最大限度接近着火点，精准定位喷射灭火，大幅度提高了灭火效率。

3）臂架与水泵可联动操作。臂架结构强度高，可在水泵水炮工作的同时任意调整臂架及水炮姿态，且保持水泵流量不变，提升了灭火效率。

4）支撑占地小，可在任何狭窄场所安全作业。4 条支腿可任意位置支撑，场地适应性好，最小支撑占地宽度仅 3.3m 时臂架最大工作幅度仍可达 28m。

5）兼具远距离跨障碍负重救援能力。臂架末端设置安全吊钩，额定负载 180kg，可用于跨越障碍的远距离负重作业。

6）高层供水能力强。臂架管道为等径串联管道，最高可承受 4MPa 的工作压力，其末端设置外接口，通过臂架伸入高层建筑，可迅速建立外部低区超高压消防车与高层建筑内部的供水干线。

### 8.2.3 举高喷射消防车的操作使用

**1. 水泵操作**

1）确保车辆处于制动、空档状态下，接通水泵取力器，仪表盘上的指示灯亮起。

2）打开"水罐出水"开关及"水炮射水"开关，启动泵压系统的自动或手动模式，设定出水压力。

3）灭火作业完成后把油门降至最低，关闭所有开关，断开水泵取力器。需要注意的是，水泵不可在无水状态下运行。寒冷天气时，水泵使用后必须放尽各管路和水泵内余水，防止水泵及管路冻坏。

**2. 消防灭火操作**

1）外部消防车供水。外部消防车供水是将其他消防车供给的压力水通过外供水口直接供给遥控消防水炮，以达到高空喷射灭火的目的。操作时，首先要关闭前车所有阀门，打开水炮外供水口，接上压力水带并开启外供水管路上的球阀，直接由供水消防车加压至一定压力，向臂架顶端消防水炮供压力水或泡沫，此时，消防队员操纵消防水炮即可实现高空喷射，扑救火灾。

2）自身水罐出水。臂架展开后发动机怠速运转，断开液压泵取力器，接通消防水泵取力器，并同时打开"水罐出水"和"水炮射水"开关。操作油门用手缓慢左旋手柄，可实现消防水炮高空射水。射水过程中要观察水位指示，当水位较低时，逐渐减小油门，使压力下降；当油门复位时，可摘掉水泵取力器；当看不到水位显示，证明水罐已无水，根据需要向水罐注水。

3）喷射泡沫的操作。首先，打开水泵操作控制面板上的"电源"开关，再依次打开"水罐出水""水炮射水""水位指示""泡沫液指示""泡沫液阀门""进水阀""泡沫混合器"等开关，并根据扑救火灾实况需要调节适当混合比。臂架展开且发动机运转时，断开液压泵取力器，接通水泵取力器，操作油门逐渐加速，当达到一定压力时，消防炮便向高空喷射泡沫。喷射泡沫过程中需随时观察泡沫液位指示和水位指示，当泡沫液用完后，油门应逐渐复位，同时摘掉水泵取力器。

4）消防炮的操作。根据高空扑救火灾的需要，一般需采用独立的线控装置控制消防炮的俯仰动作。消防炮既可以喷射直流水，也可以喷射水喷雾；而当喷射泡沫时，则须更换消防炮头。需要注意的是，在操作消防炮时，操作要缓慢进行，以免影响电动机使用寿命。

5）消防作业结束后的操作。在完成消防作业后，需将水泵放水阀及各水路系统的开关打开，放净余水，清洗水泵及管路，收回展开的臂架和支腿，恢复至行驶状态。

### 8.2.4 举高喷射消防车的灭火应用

**1. 高层建筑火灾中的灭火应用**

举高喷射消防车作为现代化消防装备，可以有效地解决传统消防车在高层消防行动中水压不够、控制难度大等问题，还可以利用不同喷射角度、喷射方式以及灭火剂进行高效灭火。

举高喷射消防车对高层建筑火灾的阻截方式有并排阻截和梯次阻截两种。前者指多辆举高喷射消防车呈一线布置，曲臂高度一致，向建筑内喷射，掩护消防人员进入抢救；后者是根据火势将举高喷射消防车安排在不同的高度层次，对火源进行散面喷射。当高层建筑发生火灾时，一旦火势突破建筑外壳就会很快进入火灾发展阶段，此时必须根据火场具体情况和车辆情况选择适合的高度将举高喷射消防车并排布置，形成一道防线，阻断上、下层之间火势蔓延，压制下层火势，隔离上层火势，为内部被困人员提供保护，为消防员内攻近战创造条件。当采用梯次阻截法时，应注意按自上而下的顺序进行，并需对钢管脚手架进行适当的冷却处理，防止其局部或整体倒塌造成次生灾害。并排阻截方式有利于消防人员进入救援，梯次阻截方式有利于举高消防设备的安置和迅速灭火。

### 2. 石油化工装置火灾中的灭火应用

举高喷射消防车为石油化工等高危场所提供了一种新的灭火技术手段，其灭火方法可分为俯视喷射法和联用喷射法。

俯视喷射法即将举高喷射消防车与大功率水罐车进行有效设置，举高喷射消防车在距离较远的高空进行射水，能有效抑制火势的发展（图 8-5），而大功率水罐车则用车载消防炮和消防水枪对火势进行攻击。俯视喷射法属于一种立体围歼战术，在建筑周围都需设置一定的装置，并使用高喷炮、车载炮等按次序进行布置，从而彻底抑制火势的蔓延。

联用喷射法是在臂架的顶端复合炮上安装两个独立的喷射口，从而使举高喷射消防车可以举高喷射水、干粉和泡

图 8-5 举高喷射消防车在石油化工装置火灾中的应用

沫灭火剂，实现一车多用的功效。该方法可在远距离内进行干粉喷射，灭火过程中由于利用外围高压雾状水流有效降低了火场当中的风势以及热辐射等，所以能够避免干粉微粒遭到巨大的冲击，在一定程度上保护了干粉灭火剂，尽可能地延长干粉灭火剂的喷射距离达到 60m及以上，而且喷射准确性较高，灭火效果较好。采用联用喷射法的过程中应合理安排灭火剂的喷射顺序，以有效结合干粉灭火剂、水和泡沫灭火剂的优势，达到高效灭火的目的。

### 3. 储罐区火灾中的灭火应用

利用举高喷射消防车在举高和臂展方面的优势处置油罐火灾，从油罐顶部垂直喷射喷雾水或雾状泡沫射流对油罐顶部进行降温处理，可防止油罐爆炸、沸溢、喷溅或罐壁变形坍塌，以尽可能地降低油罐表面温度，从而避免油罐发生爆炸等不安全事故，同时通过冷却降低高温对泡沫的破坏。当油面的温度在 98℃ 以下时，使用泡沫灭火剂的灭火效果最佳，当温度高于 147℃ 时，泡沫灭火剂会融化失效。

利用举高喷射消防车处置呼吸阀、量油孔火灾时，应确保水流垂直向下喷射喷雾水或雾状泡沫射流，封闭呼吸阀和量油孔，隔绝着火部位与空气，实现窒息灭火（图 8-6）。

当出现多个通风口同时发生火灾时，应使用举高喷射消防车和水枪炮相结合的方法处置。具体操作方式是：从上风方向开始分两组人员使用水枪沿罐壁延伸逐一扑灭通风口火灾；扑灭通风口火灾时，每组人员使用两支水枪在通风口处形成交叉高速强射流，利用水流产生的空气负压强行剪切通风口处火焰达到灭火效果，灭火后使用水炮漫流式射流跟进防止

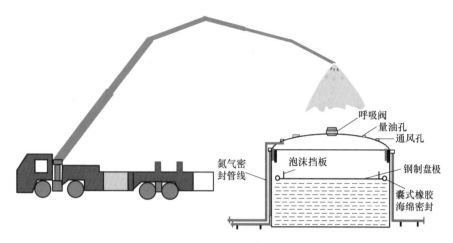

图 8-6　举高喷射消防车窒息灭火示意图

复燃。举高喷射消防车应及时跟进水枪灭火工作，当水枪处置的通风口与顶部呼吸阀或量油孔处于同一水平位置时，举高喷射消防车应及时跟进，从上方垂直喷射喷雾水或雾状泡沫扑灭呼吸阀或量油孔火灾。

当使用举高喷射消防车沿罐盖撕裂口向储罐内注入泡沫时，应选择上风方向顺风沿储罐内壁注入泡沫，直至密封圈完全淹没灭火。处置过程中，严禁向浮盘中央注入泡沫，防止造成铝合金或不锈钢薄钢板损坏，导致全液面火灾，直接进入灾情难以控制阶段。

举高喷射消防车处置灾情过程中，应充分考虑储罐区储罐间距、防火堤设置、输油管道对举高喷射消防车展开作业的影响，选择 48m、56m、62m 等大跨度举高喷射消防车，确保射流能垂直喷射或俯式喷射，防止射流倾斜喷射至浮盘中央，同时，也应避免射流从侧面或底部喷射呼吸阀和量油孔，防止回火。

## 8.3　云梯消防车

云梯消防车是指主要装备桁架结构的伸缩云梯，可向高空输送消防员和灭火救援物资、营救被困人员、抢救贵重物资以及喷射灭火剂的举高类消防车，如图 8-7 所示。云梯消防车特别适用于城市高层建筑物的火灾救援作业。

### 8.3.1　云梯消防车的结构与组成

云梯消防车通常可分为上车和下车两大系统。上车系统主要由工作斗及其自动调平系统、梯架及其伸缩机构、转台及其回转机构、变幅机构、安全系统等组成；下车系统主要由底盘、支腿、副车架以及控制系统等组成；消防系统主要在上车系统。根据实际工作的需要，上车系统要跟随转台在水平面 360°内旋转、在竖直平面内可以做 −12°～ +75°的俯仰变幅运动以及完成梯架的伸缩运动。

**1. 上车系统**

（1）变幅机构

云梯消防车采用变幅液压缸支撑梯架，通过液压缸的伸缩使梯架绕固定转轴转动来完成

图 8-7 云梯消防车

梯架的变幅，具有结构简单、布置方便、工作平稳、安全可靠等特点。在高端混合臂式云梯消防车中，采用的梯架结构可以伸缩也可以摆动，其变幅系统在升高梯架的同时也可以完成梯架的变幅，提高了云梯车的工作效率。

（2）梯架及其伸缩机构

梯架是云梯消防车完成举高功能的重要组成结构，主要由多节钢结构梯形桁架、液压系统及钢丝滑轮系统组成。梯架的末端装有工作斗及其自动调平系统，梯架的另一端与转台铰接。梯架的伸缩功能是通过卷扬机、钢丝绳和滑轮系统或者通过伸缩式液压缸、钢丝绳和滑轮系统来实现。根据结构形式的不同可将梯架分为以下两种类型：一种是将伸缩梯架附加在封闭的箱形伸缩臂架上，载荷由封闭箱形臂架承担；另一种是由多节开口的桁架组成的梯架，载荷由梯架承担。

（3）转台及其回转机构

转台是完成梯架转动功能的主要部件，也是上车和下车系统的关键连接件，可以在水平面内 360°转动，是整车刚度和强度要求最高的部件，此部件的安全可靠性对整车的安全性有很大的影响。转台是通过回转机构安装在副车架上的框架结构上，上面设有梯架系统和变幅液压缸的铰点，转台具有 0°~8°的自动调平功能。在工作过程中可以通过转台的自动调平功能配合工作斗的自动调平功能确保工作斗始终处于水平状态。

（4）安全系统

安全系统是登高云梯消防车在工作过程中保障消防员生命安全的重要组成。目前高空救援消防车上的安全系统有梯架防碰撞系统、工作平台超载报警及防碰撞系统、工作斗自动调平系统、梯架防滑系统、火场监控系统、高空照明系统以及支腿虚腿检测系统等。

**2. 下车系统**

（1）底盘

底盘是登高云梯消防车的骨架，也是登高云梯消防车的行驶装置。登高云梯消防车的底盘多采用汽车底盘，具有机动灵活、转弯半径小及通过性好等优点。现广泛使用的云梯消防车底盘一般为 2~4 桥。

（2）副车架及支腿

云梯消防车上的主要承载部件是安装于消防车底盘上的副车架，它能够通过支腿将消防车的工作载荷、自动载荷和附加载荷转移到地面上。副车架的构成通常可以分为平面框架式与整体箱式。平面框架式的副车架是由横梁与纵梁构成的，它们的结构一般都是箱形。为了加强副车架刚性，通常在车架之间安装很多的斜梁与横梁。为了使副车架对消防车起到支撑与回转的作用，通常在消防车副车架的后端安装回转机构的大齿圈与环形轨道。整体箱式的副车架主要由两根横梁与一根纵梁构成，这种副车架的优点是具有良好的工艺性能、较大的抗扭转刚度、相对简单的构造，所以在消防车中应用最为普遍。

（3）工作平台

工作平台是消防员进行救援工作的主要平台，其上配备有操纵台，可以操纵梯架运动到合适的救援位置。工作斗两侧配备有高强度照明灯，并且有紧急担架、消防水炮、排烟机等消防设备的快速安装和拆卸接口。为了保障消防员的生命安全，工作斗上还设计了防碰撞系统和自动调平系统等安全系统以保证救援工作的顺利进行。

**3. 消防系统及其他系统**

（1）消防系统

消防系统主要包括水泵系统、水罐和泡沫液罐、管路系统、消防炮、外供水接口及管路、泄压阀、工作斗水带接口、自保喷头等。

云梯消防车的管路系统通常设置在梯架中间，采用伸缩式管路，可随梯架的伸缩而伸缩，并受到梯架的保护。伸缩式管路顶部与工作斗通常采用弯管连接。部分云梯消防车未采用伸缩式管路，而是在梯架顶部设置一段较短的固定管路，梯架伸出前，将水带一端与固定管路的接口连接，利用梯架的伸出自动完成水带的铺设。固定管路与工作斗消防炮之间则采用橡胶管路连接，最终完成管路的铺设。举升高度在 30m 以下的云梯消防车一般不设固定管路。

云梯消防车的消防炮通常分为固定式及可拆卸式。可拆卸式消防炮在使用时由人力安装到工作斗的支架上，然后连接电气管线。当云梯消防车不安装工作斗时也可将消防炮直接安装在梯架的顶部。

（2）液压系统

云梯消防车液压系统一般包括液压泵、液压箱、过滤器、各种液压缸、马达、控制阀、换向阀、溢流阀、平衡阀、锁阀等元件，形成下车支腿回路和上车回路两大部分。

（3）电气系统

云梯消防车的电气系统通常分为底盘电气系统和上车电气系统，主要包括梯蹬水平自动调平电路、梯蹬重合控制电路和梯架与行车托架自动对中电路等。

1）梯蹬水平自动调平电路。当支腿未完全调平、梯蹬发生倾斜时，梯蹬水平自动调平电路通过水平传感器监测水平校对，并反馈给控制电路，从而控制液压泵，驱动楔形盘旋转装置旋转或托架调平液压缸伸缩，直至梯蹬调平。

2）梯蹬重合控制电路。该电路通过位置传感器监测梯蹬之间的相对位置来一键自动控制梯蹬的重合，确保人员的安全。

3）梯架与行车托架自动对中电路。当云梯收回时，为保证梯架与行车托架对中以安全收回到行车状态，云梯消防车的电气系统通常设有对中电路，通过位置传感器监测转台与托架的位置，一键自动控制梯架与行车托架对中。

## 8.3.2 云梯消防车的应用范围

云梯消防车是一种可实现高空消防、高空喷射、高空抢险、高空救援等功能于一体的综合型举高类消防车。云梯消防车将消防灭火、抢险救灾的作业范围在垂直方向提高到了几十米，可以使消防人员更容易接近高层建筑，扑灭火险，实施营救工作。随着我国经济建设的发展，高层建筑逐渐增多，城市消防形势日益严峻，云梯消防车的功能优势使其在城市消防救援中的优势越加明显。

云梯消防车设有工作台，供救援人员和被救人员在上面站立，还设有云梯供消防人员登高进行灭火和营救被困人员，其中梯架一般采用开口槽形桁架。云梯消防车可以同时完成救援、消防还有高空作业等任务，在救援遇险人员和扑灭高层建筑火灾中起到重要作用。云梯消防车是由多个云梯臂架组合而成，它可以用云梯伸缩作业，操作灵活性强且作用范围大。云梯消防车还配有更加安全的保护措施以及应急救援的操作系统，可以很好地保证消防人员以及救援人员的安全，而消防车上安装的安全限位装置和应急操作系统装置，可提高消防车自身的稳定性与准确性。此外，云梯消防车还具有转换方式方便、接近角与离去角比较大、转弯半径较小及通用性较好等优点。

## 8.3.3 云梯消防车的灭火应用

### 1. 使用工作斗救援

（1）救援过程

使用工作斗救援就是在云梯消防车的工作范围内通过操作云梯车工作台的回转与梯架的俯仰和伸缩，使云梯消防车的工作斗往返于地面和被困人员所在的楼层窗口之间，从而将被困人员安全地撤离出危险环境。这种救援方式在云梯消防车的所有工作范围内均可使用，是云梯消防车救援过程中最常用的方式。

（2）救援效率

云梯消防车使用工作斗救援时的救援效率主要与云梯消防车工作斗的承载能力以及工作斗从地面到窗口、从窗口返回地面的时间有关。目前，大部分云梯消防车工作斗的承载能力一般为300kg左右，按4人计算，则云梯消防车使用工作斗救援时所救人员数量可用下式表示：

$$n = 4t/(t_1 + t_2) \tag{8-1}$$

式中　　$n$——云梯消防车从单个窗口救出的人数；

$\quad t$——云梯消防车从支腿支好起算使用工作斗连续救援的时间（s）；

$\quad t_1$——工作斗往返地面和窗口的时间（s）；

$\quad t_2$——被救人员通过整个梯架所需的时间（s）。

### 2. 使用升降斗救援

（1）救援过程

使用升降斗救援指云梯消防车在配备有升降斗的情况下，救援时可在云梯到达救援点时，将被困人员放入升降斗内，通过操作专设的液压系统使升降斗沿梯架扶手上下移动，将被困人员救出危险区域。云梯消防车一般情况下不能同时使用工作斗和升降斗，而只能选择其中一种方式。

（2）救援效率

使用升降斗救援的效率主要与云梯消防车升降斗的承载能力及升降斗沿梯架往返运动所需的时间有关。目前，大部分云梯消防车升降斗的承载能力为 180kg 左右，可按 2 人计算，则云梯消防车使用升降斗救援时所救人员数量可用下式表示：

$$n = 2t / (t_1 + t_2) \tag{8-2}$$

式中　$n$——云梯消防车从单个窗口救出的人数；

　　　　$t$——云梯消防车从支腿支好起算使用升降斗连续救援的时间（s）；

　　　　$t_1$——升降斗往返地面和窗口的时间（s）；

　　　　$t_2$——被救人员通过整个梯架所需的时间（s）。

**3. 以云梯为渡桥进行救援**

以云梯作为渡桥进行救援指云梯车梯架升起后，将梯架顶端搭于建筑的窗口上，让火灾受困人员借助云梯自上而下撤离危险区域的过程。使用这种救援方式时，必须去掉云梯车梯架顶端的工作斗及以梯架扶手做移动导轨的升降斗。鉴于高空爬梯的难度，这种救援方式多适宜于青壮年使用。使用渡桥救援的人员数量可按下式计算：

$$n = n_0 v (t - t_1 - t_0) / L \tag{8-3}$$

式中　$n$——云梯车从单个窗口救出的人数；

　　　　$L$——云梯车梯架作为渡桥时的长度（m）；

　　　　$n_0$——整个梯架上能同时攀爬的人数；

　　　　$v$——人员攀爬梯架下降的速度（m/s）；

　　　　$t$——云梯车从支腿支好起算连续救援的时间（s）；

　　　　$t_1$——云梯车从支腿支好起算至云梯搭好的时间（s）；

　　　　$t_0$——被救人员通过整个梯架所需的时间（s）。

由于 $v = L / t_0$，代入上式可得：

$$n = n_0 (t - t_1 - t_0) / t_0 \tag{8-4}$$

## 8.4　登高平台消防车

登高平台消防车是指装备有曲臂或直曲臂以及登高平台，可向高空输送消防救援人员和灭火器材，能够实现消防灭火、应急救援、高空喷洒、喷射和高空工程作业等功能的举高类消防车，如图 8-8 所示。

图 8-8　登高平台消防车

根据臂架结构不同，登高平台消防车可分为曲臂式和组合臂式两种。曲臂式登高平台消防车额定举升高度较小，其臂架只能作俯仰变幅运动，不能进行伸缩运动。组合臂式登高平台消防车额定举升高度较大，其臂架的若干节不仅可以进行俯仰变幅运动还可以进行伸缩运动。组合臂式登高平台消防车的臂架还可跨越一定的障碍物将作业人员运送到指定位置。

### 8.4.1 登高平台消防车的结构与组成

登高平台消防车整车通常分上车、下车两大部分，如图8-9所示。下车部分通常包括汽车底盘、副车架总成、支腿总成、下车消防系统、液压泵装置、应急动力、下车液压系统、下车电气系统、走台板及器材箱总成等。上车部分包括回转支承、转台、回转机构、臂架变幅系统、臂架总成、电缆液压输送系统、上车消防系统、工作平台、平台调平系统、上车液压系统、上车电气系统、安全限位装置等，并可以选装云梯系统、空气呼吸系统及照明系统等。

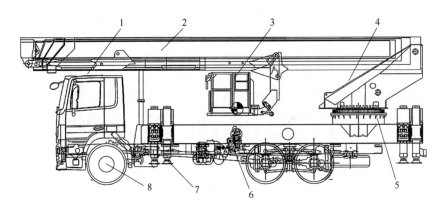

图 8-9 登高平台消防车的结构与组成

1—驾驶室 2—臂架系统 3—工作斗 4—变幅系统 5—转台 6—液压系统 7—副车架及支腿 8—底盘

#### 1. 机械结构及组成

（1）底盘

登高平台消防车底盘只在车辆停车和行驶时才承载包括臂架在内的整车质量，而在支腿和臂架展开后，不承受工作载荷。登高平台消防车主要应用于各种消防抢险作业，要求其能在各种路面上迅速自行转场以适应消防险情的快速反应要求。登高平台消防车的底盘多采用汽车底盘，具有机动灵活、转弯半径小、行驶速度快、转场方便等优点。登高平台消防车所采用的汽车底盘可分为通用汽车底盘和专用汽车的改制底盘两种。根据举升高度、满载总质量的差异，登高平台消防车所选用的车桥数量也不同，现广泛使用的底盘一般为2~6桥。车辆举升高度与车桥的对应关系，可参考表8-2。

表 8-2 登高平台消防车举升高度、满载总质量与车桥对照表

| 举升高度/m | 满载总质量/kg | 车桥数/个 |
| --- | --- | --- |
| ≤30 | ≤19000 | 2 |
| 31~40 | ≤33000 | 3 |

（续）

| 举升高度/m | 满载总质量/kg | 车桥数/个 |
|---|---|---|
| 41～68 | ≤42000 | 4 |
| 69～90 | ≤50000 | 5 |
| >90 | ≤62000 | 6 |

（2）动力装置

登高平台消防车的液压泵和水泵的运转是利用取力器取自发动机动力，其中取力装置主要采用夹心式、断轴式与侧盖式，采用同时取力的方式。夹心式或断轴式取力用于驱动水泵，变速箱侧盖式取力器用于驱动液压泵。

（3）副车架及支腿

副车架安装在登高平台消防车的底盘上，为登高平台消防车的主要承力部件，上车的质量及载荷通过副车架传递到支腿上。副车架通常有平面框架式和整体箱式两种形式。

支腿系统包括水平支腿、垂直支腿和支腿操作台，是登高平台消防车作业时的支撑，承载整车质量及上车力矩，保证整车能够稳定作业。水平支腿通过水平液压缸外伸实现支腿的扩展，从而增大支撑面积，提高作业范围和作业稳定性；垂直支腿则通过垂直液压缸的升起而支起整车，保证上装水平和确保整车与地面的稳定接触，并减小由于轮胎变形对整车稳定性产生的不利影响。登高平台消防车每个支腿都可以进行单独调整，以利于整车在不平的场地进行可靠调平。

支腿根据结构特点的不同可分为以下两种形式：

1）H式支腿：此种支腿外伸距离大，每一支腿有两个液压缸，即水平伸缩和垂直支撑液压缸，支腿呈H形。为保证有足够距离，左右支腿互相叉开。H式支腿对地面适应性好，易于调平，广泛应用在中、大型登高平台消防车上。

2）X式支腿：X式支腿的垂直支撑液压缸作用在活动支腿的中间，活动支腿外伸端直接支撑在地面上，使支撑更加稳定。但X式支腿离地间隙小，在支腿向下运动时端部有水平位移。

（4）转台

转台是用来安装臂架、变幅机构、回转机构、上车控制单元和上车液压单元的机架结构，是承接上车和下车的重要部件，向上通过销轴与臂架和变幅液压缸连接，向下通过回转支承与副车架连接。转台结构主要为双板复合的框架结构，设有臂架后铰点、变幅液压缸铰点，铰点处均用加强筋加强，其中变幅液压缸后铰点布置在回转中心前侧。转台的一侧布置回转机构，并配有登上工作平台的梯子和回转机构罩，罩上设置扶手以方便消防人员上下车。转台的另一侧设置控制台，并配有座椅和护栏。

（5）臂架系统

臂架是登高平台消防车最重要的承载构件，一般由伸缩臂、折叠臂及附梯等构成。臂架通过伸缩和变幅动作可实现工作平台的提升，将人员运送到指定的作业高度。登高平台消防车的臂架组合形式多样，有伸缩臂式、折叠臂式、混合臂式（折叠伸缩臂式）及以上三种形式的主臂加曲臂的形式。由于伸缩式臂架可通过长度和工作仰角达到变幅目的，故具有良好的通过性及到达性。伸缩臂一般由多节臂相互嵌套组成，通过变幅液压缸运动实现臂架变幅。根据工作高度不同，伸缩臂的节数也不同，如30m级登高平台消防车的臂架通常由三节臂相互嵌套组成，40m级的通常由四节臂相互嵌套组成，50m级的通常由五节臂相互嵌套组成。部分登高平台消防车的伸缩臂及折叠臂侧面还装有附梯，但最大工作高度达到50m以上的登高平台消防车通常不设置附梯。附梯固定于伸缩臂部分的节数与伸缩臂节数一致，随伸缩臂的伸缩而伸缩，固定于折叠臂部分的附梯随折叠臂变幅而同步运动。

（6）工作斗

登高平台消防车的工作斗铰接于臂架最前端，额定载荷一般为270～500kg，主要由工作斗、转动机构、调平机构、安全系统和消防系统等组成。转动机构控制工作斗的水平转动，调平机构保证工作斗处于水平状态。工作斗内设有操作台，可对整车及工作斗进行控制，其功能与转台操作台的功能基本一致，工作斗通常在前方设有活动门并配置翻转踏板，可放下翻转踏板便于救援。工作斗内前部或侧面装有消防炮，可仰俯和回转进行高空喷射灭火。工作斗通常在下方前部及侧面设有防碰撞装置，底部设有若干个压力传感器组成的称重装置，通过监测压力来确定是否超载。

此外，工作斗内还设有探照灯、摄像头、风速仪等装置，辅助消防员更安全、更好地开展作业。部分登高平台消防车的工作斗内还选择装有担架、空气呼吸系统、救生滑道或缓降器等，进一步拓展了高空救援功能。

（7）变幅系统

登高平台消防车的变幅系统为臂架摆动式变幅，是通过臂架在垂直平面内绕其后铰点摆动改变臂架仰角。液压缸变幅是登高平台消防车最具代表性的变幅形式，其结构简单实用，易于布置，工作平稳。根据变幅力大小，变幅系统可采用双缸或单缸。变幅液压缸主要采用前置式布置，使伸缩臂式和混合臂式登高平台消防车臂架兼具摆动和伸缩的功能，在使用过程中既能增加起升高度，也能改变水平幅度。

**2. 消防系统**

登高平台消防车消防系统主要由水泵系统、外供水接口、水管、各臂折弯处的软管、消防炮、水带接口和自保喷头等组成。部分登高平台消防车配置有水泵，通过外吸水、罐引水或正压水的形式，向工作斗内的消防炮或其他出口提供灭火剂。登高平台消防车的水泵一般布置在车辆中部，可操作仪表板控制。若工作高度较高的登高平台消防车未配置水泵，则要求更高的外供水压力，这对于外供水的水泵、水带、接口等装置的要求也就更高。为避免外供水压力过大，以及外供水意外中断产生的水锤现象严重损害水路及臂架结构，规定最大工作高度大于50m的登高平台消防车必须配置水泵。

登高平台消防车通常需采用耐压级别高的快插式水带接口以适应外供水压要求。外供水接口一般位于车辆的后部，需根据消防炮的流量来确定外供水管路的尺寸。外部压力水或其他灭火剂通过水带连接外供水接口，沿外供水管路向上直接输送，不经消防水泵的出水管路，此时车辆自身的消防水泵不工作。

## 8.4.2 登高平台消防车的主要性能参数

部分登高平台消防车的主要性能参数见表8-3。

表 8-3　部分登高平台消防车的主要性能参数

| 主要性能参数 | 型号 | | |
| --- | --- | --- | --- |
| | 三一 55m 登高平台消防车 | 博朗涛 55m 登高平台消防车 | 徐工 54m 登高平台消防车 |
| 底盘 | 奔驰 3344E | 奔驰 3332 | 奔驰 4148E |
| 外形尺寸（长×宽×高）/m | 11.8×2.5×4.0 | 11.0×2.5×3.9 | 11.7×2.5×4.0 |
| 满载质量/t | 33 | 32 | 41.8 |
| 额定作业高度/m | 55 | 52.5 | 54 |
| 工作幅度/m | 27 | 27 | 23 |
| 比功率 | 9.4 | 7.4 | 8.4 |
| 拖链形式 | 内置 | 内置 | 内置 |
| 回转角度/(°) | 360 | 360 | 360 |
| 侧爬梯 | 无 | 有 | 有 |
| 平台载荷/kg | 500 | 500 | 500 |
| 支腿跨距/mm | 7000×7800 | 7100×8000 | 6500×8000 |
| 水炮额定流量/(L/s) | 60 | 60 | 70 |
| 水炮最大射程/m | 65 | 65 | 75 |

### 8.4.3　登高平台消防车的操作使用

登高平台消防车是扑救高层建筑火灾、救援遇险人员、抢救财产的必要装备，还可用于高空工程施工作业，如大型设备的外部检修、风力发电机组的安装维护等。登高平台消防车的臂架组合形式多样，通过不同的组合方式实现不同的起升高度和幅度，可对一定高度的高层建筑及一定深度的低洼地带的受困者进行救助。折叠臂式和混合臂式登高平台消防车的臂架还可以跨越一定的障碍物将作业人员运送到指定位置。

登高平台消防车辆属于吨位较大、高度较高的机动车辆，因而对其使用场所提出了较高的要求。该类消防车辆进入现场后，要根据抢险救援的需要尽可能选择平坦而坚硬的地面，躲开建筑物周围的粪池、水管、煤气及电缆场所；对于倾斜度较小的地面来讲，应在支腿下方垫上结实的垫板，使车能尽量保持稳定的水平状态。登高平台消防车一般有上下两个操作平台，而消防员在高空救援过程中易因过度紧张而造成误操作。因此，登高平台消防车开展高空作业时，消防员应时刻保持警惕，注意观察和监护，保持上下联系。

消防队员在利用登高平台消防车进行高空灭火训练或作业时，应事先系好安全带，将身体与平台护栏固定牢靠，射水时可根据需要上下或左右偏转，对准火源在有效距离内扑救火灾，灭火过程中不能离火源太近，避免因水流冲击作用促使火点分散或对消防员及车辆造成伤害；也不能距离火点太远，避免造成水源的浪费以及水泵长时间运转发生故障。当登高平台回转时不能同时射水，必须避免突然开始或突然停止从顶端平台内的水炮喷水以确保登高平台的稳定性和安全性。此外，供水车的泵浦压力不能大于 1.3MPa，当需要供水加压或减压时应缓慢进行。

## 8.5 | **重型粉剂多功能举高喷射消防车**

重型粉剂多功能举高喷射消防车是针对现有消防车功能单一且不适用于金属火灾和危

化品类火灾等缺点设计的新型举高类消防车，它不仅能输送水、泡沫和干粉灭火剂等常规灭火剂，还能输送水泥粉体、粉煤灰等重型粉剂，该类型消防车具有灭火精度高、跨碍能力强等优点，可以用于扑救固体和液体类等常规火灾，还可以用于扑救金属钠、镁等 D 类火灾。

## 8.5.1 结构组成

重型粉剂多功能举高喷射消防车主要由底盘系统、臂架系统、支撑系统、消防系统、液压系统、电气系统等系统组成，如图 8-10 所示。

### 1. 底盘系统

底盘系统由汽车底盘、分动箱与油泵总成等部分组成，具有优良的动力性能、机动性能、操作稳定性和可靠性。底盘主要为设备行驶和工作时提供动力，底盘通过气动装置推动分动箱中的拨叉，拨叉带动离合套，将发动机的动力进行切换。当发动机动力切换到汽车后桥可使设备行驶，切换到液压泵、水泵则可以开展消防救援作业。

图 8-10　重型粉剂多功能举高喷射消防车

### 2. 支撑系统

支撑系统主要由转台、回转机构、固定转塔和支腿等几部分组成。臂架安装在支撑系统上，支撑系统的四条支腿直接支撑在地面上，为臂架提供一个稳固的底座，整个臂架通过回转机构进行旋转。臂架系统通过臂架液压缸伸缩、转台转动，将水经由附在臂架上的管道，直接送达臂架末端的消防炮进行灭火。臂架系统对臂架的控制既可通过遥控器上的臂架控制手柄控制臂架，还可通过控制柜操作面板上的臂架控制手柄来实现。此外，在系统电子部件失灵时，可直接使用臂架多路阀操作手柄控制臂架（紧急情况下使用）。操作臂架系统时，应禁止动作支架系统。

### 3. 消防系统

重型粉剂多功能举高喷射消防车的消防系统主要由水路系统、泡沫管路、上车喷淋水路、水罐、泡沫罐、消防炮等组成，其中水路系统由水泵、臂架管路、炮身和喷头等组成。消防系统可以喷射水、泡沫和重型粉末三种灭火剂，灭火剂来源包括外供水罐、外吸水、耦合供水（外直供水泵）、外直供水或泡沫（不经水泵）和外供水泥槽罐车等。

水灭火系统由水泵、水罐、管路、水泵进水阀、出水阀及水炮等部件组成，其中水罐出水阀采用气动操作，低压出水阀采用手动操作方式。水泵进水压力不大于 0.5MPa，高层供水压力不超过 4MPa，当采用外吸水方式进水时，需启动真空泵对进水管抽真空。灭火过程中水炮有直流和喷雾两种工作模式，喷头可以实现上下左右移动灭火。

泡沫管路系统由引泡沫管路、泡沫液管路、冲洗管路、备用泡沫管路等组成。灭火过程中通过管路将泡沫灭火剂输送到火场，采用水、泡沫两用消防炮。

水泥粉体的气固两相流在输送过程中流速高，对管道磨损严重，同时水泥具有一定腐蚀性（弱碱性），普通管道难以满足设计要求，需要采用镀钨管道以满足水泥粉体等重型粉剂输送过程中的耐腐蚀性要求。

#### 4. 气路系统

气路系统主要由底盘气罐、气源处理单元、气阀阀组、气动阀执行气缸、快插接头及气管等组成,如图 8-11 所示。气路系统使用底盘气罐气源,通过气源处理单元进行过滤、干燥、减压,再通过模块式气阀阀组控制上装气路各执行元件动作,主要功能包括水路系统气动阀和水泵制动以及离合器的控制。

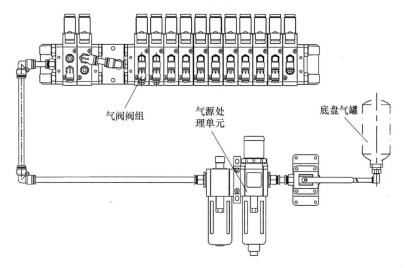

图 8-11　气路系统结构图

#### 5. 液压系统

液压系统主要由支腿多路阀、臂架多路阀、吸油封锁装置、主阀组、过滤器等组成。油路封锁装置安装在油泵吸油管上,主要用于液压系统检修时封锁泵的吸油管路,防止油箱的液压油外漏。系统检修完后,须将截止阀打开,使油路畅通,否则会烧坏油泵。

#### 6. 重型粉剂快速接口

重型粉剂多功能举高喷射消防车在输送水泥粉体、粉煤灰等粉剂时设计有一套专用的接口装置以满足水泥槽罐车多样化的输送管接口,保证重型粉末的高效灭火。该接口具有操作简单、不易渗漏等优点。

### 8.5.2　整车性能参数

某重型粉剂多功能举高喷射消防车的整体性能参数见表 8-4。该车采用 6 节全折叠臂架,具有动作灵活、跨障碍能力强等优点,能最大限度地接近着火点以实现精准灭火。

重型粉剂举高喷射消防车可喷射水、泡沫、干粉等常规灭火剂以及水泥粉体及粉煤灰等重型粉剂,适用于多种类型火灾的扑救工作。经过对输送管道的优化处理和采用新型喷头之后,该车输送重型粉剂时的最大喷射高度可达 38m,最大喷射幅度可达 22.5m,且重型粉剂从喷口喷出后还可以继续喷射 10~15m,有效喷射距离明显优于干粉消防车。

重型粉剂多功能举高喷射消防车采用的粉剂储存罐是水泥运输车,可以装载 40t 粉剂,是干粉消防车的 10 倍,而且水泥运输车自带空压机,供气不受限制。此外,水泥属于易获取材料,灭火时粉剂量不够时,可以通过水泥运输车强大的装载量为其提供持续、高强度的灭火剂。

表 8-4　某重型粉剂多功能举高喷射消防车的整体性能参数

| 主要性能参数 | SYM5330JXFJP38 |
|---|---|
| 外形尺寸 | 10.64m×2.5m×4.0m |
| 最小展开跨度 | 3.3m |
| 臂架形式 | 6 节全折叠臂架 |
| 臂架最大工作高度/幅度 | 38m/22.5m |
| 最大向下工作深度 | 21.9m |
| 臂架回转范围 | ±360° |
| 臂架展开时间 | 125s |
| 支腿展开及调平时间 | 40s |
| 液罐容积 | 3400L（1900L 水 +1500L 泡沫） |
| 水炮额定射程 | 90m |
| 水泵额定流量 | 100L/s |
| 重型粉剂理论输送量 | 1200 kg/min |
| 末端允许吊重 | 180kg |
| 水炮旋转角度 | −45°～+45° |

### 8.5.3　重型粉剂多功能举高喷射消防车的操作方法

**1. 外部消防供水灭火操作方法**

外部消防供水是利用其他消防车供给的压力水通过外供水口、臂架管道直接向臂架末端的消防水炮供水，以达到高空喷射灭火的目的。操作时，首先要关闭前车所有阀门，打开外供水口球阀，接上压力水带，向臂架末端消防炮供压力水，即可实现高空喷射灭火作业。

**2. 水罐内水灭火操作方法**

水罐左右两侧各有两个 DN80 的外注水口，供水车或消防栓的水通过外注水口注入水罐。启动水泵，当确认水泵已建立起水压后，打开泵到炮出水阀，逐渐提高泵出口压力至所需的出水压力后，打开"水罐出水"和"水炮射水"开关，可实现消防水炮高空射水。

**3. 泡沫灭火操作方法**

打开水泵操作控制面板上的"电源"开关，并同时打开"水罐出水""水炮射水""泡沫液阀门""泡沫混合器"等开关，根据扑救火灾实况调节适当泡沫和水的比例。当泡沫灭火剂达到一定压力时，操作消防炮向高空喷射泡沫进行灭火作业。

**4. 重型粉剂灭火操作方法**

展开臂架后发动机怠速运作，打开粉剂接口处的球阀，直接利用水泥槽罐车自带的排量 $10m^3/min$、压力 0.2MPa 空压机将水泥粉体输送到臂架顶端喷口，实现重型粉剂高空喷射灭火作业。

**5. 消防炮的操作方法**

根据高空扑救火灾的需要，调节消防炮的位置和角度进行灭火作业，其中消防炮可以喷射直流水、水喷雾、泡沫液和重型粉剂。

**6. 消防作业结束后的操作方法**

完成消防作业后，需打开水泵放水阀及各水路系统中的阀门，并利用清水来冲洗水泵及管路，彻底将管路系统清洗干净，之后收回展开的臂架和支腿，恢复至行驶状态。

### 8.5.4 重型粉剂举高喷射消防车的灭火应用

重型粉剂举高喷射消防车利用外接水泥槽罐车的空压机作为气力输送设备将水泥粉体通过臂架管道输送到高空，之后通过专用消防炮喷射到可燃物表面实现灭火。灭火过程中水泥粉体从喷头射出后呈直线喷射，通过远程控制调整臂架的喷射位置和喷头的喷射角度使粉剂准确喷射在着火区域，利用其冲击作用将火焰与可燃物分离开来，同时重型粉剂可有效覆盖在着火物上，利用冲击作用和物理覆盖作用联合灭火。此外，水泥粉体孔隙较小，覆盖在可燃物表面时，氧化剂很难再进入覆盖层以下，可以防止可燃物复燃（图8-12）。

a)                 b)

图 8-12 重型粉剂举高喷射消防车的水泥粉体灭火应用

a）灭火全景图 b）灭火细节图

## 8.6 举高破拆消防车

举高破拆消防车是一种具备高喷灭火、破拆、剪切、起重、抓钳、照明等功能的现代消防救援抢险设备，如图8-13所示。举高破拆消防车一般与大型供水消防车或泡沫消防车配套使用，用于扑救高架仓库以及高层建筑火灾。此外，举高破拆消防车能利用破拆工具快速完成破拆工作，进行喷水高空灭火作业。

图 8-13 举高破拆消防车

## 8.6.1 举高破拆消防车结构与组成

举高破拆消防车主要由乘员室、底盘、水罐、伸缩臂、水炮折臂和破拆折臂等组成，如图 8-14 所示。

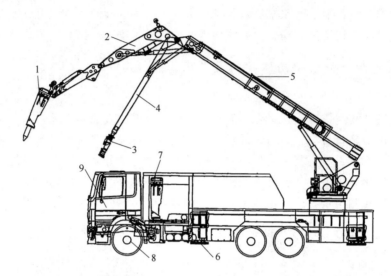

图 8-14　举高破拆消防车的结构与组成

1—破拆工具　2—破拆折臂　3—消防水炮　4—水炮折臂　5—伸缩臂　6—支腿系统
7—备用破拆工具　8—底盘　9—驾驶室

举高破拆消防车的乘员室、底盘、水罐、伸缩臂、水炮折臂等部分结构与举高喷射消防车相似。臂架的安装方式可分为双臂架安装和单臂架安装，其中单臂架适用于冲击破拆，而双臂架则适用于可更换液压破拆头的大功率破拆装置。双臂架结构可同时装备消防炮和高空破拆装置，实现同时开展破拆作业与射水灭火作业。双臂架中水炮折臂连接于伸缩臂头部，前端装有大流量的消防水炮，其中水炮折臂独立于破拆折臂，可单独运动，提升了水炮作业的灵活性和方便性。双臂架结构中的破拆折臂由中臂和小臂构成，中臂连接于伸缩臂头部，小臂前端装有快速接头可装备多种破拆辅具。举高破拆消防车一般装备液压破碎机（液压锤）、液压剪切机（液压剪）和铲斗三种工具，如图 8-15 所示。

液压剪

液压锤

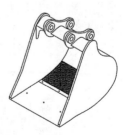
铲斗

图 8-15　破拆装置

举高破拆消防车配置的液压锤、液压剪、铲斗、液压抓以及螺旋钻等工具可对高层建筑中的防盗网、广告牌、彩钢板、玻璃幕墙、砖混墙、钢筋混凝土等各种对象进行破拆及清障。部分举高破拆消防车的主要性能参数见表 8-5。

表 8-5　部分举高破拆消防车的主要性能参数

| 主要性能参数 | | SYM5320JXFJP23 | SYM5320JXFJP28 |
|---|---|---|---|
| 整车参数 | 外形尺寸/m | 11.91×2.53×3.99 | 11.91×2.53×3.99 |
| | 总质量/kg | 32000 | 42000 |
| 支撑系统 | 最大展开跨距/m | 8.1×6.1 | 8.1×6.1 |
| | 支腿动作时间/s | <40 | <40 |
| 臂架系统 | 最大破拆幅度/m | >17.5 | >20.0 |
| | 回转角度 | ±360° | ±360° |
| | 臂架末端允许吊重/kg | 600 | 600 |
| | 最大破拆高度/m | 23.4 | 28.0 |
| 消防系统 | 水罐容积/L | 1500 | 1500 |
| | 水炮额定流量/(L/s) | 70 | 80 |
| | 水炮最大射程/m | 75 | 90 |
| | 消防炮左右摆角范围 | ±45° | ±45° |
| 破拆系统 | 液压锤打击力/J | ≥1200 | ≥1200 |
| | 液压剪剪断力/t | ≥90 | ≥120 |
| | 液压剪最大开口幅度/mm | ≥575 | ≥1300 |
| | 液压剪粉碎力/t | ≥35 | ≥40 |
| | (铲斗质量/kg)/(体积/m³) | 300/0.38 | 300/0.38 |
| | 工具更换时间/min | ≤5 | ≤4.5 |

### 8.6.2　举高破拆消防车的火场破拆

火场破拆是消防员在灭火过程中为控制火势蔓延、展开火情侦察、营救被困人员、疏散物资或扑灭火源等各项任务，对建（构）筑物进行的局部或全部拆除的灭火行动。实施火场破拆时应针对破拆对象的结构特征，选择适当的方法和破拆器材，快速有效地予以破拆，为灭火救援的顺利进行创造有利的条件。举高破拆消防车主要利用拉拽法、切割法、冲撞法和机械拆除法等进行破拆作业。

1）拉拽法。拉拽法是指举高破拆消防车以利用拉拽的方式对建筑物的承重构件、房屋吊顶及防盗窗进行破拆工作，如图 8-16a 所示。

2）切割法。切割法是指举高破拆消防车利用液压剪切割破拆汽车、船舶、飞机等高强度合金材料和高强度玻璃、钢质门窗等硬度较大的材料。

3）冲撞法。冲撞法是指举高破拆消防车利用液压锤的瞬间强力冲击作用来击破墙体、门窗进行破拆，如图 8-16b 所示。

4）机械拆除法。机械拆除法是指举高破拆消防车利用铲斗进行大面积的建（构）筑物的拆除或开辟防火隔离带，如图 8-16c 所示。

a)           b)           c)

图 8-16 举高破拆消防车的破拆作业

a）拉拽法   b）冲撞法   c）机械拆除法

# 复 习 题

1. 根据功能和用途不同，举高类消防车可分为哪几类？
2. 根据臂架结构形式的不同，举高类消防车可分为哪几类？
3. 全折叠臂举高喷射消防车相比于伸缩臂举高喷射消防车具有哪些优势？
4. 举高喷射消防车的安全系统包括哪些？
5. 简述举高喷射消防车在油罐火灾中的灭火应用。
6. 登高平台消防车的 H 型支腿和 X 型支腿的优缺点有哪些？
7. 如何计算云梯消防车的灭火救援效率？
8. 比较本章出现的 5 种举高类消防车的异同点。
9. 举高破拆消防车的破拆装置有哪些？
10. 谈谈你对举高类消防车创新点的建议。

# 第9章
# 专勤类消防车技术及应用

**本章学习目标**

　　教学要求：熟悉排烟消防车、通信指挥消防车、抢险救援消防车和照明消防车的分类、组成、工作原理及操作使用方法；了解轨道消防车、隧道消防车、水陆两栖消防车等其他专勤类消防车。

　　重点与难点：排烟消防车和通信消防车的结构组成。

## 9.1 概述

　　专勤类消防车是指装备有专用消防装置，用于某专项消防技术作业的消防车，主要包括排烟、通信指挥、抢险救援、照明、化学洗消、化学救援、输转、侦检、轨道、履带、隧道、水陆两栖等消防车。

　　目前，排烟、通信指挥、抢险救援、照明等专勤类消防车在消防队伍使用比较广泛，基本能实现国产化，部分车辆的性能和质量也能媲美于国外的同类产品。但对于改装技术含量较高的轨道消防车、隧道消防车、水陆两用消防车等少数专勤类消防车车型，国内产品与国外产品差距明显，尚不能形成成熟的生产能力。随着灭火和抢险救援任务的复杂多样化，今后专勤类消防车的发展方向是单车集成照明、排烟、化学洗消、通信指挥、吊装、自装卸等多种功能以应对复杂火场环境。目前，应急救援队伍已陆续配备具有排烟与照明、排烟与牵引、牵引与化学洗消等多功能的专勤类消防车。

## 9.2 排烟消防车

　　排烟消防车是指安装有固定排烟风机、能够在火场实现防排烟功能的专勤类消防车。排烟消防车具有排烟量大、适用范围广、排烟距离长、机动性良好、操作简单方便等优点，适用于结构封闭的地下工程、大空间建筑和可燃物繁多的高层建筑。当火场中设有固定防排烟消防设施时，固定防排烟设施负责火场的主要防排烟任务，排烟消防车作为火场排烟的辅助工具；当火场中没有安装固定防排烟设施或固定防排烟设施无法完成防排烟任务时，排烟消防车就负责整个火场的防排烟任务。排烟消防车不仅可以进行正压送风，向火场输送大量新鲜空气，驱散烟雾；还可以进行负压抽风，定向排除火场内的有毒有害气体。

### 9.2.1 排烟消防车的分类与结构组成

**1. 排烟消防车的分类**

按照配备排烟风机种类的不同，排烟消防车可分为轴流式排烟消防车和离心式排烟消防车两种。

（1）轴流式排烟消防车

轴流式排烟消防车上安装的风机为轴流式风机，安装位置既可以在器材箱外，也可以在器材箱内。轴流式排烟风机通常具有较大的风量，能够迅速有效地驱散火场内烟气，适用于火场内烟气量较多的场所。目前国内排烟消防车装备的多为轴流式排烟风机，这种风机的最大风量已能达到 $1000000m^3/h$。

（2）离心式排烟消防车

离心式排烟消防车上安装的风机为离心式风机，离心式排烟风机可形成较大的负压，能够快速抽除火场内的有毒有害气体，保障火场内良好的空气质量。目前国内较大型离心式排烟风机的风压可达到 2000Pa 以上。

**2. 排烟消防车的结构组成**

排烟消防车主要由底盘、驾驶室、动力传动系统、电气系统、水泵系统（泡沫泵系统）、排烟机系统、液压升降回转系统和接管机构等组成，以某型排烟消防车为例，其结构组成如图 9-1 所示。

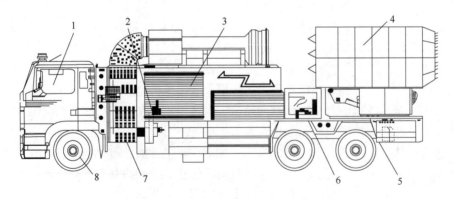

图 9-1 排烟消防车结构组成

1—驾驶室 2—动力传动系统 3—电气系统 4—排烟机系统
5—水泵系统 6—液压升降回转系统 7—接管机构 8—底盘

（1）底盘

排烟消防车一般由运输车底盘改装而成，底盘上要加装全功率取力器和侧取力器。

（2）动力传动系统

动力传动系统由原车发动机、夹心式或断轴式全功率取力器、侧取力器、传动轴、分动箱、联轴器、发电机和液压泵等附件组成，如图9-2所示。

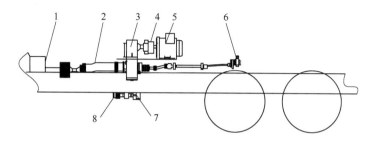

图9-2　动力传动系统

1—全功率取力器　2—传动轴　3—分动箱　4—联轴器　5—发电机

6—水泵　7—液压泵　8—侧取力器

原车发动机的动力传递给全功率取力器，全功率取力器驱动分动箱，分动箱一根输入轴驱动两根输出轴，两根输出轴分别驱动发电机和水泵，分动箱两根输出轴均装有离合装置，可根据需要切断动力输出。原车侧取力器驱动液压泵，液压泵用来驱动排烟机的升降、俯仰及回转机构。

（3）电气系统

电气系统是整车的控制中枢，主要用于对排烟机系统进行操控。电气系统装有漏电保护、断路器及接地棒等多重电路保护装置，确保用电安全。此外，一些排烟消防车还附加了一些原车以外的电气系统，如电子警报器、警灯、液位指示器、照明灯及开关等。

（4）排烟机系统

排烟机系统的核心部件是风机系统，它由多个增压风筒组成。增压风筒既可单独使用，也可全部同时使用。每个风筒由电动机、导流罩和扇叶自动换向装置等组成。电动机主要用来驱动扇叶，每个电动机所驱动的扇叶数目不同，且每个电动机之间可任意组合开启。导流罩主要用来减小流体在单个风筒运动时的风阻；扇叶自动换向装置主要用来转换扇叶的角度以达到正压送风的功能。排烟机系统可正负压远距离送风和排烟，既可单独使用，也可全部同时使用。

（5）水泵系统

水泵系统由水泵、管路、各种启动控制阀门、冷却管路及附件等组成。排烟消防车通过气动控制阀门来实现水泵系统的三大功能：排烟机的细水雾供水、负压排烟防爆降温供水和动力传动系统冷却。水泵系统通过原车动力取力器驱动消防泵，喷射水、泡沫进行灭火，也可通过强细水雾进行降温、除尘、洗消工作；同时风机系统还设计有前后及两侧正、负压排烟送风系统，可实现送风、排烟同时或分别工作，使救援效率提高3倍以上。

（6）液压升降回转系统

液压升降回转系统由回转支撑、中心回转接头、电滑环、回转台、变幅液压缸、举升臂架、后支腿及附件等组成，如图9-3所示。

排烟机的液压升降回转系统以侧取力器驱动的液压泵为动力源，通过电控液压阀组实现升降回转系统的动作。液压升降回转系统由回转支撑装置及滑环装置实现 360°无限回转，由主变幅液压缸实现臂架的俯仰，由副变幅液压缸实现风机系统的俯仰。回转支撑中心装有中心回转接头和电滑环装置。

（7）接管机构

风筒自动接管机构主要用于实现风机系统的负压排烟和正压送风管道的快速连接和转换，由滑轨、接头管、双向气缸、气动控制阀及附件等组成。当火灾现场需要负压排烟或正压送风时，按下风筒自动对接开关，风机系统会按指令自动回位，风筒自动对接机构会向两个相反的方向直线运动，前端与内藏式免接风筒机构无缝对接，后端与风机系统外侧的两个风筒无缝对接，这样就形成了负压排烟或正压送风的通道。

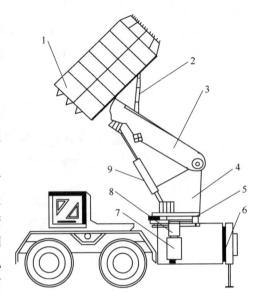

图 9-3  液压升降回转系统

1—风机系统  2—副变幅液压缸  3—举升臂架
4—回转台  5—回转支撑  6—后支腿
7—电滑环  8—中心回转接头  9—主变幅液压缸

（8）消防员呼吸防护系统

在车厢内设置有高压空气储气瓶装置，在车辆进入灾害现场时对驾驶室进行增压，使驾驶室处于微高压状态，阻止有害气体侵入驾驶室，同时在驾驶室内还设有空气呼吸器架，方便存放呼吸器。

（9）安全设施

排烟消防车的前窗设有防爆网，电气柜设有短路保护装置、漏电保护装置、接地保护装置等安全措施装置。

## 9.2.2  排烟消防车的火场应用

排烟消防车排烟灭火时，排烟风机的尾部依靠风扇转子叶片和整流系统在火场建立一个定向流场，从雾化喷嘴喷出的水滴受到气流冲击进一步雾化成微小的水滴后被气流输送到较远处的着火点，水被雾化成微小水滴后可以覆盖更大的面积并迅速蒸发吸热，由此发挥出更强的灭火效力。另外，排烟风机的风扇具有巨大排烟能力，可以在火场上同时发挥消防排烟和降温灭火的作用。

## 9.2.3  排烟消防车的操作使用

排烟消防车在实际灭火救援中的操作使用方法如下：

1）启动发电机之前确认接地棒良好接地。

2）车制动状态下，启动发动机，打开附加电源开关，踩下离合器，依次启动液压泵、发电机，接合取力器，打开空挡开关，此时液压泵、发电机在怠速下运行；打开控制面板电源开关，调节电子油门旋，使发电机、液压泵在额定工况下工作，放下车辆后支腿。

3）打开面板断路器开关，此时触摸显示屏上显示系统各个参数（如水位，排烟机工作时的电压、电流等）。

4）排烟机的启动。

① 一键式启动：按下排烟机启动开关，排烟机即可正常工作。此时根据实际需要操作液压控制手柄开关，使排烟机达到需要的风量。

② 分组启动：在触摸显示屏上选择分组操作，然后按下相应的分组控制按钮。

③ 如果需要喷射细水雾进行冷却和除尘降温，先按下接合水泵开关，然后按下相应的控制按钮。需要负压抽风时，先连接好耐高温耐压排烟管，按下负压定位开关，根据需要打开风筒对接开关，启动相应负压抽风筒的排烟机控制按钮，同时其余风机也要全部打开。需要远距离正压送风时，正压送风筒接到车侧接口，根据需要启动相应的正压送风筒排烟机的控制按钮，正负压转换时必须停机转换。

④ 排烟机的启动过程、工作状态以及各种系统指示和故障报警可在触摸显示屏上准确显示。排烟机工作中如果温度过高，温度警示灯会闪亮并发声报警；紧急情况下也可按下急停开关，使系统断电（仅用于应急处理）。

⑤ 手控盒的使用：打开手控盒上的电源开关，按下排烟机启动按钮，排烟机就可以正常启动，根据需要控制液压和水泵系统；工作完成后，关闭排烟机，按下复位按钮，使排烟机回到初始位置。

⑥ 抽吸易燃易爆气体时，必须打开左右负压降温开关及灌注水开关；当排易燃易爆气体时，必须打开正压细水雾开关。

⑦ 工作结束后关闭排烟机，在控制面板上打开复位开关，排烟机即可回到初始位置。关闭水泵，打开管路放余水开关，如有需要，按下吹扫开关，对水泵各个管路进行吹扫。完成后关闭电源开关，按顺序断开动力传动，关闭发动机。

## 9.3 通信指挥消防车

通信指挥消防车是指主要装备无线通信、发电、照明、火场录像、扩音等设备，用于灾害现场通信联络和指挥的消防车。该类消防车主要用于灾害事故现场的音频、视频和其他数字信息传输，以及信息分析、处理和指挥。当扑救大型火灾和处置特种灾害事故时，通信指挥消防车有助于建立和完善城市消防通信指挥系统，增强快速反应和辅助决策能力，保障灭火救援，保护公民生命、财产和社会公共安全。

通信指挥消防车是消防通信调度指挥系统的重要组成部分，担负着消防灭火救援作业现场的通信保障和指挥调度任务，它与消防指挥中心构成了一体化的指挥体系，具有相互补充、互联互通、独立指挥的功能。通信指挥消防车的主要功能包括以下几个方面：实现在任意时间、任意地点建立灾害现场与本地区消防指挥中心的互联互通；实现在特大灾害救援现场构建由应急管理部移动指挥中心、总队移动指挥中心、支队移动指挥中心组成的移动通信指挥网；通过短波、超短波、卫星通信等多种通信手段，在灾害现场建立指挥调度网络等。

### 9.3.1 通信指挥消防车的分类与结构组成

**1. 通信指挥消防车的分类**

通信指挥消防车一般分为具有动中通或静中通等卫星通信功能的通信指挥消防车和普通

通信指挥消防车。所有通信指挥消防车的卫星通信由应急管理部统一管理使用。

**2. 结构组成**

通信指挥消防车一般由客车整车或商用车底盘改装而成，如图9-4所示。具有动中通或静中通等卫星通信功能的通信指挥消防车和普通通信指挥消防车的主体系统相同，但卫星通信方式不同。以某型客车整车改装的动中通通信指挥消防车为例，该车主要由卫星通信分系统、超短波通信分系统、短波电台分系统、通信组网管理分系统、计算机网络及办公分系统、视音频分系统、单兵无线图传分系统、集中控制分系统、车辆改装分系统等组成。

图9-4　通信指挥消防车

（1）卫星通信分系统

卫星通信分系统由动中通卫星天线、射频设备、基带调制解调设备、卫星终端设备等组成，如图9-5所示，可以实现向卫星发射射频信号、接收卫星信号，并为语音、图像、数据传输提供通道。

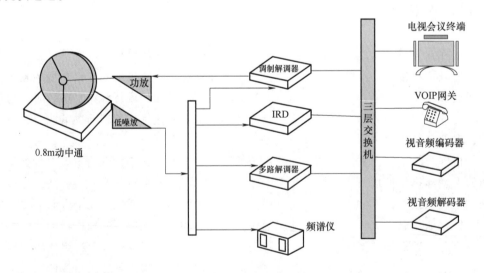

图9-5　动中通卫星通信系统组成图

1）动中通卫星天线：采用高精度光纤陀螺惯导与信标接收机相结合的主动跟踪方式，不需要跟踪TDM（时分复用模式）载波，可通过接收应急管理部消防局中心站发出的DVB（数字视频广播）载波对星入网。

2）IRD 接收机（综合解码卫星接收机）：用于接收部局中心站的 DVB 载波，该载波包含了网管信令和中心站综合数据业务。

3）调制解调器：用于向部局中心站回传 STDMA（自组织时分多址技术）载波构成网管回传信道，并在注册入部局网管后可用于发射业务数据载波。

4）多路解调器：用于接收其他卫星站点回传信号，构建网状网络。

5）频谱仪：用于卫星载波的监测和故障排查。

6）视音频终端：电视会议终端，用于开通与部局的电视会议；视音频编/解码器，用于车辆行进过程中的图像回传；VOIP（将模拟信号数字化以数据封包的形式在 IP 网络上做实时传递）语音网关，用于接入消防电话网络。

7）其他设备：三层交换机，将车内网络设备划分为不同的 VLAN（虚拟局域网）网段，按照部局入网技术要求中的 IP 地址规划执行 IP 地址分配；加密机，加装在卫星的数据出境处，对上星数据进行加密处理。

（2）超短波通信分系统

超短波通信分系统包括：350Mbit/s 常规车载电台、车载中继台和便携式可组建现场大面积无线互联通信器，实现常规 350Mbit/s、400Mbit/s 或 800Mbit/s 通信。

（3）短波电台分系统

短波电台分系统包括：数字化车载短波电台、车载天线等装车附件、背负附件以及 GPS 接收机，可随时和短波基地台建立通信连接，做到互联互通。

（4）通信组网管理分系统

通信组网管理平台即通信组网管理分系统，包括应急通信指挥调度语音互联平台、调度终端及软件、连接的各种语音设备，可实现超短波通信系统、短波通信系统、卫星电话、有线电话、GSM/CDMA 移动电话、各种频段各种制式的集群通信系统等之间的互联互通，实现跨区域通信指挥系统的联网以及有线、无线环境下的统一调度指挥。

（5）计算机网络及办公分系统

计算机网络及办公分系统包括：以太网交换机、车载式工控机和多功能办公一体机。

1）以太网交换机：将车内网络设备分为不同的 VLAN 网段。

2）车载式工控机：装有应急救援指挥调度软件系统，实现现场数据处理（图文处理、访问消防信息网）。

3）多功能办公一体机：在应急现场可组成本地局域网，经过卫星通信网从消防救援总队主站访问消防专网，并可在消防车上实现打印、复印、传真、扫描等办公功能。

（6）视音频分系统

视音频分系统主要由图像采集设备、图像切换设备、图像存储设备、图像显示设备、视音频终端设备、音频设备等组成，可以实现对应急现场的视音信号进行采集、存储、切换、传输等功能并通过卫星通道上传到消防总队指挥中心。

1）图像采集设备：包括车顶摄像机、车内摄像机、车尾摄像机、手持式摄像机等。

2）图像切换设备：包括视音频矩阵（切换多路信号输入输出的设备）、视音频分配放大器等。视音频矩阵包括 AV 矩阵和 VGA 矩阵，可实现整个系统的功能切换。

3）图像存储设备：包括硬盘录像机等，可实现现场多路图像的存储功能，也可实现多路图像的多画面分割功能。

4）图像显示设备：包括机架式 4 联装显示器、主显示器、头枕显示器等。

5）视音频终端设备：包括电视会议终端、视音频编码器、VOIP 语音网关等。电视会议终端可实现与总队和部局指挥中心的现场指挥视频会议。视音频编码器主要将现场图像传至总队。

6）音频设备：包括无线话筒、调音台、音响等。

（7）单兵无线图传分系统

该系统由一套单兵背负式发射机和一套车载接收机组成，构成"单兵-指挥车通信模式"，实现单兵发射机与动中通车之间的无线图像传输。在事故现场路况或环境恶劣、车载图像采集设备无法采集图像的情况下，可使用单兵背负无线图传设备进入现场，将采集到的图像通过无线方式传输至通信指挥消防车上。

（8）集中控制分系统

集中控制分系统由控制主机、无线触摸控制屏及各接口控制设备组成，主要功能是将多种系统设备接入一台集中控制主机，通过软硬件协同配合，使用定制的操作软件界面，对卫星通信指挥车上的常用设备统一进行控制及状态监控，实现图像切换、云台控制、摄像头控制、录音录像控制、屏幕控制、DVD 及音响控制等，完成各接入设备的操作控制，简化操作人员工作规程，保证系统各部分协调、正常、高效运转。

（9）车辆改装分系统

对车辆进行改装，包括配电、车体、装饰等，以满足车载设备的安装及操作。商用车底盘改装的通信指挥消防车与客车整车改装的通信指挥消防车相比，通常具有更大的布置通信指挥设备以及进行通信指挥的空间，并可提供基础的配套设施。

### 9.3.2　通信指挥消防车的火场应用

在事故灾害救援现场，通信指挥消防车作为应急通信指挥调度平台，连接消防指挥中心构成一体化的指挥体系，相互补充、互联互通、独立指挥，可形成一个独立的现场机动指挥中心。通信指挥消防车可为重特大火灾以及各类的灾害事故抢险救援提供现场通信保障和全方位支持，实现任何时间、任何地点快速与消防指挥中心联网，进而对火灾现场图像、语音和计算机数据进行传输，建立现场消防指挥室，开通现场有/无线、计算机数据综合通信网络。现场救援人员可通过图像监控和传输系统实况了解火场情况，以实现与消防指挥中心进行双向视频传输等现场移动通信指挥调度功能。

## 9.4 | 抢险救援消防车

抢险救援消防车是指主要装备抢险救援器材、随车吊或具有起重功能的随车叉车、绞盘和照明系统，在灾害现场实施抢险救援工作的消防车，适用于各类消防救援场所。根据所配器材和设备，抢险救援消防车可在现场实施发电、照明、排烟、破拆、救生、牵引、起重等多种抢险救援作业。

### 9.4.1　抢险救援消防车的分类与结构组成

**1. 抢险救援消防车的分类**

由于各地灾害、事故的类型和程度差异很大，消防救援所需的器材不尽相同，致使抢险救援消防车的种类繁杂、功能差异较大，使用的底盘型式也各种各样。根据整车满载质量不同，抢险救援消防车一般分为重型和中型两种。

**2. 结构组成**

抢险救援消防车一般由底盘、驾驶室、发电装置、照明系统、器材厢、随车吊和绞盘等组成，如图9-6所示。

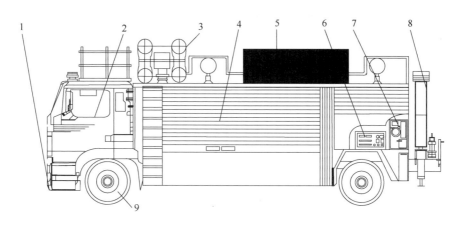

图9-6　抢险救援消防车

1—牵引绞盘　2—驾驶室　3—升降照明灯组　4—器材厢　5—顶厢　6—电控室

7—发电机组　8—随车吊　9—底盘

（1）照明系统

1）升降照明灯组。在车体上固定安装电动或气动式举升灯杆，顶端为云台，安装有两盏以上照明灯。目前抢险救援消防车较多采用气动式铝合金举升灯杆，一般由底盘压缩空气罐提供实现升降的压缩气体，也可单独配置小型空气压缩机。根据举升高度要求的不同，灯杆一般为3~5节。云台由电动机驱动，可实现照明灯的俯仰与回转，满足现场不同区域的照明需要。部分车辆还配备了远距离无线遥控操作系统，可在一定范围内无线遥控操作。抢险救援消防车气动式升降灯杆结构如图9-7所示。

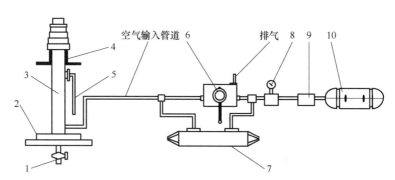

图9-7　气动式升降灯杆结构示意图

1—放余水阀门　2—安装底板　3—升降灯杆　4—上下压板　5—排气管及接头　6—手动换向阀

7—电磁换向阀　8—减压器压力表　9—空气过滤器　10—原车底盘压缩空气罐

2）移动照明灯组。移动照明灯组包括移动式照明灯、支架及电缆卷盘等，一般固定安装在器材厢内，需要时取出并安装在支架等处，然后放置在使用区域，并通过电缆连接电控柜输出口实现照明功能。

（2）器材厢

器材厢根据所配装的各种器材和工具的外形，分隔成大小不同的空间，采用高强度铝合金型材及内藏式连接件装配成为一个整体，以便卡装所配置的各种器材和工具。器材厢普遍采用上轻下重、上小下大、便于取用的布置形式，必要时需设计踏板及升降装置，以符合人体工程学要求，减轻操作人员取放器材的负担。

（3）发电装置

按动力形式的不同，发电装置可分为底盘取力器驱动及自带汽油机驱动，通常多以自带汽油机驱动。自带汽油机驱动的发电装置主要包括移动式汽油发电机、配电装置、附属电气装置等。

（4）随车吊

随车吊是由底盘发动机通过变速箱侧取力器驱动液压泵，从而输出动力实现起吊功能。部分随车吊还设有卷扬钢丝绳，也可实现起吊功能。随车吊通常固定安装在车辆的后部车架上并设有两只液压支腿，在车体两侧均设有操作手柄，可方便地操作随车吊。

（5）绞盘

绞盘驱动方式一般有液压驱动和电动驱动两种，安装位置一般为前保险杠和车体大梁中部。绞盘前部应安装导向和排线装置，便于钢丝绳的牵引导向以及回收整理。

电动驱动绞盘通常安装在前保险杠上，通过螺栓进行固定连接，最大牵引力一般不大于50kN。液压驱动绞盘取力方式与随车吊相同，牵引力一般在 50～100kN。目前较为先进的液压绞盘是在车体大梁中部设置的恒力匀速绞盘，其设有钢丝绳收纳装置。此外，由于绞盘设置在车体重心附近，通过车体的导向装置，还可实现后向、侧向等多方向牵引。

## 9.4.2 抢险救援消防车的操作使用

抢险救援消防车应按照如下规定进行操作：

（1）照明装置

1）行车前，应检查升降照明灯是否完全回收并锁定。

2）使用发电机前，必须良好接地。

3）使用升降照明灯前，车辆必须停放在上空无障碍物、地表相对平坦的位置，尽量保持水平，以保证升降杆正常伸出。

4）照明灯使用时，严禁直视或触碰照明灯。

5）使用后的照明灯表面温度较高，严禁触碰，防止烫伤。

6）非电气专业人员不得随意拆动和修理、更改线路，以免发生意外事故。

（2）随车吊

1）操作人员必须接受培训并进行多次实际操作，确定掌握正确操作方法后方可操作，尤其应完全理解随车吊的力矩表。

2）操作时整车处于空档位置，驻车制动器处于制动状态，车轮用制动块固定。

3）操作前必须把支腿完全伸出，起吊作业时保持车体稳定。

4）操作时尽量保持动作平缓，特别在起吊重物时，注意控制旋转的角度和幅度，防止碰到车体，禁止用吊臂拖拉重物。

5）操作时载荷不允许超过额定载质量，随车吊的载荷是吊钩及吊具等附件的质量和吊物质量的总和。

6）在进行回转操作时应留意周边的障碍物，使重物在离地较低的情况下回转。

7）操作完成后必须使吊臂和支腿复位，然后插入固定销，断开取力器。

8）在使用卷扬钢丝绳进行起吊作业时，应注意观察高度限位器，确保起吊高度不超过安全工作范围。

（3）绞盘

1）牵引工作人员应戴防护手套，必须用专用的挂钩工具牵引挂钩和钢丝绳，进行钢丝绳的放开或收起作业。

2）操作时整车应处于制动状态，车轮用制动块固定。

3）严禁超限、超工作范围牵引。

4）牵引作业时，要尽量保持匀速牵引，钢丝绳两侧严禁有人，防止断裂伤人。

5）最大距离牵引作业时，卷盘上至少留有三圈以上的钢丝绳以保证和鼓筒连接处不致断裂。

6）严禁采用绞盘钢丝绳直接捆绑重物进行牵引。

7）使用完后，无排线装置的绞盘应采用人工辅助排线，防止乱线。

8）钢丝绳的牵引方向应尽量沿水平方向，与消防车中心线的夹角左右偏斜一般不得超过10°。若偏斜角度太大，会使绕绳的导向移杠的轴向力太大，导致移杠导向齿变形或工作时发生卡顿现象。

## 9.5 照明消防车

照明消防车是指主要装备固定照明灯、移动照明灯和发电机，用于火场或抢险救援现场照明以及其他救援装备电力供应的消防车。根据需求，照明消防车上还可配备抢险救援工具，作为器材车辆或抢险救援车辆使用。

### 9.5.1 照明消防车分类与结构组成

**1. 照明消防车的分类**

按照明升降系统的不同，照明消防车可分为液压升降系统照明消防车、电动机械升降系统照明消防车和气动升降系统照明消防车。本节以某型液压升降系统照明消防车为例进行介绍。

**2. 照明消防车的结构组成**

照明消防车一般由底盘、驾驶室、发电系统、照明系统、功率输出装置和控制系统等组成，其结构如图9-8所示。

（1）发电系统

一般采用由底盘发动机通过变速箱取力器驱动的车载式发电机，也可采用柴油发电机组，可输出220V及380V电压。

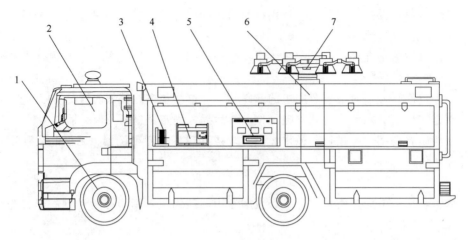

图 9-8　照明消防车

1—底盘　2—驾驶室　3—电缆盒　4—车载式发电机　5—电控柜　6—照明灯组　7—升降灯杆

（2）照明系统

照明系统主要包括照明灯组、升降灯杆、云台、电控柜、应急装置及各类电器元件等。

1）照明灯组。一般采用镝灯作为光源，该灯管中有各种稀土金属卤化物，属于高强度气体放电灯，具有体积小、光色好、光效高、耗电少、寿命长等优点。

2）升降灯杆。升降灯杆是将照明灯进行高低伸缩运动的伸缩管柱装置，安装在车辆的中间位置，穿过器材厢到达车顶部，顶部连接云台。底盘发动机通过变速箱取力器驱动液压泵，实现液压动力的输出以驱动升降灯杆。电缆则围绕在升降灯杆的周围同步进行升降运动。

3）云台。云台包括照明灯组支架、旋转机构、俯仰机构等。

4）电控柜。电控柜将发电机机组启闭、外电输入转换、升降灯杆回转俯仰、满车照明灯启闭运行等控制功能集于一体。为了确保用电安全，还装有自动漏电保护器及过载保护器，当系统发生漏电、短路、触电以及用电过载时，漏电保护器及过载保护器分别自动切断整个系统的电源起到安全保护作用。

此外，电控柜还设有发动机转速仪、气象风速显示仪、报警指示灯等信号指示装置以及电源连接转换装置。电源连接转换装置通过输出、输入的连接与转换，实现向外部用电设备供电以及自身发电机发电与外部市电供电之间转换的功能。

5）应急装置。当车辆的主动力系统（发动机或发电机）发生故障后，利用手动机械装置和备用手动液压泵，可对照明灯及升降灯杆进行应急回收。

## 9.5.2　照明消防车的操作应用

照明消防车在火场中的操作使用方法如下：

1）行车前，应检查升降照明灯是否完全回收并锁定。

2）使用照明消防车作业前，车辆应停放在比较平坦而结实的地面上，如停放在软地面上时，必须应用垫木保持车辆水平和稳定；车辆采用驻车制动，车轮用制动块固定。

3）升降灯杆作业区上空应无障碍物，特别注意避开高架电线等高压危险物。

4）变速箱保持在空档位置，然后才能启动发动机；在通电或有电源正在使用时禁止行车，如要改变停放位置，应确保完全收回升降灯杆并停止其他用电设备工作。

5）启动发电机前，应确认电控柜上发电机电路开关关闭，确保发电机无负载启动以及良好接地；在使用照明系统过程中，切勿触摸输出端子，以防触电。

6）在操作照明消防车发电装置时往往会产生很大的电流和磁场，特别是在启动和操作发电机组时突然产生的电流，会给各部件和导电物体带来比较严重的危险，应予以注意。

7）应根据气候环境使用照明消防车的照明灯，避免在大风大雨环境中使用，一般雨天使用时，照明灯应保持水平或倾斜向下照射。

8）开启和关掉照明灯时，需检查电压和频率是否在正常工作值范围内。照明灯开启后，尽可能等其完全点亮并连续工作 5min 后再关闭；关闭后，如需再次开启，应尽可能在 2~5min 后进行，以确保灯管的使用寿命。

9）发电机不能超负荷运转，当达到最大输出功率时，禁止再增加使用移动电源及电力设备。

10）在发电机停机前，切勿直接将发电机的底盘发动机熄火，以免损坏发电机等电气设备。

11）避免照明灯近距离照射人员，防止皮肤被灼伤；照明灯正在使用及刚关掉时，其前盖、灯罩和灯表面温度较高，切勿碰触；避免近距离、长时间照射目标。

## 9.6　其他专勤类消防车

轨道、隧道、水陆两栖、履带等类型的专勤类消防车目前在消防队中配备较少，此节仅做简要介绍。

### 9.6.1　轨道消防车

轨道消防车是针对高架桥梁、地铁、隧道等特殊场所发生火灾或安全事故而设计的特种消防车，如图 9-9 所示。

轨道消防车是在普通消防车底盘上装备升降式轨道行驶装置，可在道路、轨道之间快速转换。与普通消防车相比，轨道消防车最大的区别在于可根据使用场所的不同变更两套行驶系统：一套是底盘轮式行驶系统，另一套是轨道行驶系统。轨道消防车平时以轮式行驶系统在普通道路上以 100km/h 的最高速度行驶，当车辆进入轨道后，通过驾驶

图 9-9　轨道消防车

员在驾驶室操纵按钮或通过有线遥控操作，使轨道专用轮降下，车体升高，车辆就可以在轨道上以 40~60km/h 的速度行驶。

轨道消防车主要由底盘、轨道行驶系统、消防系统、呼吸保护系统、前后拖曳装置等组成。该类消防车除采用轨道行驶系统、升降式遥控消防炮，尾部设置红外可视系统外，其他

部分结构与同类普通消防车基本一致。轨道消防车通常还配备有破拆、灭火、侦查、救援、照明、警戒、排烟等装备，其中灭火主要以水和泡沫为灭火介质，并通过遥控升降水炮和水喷淋进行灭火和自我保护。

### 9.6.2　隧道消防车

隧道消防车是指装备增压驾驶室、乘员室和发动机舱，具有双向行驶功能，用于扑救隧道火灾的特种消防车，如图9-10所示。隧道消防车具备双向行驶消防车专用底盘，采用液压助力转向、双转向桥、单桥驱动、双向行驶、ABS等。该车的车头和车尾位置分别设置驾驶室，有效解决隧道道路狭窄致使车辆不能调头的难题，既能保证消防员快速到达现场，又能保证带被救助人员快速驶离现场，或按照指挥员命令迅速撤离现场。此外，隧道消防车通常还装备有水罐、泡沫液罐、水泵系统、泡沫系统、消防炮、卷盘系统、绞盘等灭火救援装备。

### 9.6.3　履带消防车

履带消防车是指配有履带行走装备，用于复杂地形条件下扑救火灾特别是森林火灾，或向灾害现场运输人员、器材和物资的特种消防车，如图9-11所示。该车采用履带装甲车改装，具有爬坡能力强、使用安全可靠等优点。灭火作业时，该车既可以使用消防车本身的水，也可以使用消防栓或其他供水消防车提供的水，还可以使用外界水源的水，而不需要增加其他辅助设备远程供水。

图9-10　隧道消防车

图9-11　履带消防车

### 9.6.4　水陆两栖消防车

水陆两栖消防车是指装备水陆两用驱动装置，既可以在陆地行驶，又可以在水中航行的消防车，如图9-12所示。

### 9.6.5　输转消防车

输转消防车是指用于事故现场输转危险物品的消防车，如图9-13所示。该类消防车配备真空泵和储存罐，具有抽吸、排放和储存能力，其中用于储存输转物质的容器均设置可靠的密封装置，管路均采用耐腐蚀材料。

图 9-12 水陆两栖消防车          图 9-13 输转消防车

### 9.6.6 化学救援消防车

化学救援消防车是指用于化学危险品灾害事故救助时洗消、收集泄漏液体，将有毒液体和气体快速转移的消防车，如图 9-14 所示。化学救援消防车主要配备可燃、有毒气体检测仪器，气象探测仪器，核泄漏检测仪器，无火花工具，清洗设备，油污处理设备，警戒设备，照明设备，堵漏设备，化学仪器设备等。另外，该类消防车还配备暖风机、加热器、防化服等装备。

### 9.6.7 洗消消防车

洗消消防车是指装备水泵、水加热装置和冲洗、中和、消毒的药剂的消防车，如图 9-15 所示。该类消防车既能当水罐消防车使用，进行低压、中压喷射灭火，又能对被化学品、毒剂等污染的人员、地面、楼房、设备、车辆等实施冲洗和消毒。洗消消防车一般由底盘、乘员室、锅炉、洗消器材、洗消剂、水泵及管路系统、附加电气装置等组成。

图 9-14 化学救援消防车

### 9.6.8 侦检消防车

侦检消防车是指装备多种有毒有害物质侦检设备，用于检测灾害现场是否存在有毒有害物质的消防车，如图 9-16 所示。

图 9-15 洗消消防车          图 9-16 侦检消防车

## 复 习 题

1. 专勤类消防车可分为哪些类型？
2. 排烟消防车由哪些结构组成？
3. 排烟消防车的主要功能有哪些？
4. 排烟消防车的适用场所有哪些？
5. 通信指挥消防车由哪些系统组成？
6. 通信指挥消防车在灭火救援现场可发挥哪些作用？
7. 抢险救援消防车有哪些功能？
8. 照明消防车由哪些结构组成？

# 10
## 第10章
## 新型灭火技术及装备

**本章学习目标**

教学要求：掌握超高层消防供水技术的分类与特点；了解远程灭火装备的类型与工作原理；熟悉航空灭火技术的分类与特点；熟悉消防机器人的分类与特点；了解新能源汽车的火灾特点。

重点与难点：超高层消防供水技术和航空灭火技术的分类和特点。

## 10.1 超高层消防供水技术及装备

超高层建筑用途广泛、功能复杂、人员高度集中，一旦发生火灾，火灾载荷巨大、人员疏散困难。超高层建筑灭火救援的消防水源依靠建筑自身的消防给水系统，并主要采用多泵串联接力的方式（水泵或水箱串联）将消防水源供给到更高楼层进行灭火。一旦发生火灾，串联接力供水系统极易遭火灾破坏，影响超高层建筑供水系统的正常运行。为了满足超高层建筑的消防供水需求，通常需要采用消防车向超高层建筑加压供水或采用举高喷射消防车灭火。而目前举高喷射消防装备依靠机械结构的延伸，有效消防扑救高度仅100m左右，无法满足超高层建筑消防需求。此外，现有的超高层消防供水装备最高能实现300m消防供水，无法满足300m以上的超高层建筑的消防供水需求，比如452m的长沙国金中心、492m的上海环球金融中心、632m的上海中心大厦等。如果采用内攻，借助消防员攀爬楼梯实施水带敷设供水，无疑会使消防员体力消耗较大，导致后期火灾扑救中的扑救能力下降。因此，对于超高层建筑消防救援体系而言，除优化和增强建筑的自防自救能力以外，积极开发超高层建筑外灭火技术与装备也是一种行之有效的辅助手段。超高层供水技术及装备不仅能够向建筑内部消防设施提供充沛的水源，还能够直接在建筑外实施灭火作业，进一步提高了对超高层建筑火灾的灭火救援工作能力。

### 10.1.1 超高层消防供水技术

**1. 超高层建筑内部消防供水技术**

目前，国内外超高层建筑内部广泛采用的消防供水系统主要有减压阀分区供水系统、并联分区供水系统、串联分区供水系统和高位重力水箱供水系统等。现有超高层建筑均采用多泵串联接力的方式（水泵或水箱串联）将消防水源供给到更高楼层。当超高层建筑发生小型火灾时，可采用现有的串联分区供水系统为消防灭火设施提供充足的消防水源。

当超高层建筑发生大型火灾时，由于建筑内供水系统处于火场之中，其控制线路、输送管道和水泵等消防设施极易被火灾破坏，从而影响建筑内消防水源的供给强度，无法有效保障必需的消防用水量。当建筑内消防水源及消防管路设施均失效时，或者内部消防水源和消防设施的供水强度不能满足灭火需求时，就必须采用超高层供水技术，并通过建筑内专用垂直消防直通供水管路或临时铺设水带的方式向建筑内提供消防水源。

**2. 超高层建筑外部消防供水技术**

国内外常用超高层建筑外部消防供水技术主要有以下几种：

（1）临时消防水带供水技术

临时消防水带供水技术是指由建筑外部超高压供水设备提供水源及水压，由消防灭火队员临时从建筑外敷设消防水带至灭火楼层进行灭火作业，适用于已建成超高层建筑的外部供水灭火作业。该技术是目前国内外常用的超高层建筑外部消防供水技术，具有技术成熟、供水可靠及操作简单等优点。

该方法需要临时敷设水带，在灭火过程中存在以下缺点：

1）安全性低。水带敷设作业虽在着火楼层以下进行，但仍易受到火势影响，威胁消防人员的人身安全。

2）稳定性差。水带通过单向串联敷设，具有接口多、转角多、沿程阻力损失大及系统不稳定等缺点，一旦中间某处水带破损或供水受阻，将直接影响供水灭火作业效率。

3）作业时间长。当着火楼层较高，从供水点到着火点距离较远时，水带的敷设距离长、敷设时间较长，容易错过最佳灭火时机，严重影响火场的灭火作业的时效性和高效性。

4）外部敷设难度大。水带采用建筑外窗直接吊装敷设方式具有吊装难度较大且无法有效固定等缺点，影响灭火作业的正常进行。

5）影响人员疏散。水带在疏散楼梯、疏散走道等位置的敷设方向与人员疏散方向相反，极易影响人员的安全疏散逃生。

（2）水泵接合器供水技术

该技术由超高压供水设备提供水源及水压，利用水泵接合器向超高层建筑内的消防水箱供水，借用建筑内现有的消防灭火系统进行消防灭火作业，适用于内部水源及市政供水水量不足，但内部消防设施完好的超高层建筑。

超高层建筑物发生火灾后虽然可以在一定时间内保证内部消防设施的完整性和可用性，但常规水泵逐级供水技术的可靠性差，无法有效保障消防用水需求量，而且也有可能存在建筑内部消防供水量及市政供水量不足的情况，无法形成持续有效的供水强度。采用建筑外超高压供水设备提供临时高压，外接消防供水罐车提供充足水源，供水口直连建筑水泵接合器的技术方法能够高效保障消防供水量的供给。

（3）消防水箱供水技术

该技术采用超高压供水设备提供水源及水压，利用建筑外独设管路向建筑内的消防水箱供水，借用建筑内部现有消火栓系统、自动喷水灭火系统等消防灭火设施进行灭火作业，适用于内部水源不足、建筑底部供水管路破坏但储水及灭火设施完好的超高层建筑。

该技术仅需在现有串联消防供水系统的基础上增加一套独立的专用管路系统，中间设置分支管路与建筑内各水箱相连，如图10-1所示。发生火灾时，利用超高压活塞泵进行加压，通过该专用管路系统向各分区水箱提供消防用水，再通过各分区水箱为对应的消火栓管网提供消防用水。该方式充分利用建筑内的消防水箱，具有一定的储水能力，供水可靠性强，而且经济成本低，仅需为建筑铺设一根独立管路即可完成整个供水作业过程。

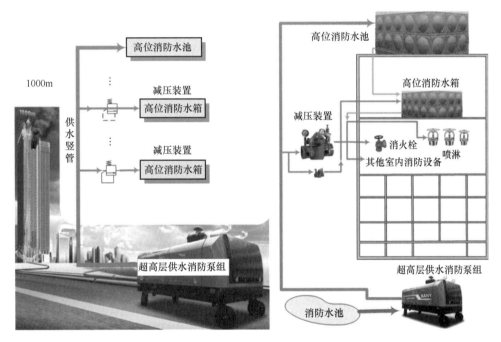

图 10-1　超高层消防水箱供水技术示意图

（4）独立直通管道供水技术

该技术采用超高压供水设备提供水源及水压，利用独立设置的直通管路提供消防水源（消防水源不进入水箱），并在直通管路上预留消防接口以便连接消防设施，适用于内部供水和灭火设施均无法正常工作的超高层建筑。

该技术需要在建筑外墙或内部增加一套独立的专用垂直管路系统，并每隔几个楼层设置相应减压装置、开关阀门及水带接口。发生火灾时，利用超高压活塞泵进行加压，消防供水不进入各分区的消防水箱，由消防队员根据着火楼层情况在独立管路上自行选择合适的接口接消防水带、水枪进行有针对性的灭火作业。该技术独立于建筑内已有消防给水系统，需新建独立直通管路和楼层消防接口，消防灭火用水完全由建筑物外超高压供水设备提供，具有可靠性强、使用方便以及灭火效率高等优点。

### 10.1.2　超高层消防供水装备

建筑外部超高层消防供水装备的供水能力主要取决于消防水泵的供水能力以及水带、供水管路和供水附件的耐压强度。目前，国内外厂家已逐步开发出多款超高层建筑消防供水装备，可将水、泡沫等灭火剂通过供水管路泵送至约300m高度。典型的超高层供水装备有美国豪士科超高层供水消防车、德国齐格勒多功能高层供水消防车以及我国三一重工的超高层供水消防车。

**1. 豪士科超高层供水消防车**

豪士科超高层供水消防车利用车载式消防泵的多级离心泵多级增压原理向超高层建筑供水，高压输出时沿直径100mm管路可垂直供水的高度为300m，供水压力1.0MPa时流量为78L/s，供水压力3.4MPa时流量为25L/s。该消防车不仅可以喷射水灭火剂，还能够喷射泡沫灭火剂，在车身左侧配备有1个25mm口径的泡沫吸口并自带泡沫外吸功能，用于外吸输送泡沫至泡沫罐，并且装备了全自动泡沫比例混合系统，灭火可靠性较高。豪士科超高层供水消防车的主要技术性能参数见表10-1。

**表10-1　豪士科超高层供水消防车技术参数**

| 外形尺寸（长×宽×高）/mm | | 8540×2480×2946 |
|---|---|---|
| 发动机 | 型号 | 康明斯 CUMMINS |
| | 气缸排量/L | 8.9 |
| | 额定功率/kW | 400 |
| 最大车速/（km/h） | | 108 |
| 消防泵 | | Waterous CMU1250 双级离心式消防泵 |
| 泡沫比例混合装置 | | Husky12 型全自动正压喷射式泡沫比例混合装置 |
| CAFS压缩空气泡沫系统流量/（L/s） | | 94 |
| 灭火剂载量 | 水罐容积/L | 3781 |
| | 泡沫罐容积/L | 189 |
| 消防炮 | 水射程/m | 90 |
| | 泡沫射程/m | 70 |
| | 额定流量/（L/s） | 80 |

**2. 三一超高层供水消防车**

三一超高层供水消防车选用全液压柱塞泵式结构的消防泵向超高层建筑供水，其中消防泵组的最大供水压力可达12MPa，最高供水高度可达1000m，可以将消防水源直接输送至超高层建筑物的顶层水箱或内部灭火设备，实现一泵到顶功能。此外，消防泵采用双机组设备时在1000m供水高度时的最大流量可达2000L/min，并可任意扩展设备供水流量，满足超高层的各种消防用水需求。三一超高层供水消防泵组和消防车如图10-2所示，主要技术性能参数见表10-2。

图 10-2 三一超高层供水消防泵组和消防车

表 10-2 三一超高层供水消防车技术参数

| 技术参数 | | 产品型号 | |
|---|---|---|---|
| | | XBC120/50G-SY | XBC80/100G-SY |
| 整车参数（单泵） | 外形尺寸（长×宽×高）/mm | 5800×2500×3000 | 5300×2500×3000 |
| | 最大总重量/kg | 9600 | 9100 |
| | 整备质量/kg | 10700 | 10200 |
| 动力参数（双泵） | 发动机型号 | D07S3T1 | D05S3T1 |
| | 发动机类型 | 直列、直喷、水冷、四冲程、增压中冷、高压共轨 | 直列、直喷、水冷、四冲程、增压中冷、高压共轨 |
| | 发动机额定功率/kW | 180×4 | 155×4 |
| | 最大扭矩/(N·m) | 885 | 750 |
| 泵送参数（双泵） | 输送缸（个） | 8 | 8 |
| | 最大泵送高度/m | 1000 | 600 |
| | 额定输出流量/(L/min) | 2000（12MPa） | 3000（8MPa） |
| | | 3000（8MPa） | 4000（6MPa） |

# 10.2 远程灭火技术及装备

针对目前近距离抵近火场灭火面临的危险性高、灭火效率低下及易错失灭火最佳时机等问题，研发远程灭火技术及装备对于弥补普通消防车在灭火高度和距离上的不足，提高消防队员的火场安全性以及降低火场人员和财产损失具有重要意义。近年来，国内外在远程灭火技术领域进行了广泛的研究，并相继研发出了品类丰富的远程灭火装备，大量应用于森林、草原、油库区、高层和超高层建筑等类型火灾的扑救工作。远程灭火技术及装备通常由灭火弹和远程灭火发射装置两部分组成。

## 10.2.1 灭火弹

灭火弹作为一种将灭火功效和弹体概念相结合的科技产物，具体是指将灭火剂装入各类弹体的战斗部，利用远程灭火发射装置将弹体抛向远处的起火点，弹体引爆后将内部灭火剂抛撒在火场区域中，从而实现灭火。由于干粉灭火剂灭火效率高且为固体状态，方便灭火弹弹道及弹体结构设计，因此目前大多数灭火弹配用灭火剂均为干粉灭火剂。此外，沙石、水泥粉、泡沫、气溶胶、细水雾等类型灭火弹也在研究过程中。灭火弹发射到火场附近后，一般通过弹体内的抛洒装置，将体内灭火剂均匀地抛洒开来，形成雾状弥散到整个火场。

灭火弹按起爆触发方式不同分为主动式和被动式灭火弹。

**1. 主动式灭火弹**

主动式灭火弹采用延时触发的原理，在弹体发射前，将起爆系统的保险装置解除，起爆控制装置开始计时，灭火弹在计时结束后爆炸，发挥灭火作用。拉索式灭火弹是主动式灭火弹最常见形式。拉索式灭火弹主要为手掷式灭火弹，即通过单人手掷到着火现场，主要用于近身小范围火场的扑救工作。拉索式灭火弹主要由外壳体、内壳体、拉火簧、摩擦火帽、导火索、扩爆管壳、主装药、干粉灭火剂等组成。发生火灾时，灭火人员握住弹体，撕开保险纸封，勾住拉环，在掷出灭火弹的同时，将拉火簧拔出，拉火簧圈的粗糙表面与摩擦火帽的拉火药相互摩擦产生火焰，点燃导火索，延迟一定时间后，导火索燃烧产生的火焰引爆主装药，炸开扩爆管壳及弹体，将干粉灭火剂抛撒出去。拉索式灭火弹的优点在于可延时起爆，控制得当的话可在火场上空一定高度引爆，发挥较好的灭火效果；缺点在于控制不当容易造成人员伤害且灭火剂的药剂量少、灭火范围有限。目前已逐渐开发出由机械装置远程发射的主动式延时灭火弹，可根据灭火范围设置不同的灭火剂用量和延迟时间。

**2. 被动式灭火弹**

被动式灭火弹采用触发引信的原理触发，灭火弹在达到落点后触发爆炸从而达到灭火效果，其中引燃式灭火弹是被动式灭火弹的常见形式。引燃式灭火弹一般由引信、黑火药芯和干粉填充物等组成，其依靠火场的火焰或高温引燃引信并点燃药芯，爆炸后产生的高压、高温气体产物携带着干粉灭火剂形成冲击波向周围空气传播，通过破坏燃烧链锁反应的某一个环节，从而起到灭火作用。引燃式灭火弹具有以下优点：①由火场火焰或高温作用触发动作，不易误动作；②可以根据灭火需要选用不同灭火剂用量的灭火弹；③可以根据灭火弹规格和类型选用不同的发射装置。引燃式灭火弹的缺点在于灭火剂覆盖效果易受周围环境和障碍物干扰。

灭火弹可远距离发射，被大量运用于森林、草原、危险品仓库、石油储罐和高层建筑等消防人员及消防装备无法近距离靠近的极端火场环境进行灭火作业。灭火过程中，消防人员可以携带灭火弹和远程灭火发射装置进入火场附近区域，向着火区域远距离投射灭火弹实施高效、安全灭火作业，以迅速扑灭或抑制火灾，避免人员伤亡和财产损失。

## 10.2.2 远程灭火发射装置

远程灭火发射装备的主要作用是将灭火弹发射至火场，由灭火弹释放灭火药剂进行灭火。国内灭火弹的远程发射装置一般为军用装备或由军用装备改进而来，其发射以火药作为主要发射能源，也有部分使用压缩气体作为发射能源。

远程灭火发射装置可分为迫击炮、火箭炮、无人机、直升机等多种类型，其中无人机和直升机将在10.3节"航空灭火技术及装备"进行介绍。

**1. 迫击炮**

迫击炮是一种由炮身、炮架、座板及瞄准镜组成的曲射滑膛火炮，具有炮身短、射角大、弹道弧线高等优点。炮身可根据射程的远近做不同的选择，炮身长一般在 $1 \sim 1.5 \mathrm{m}$ 之间；炮架多为两脚架，可根据目标位置调节高低和方向，携行时可折叠；座板为承受后坐力的主要部件，与两脚架一起支撑迫击炮体；瞄准镜多为光学瞄准镜，刻有方向分划和高低分划。

灭火过程中将迫击炮固定并瞄准火场目标，然后将灭火弹从炮口滑进炮管使灭火弹底火撞击炮管底部的撞针，或者依靠灭火弹自身质量滑至炮身底部，待射手操作释放撞针。撞针撞击炮弹底部底火以点燃炮弹尾部的基本药管，推动灭火弹发射出炮口并飞向目标。迫击炮发射灭火弹具有如下优点：

1）发射角大。发射角一般为 45°～85°，具有弹道弯曲、初速小、最小射程相对近等优点，可以越过障碍物直达火点，适用于发射阵地与火场间有障碍物阻隔的场所。

2）携带方便。由于迫击炮具有体积小、重量轻的优点，消防人员可以快速携带前往火场，可满足火场远距离灭火发射需求。

3）操作方便。迫击炮结构简单，消防人员可以快速掌握使用方法，便于普及推广。

4）价格便宜。相对于其他单价少则数十万元多则上千万元的消防灭火装备而言，迫击炮价格便宜，可以大批量装备和使用。

**2. 牵引式远程火炮**

牵引式远程火炮发射装备利用压制火炮的工作原理，采用自动化、数字化、信息化、智能化等先进军用技术，可以实现远程、精准投放灭火剂，是以间瞄射击为主，兼具直瞄射击能力的新型高机动、快速反应、远程压制灭火装备。牵引式远程火炮灭火系统则由发射车（含牵引式远程发射装备）、侦察车、指挥车、弹药车、无人机及灭火弹组成，主要用于远距离控制森林及草原火势的蔓延和发展。图 10-3 为中国兵器工业集团研发生产的 119 超远程森林灭火系统，该系统利用火炮发射灭火弹药并在火场爆炸喷洒干粉灭火剂进行灭火，其最远射程 8km、每发炮弹作业面积约 $20m^2$。

图 10-3　119 超远程森林灭火系统

**3. 火箭筒**

火箭筒灭火装备是将火箭弹的弹药部分更换为灭火剂，利用火箭筒远程投送灭火剂进行灭火作业的装备，如图 10-4 所示。火箭筒灭火装备主要应用于森林及草原火灾的扑救作业，尤其适用于山谷、悬崖等扑火人员以及装备无法到达的着火区域。目前，国内常用的火箭筒灭火装备有 BMH2 型单兵森林灭火装备、85mm 肩扛式森林灭火系统、62 基肩扛发射筒等，其中 85mm 肩扛式森林灭火系统可将 2.1kg 的干粉灭火剂抛洒覆盖 $40m^2$ 的着火区域。

**4. 火箭炮**

火箭炮由发射器、高低方向机回转机构、瞄准装置、电源、发射点火控制装置及运载车辆组成，具有发射速度快、机动能力强等优点，可在极短的时间里发射大量灭火弹。火箭炮的主要作用是引燃灭火弹的点火具并赋予灭火弹初始飞行方向，具有发射数量多、发射速度

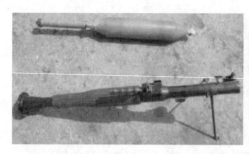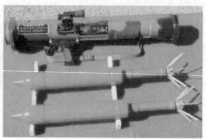

图 10-4　火箭筒灭火装备

快、发射距离远及灭火范围广等优点，广泛用于森林、草原等火灾现场的扑救工作，也可用于城市部分火场的灭火工作。

根据运动方式的不同，火箭弹灭火装备可分为自行式、牵引式和便携式三类。自行式又分为履带式和轮式，其中消防灭火装备中以轮式为主。自行式投弹消防车又称导弹消防车，是指通过车载导弹发射装置将专用灭火弹发射至火场进行灭火的消防车辆，属于火箭炮发射灭火弹型式，如图 10-5 所示。导弹消防车的基本组成包括灭火导弹、消防车动力系统、灭火导弹控制系统、灭火导弹瞄准系统和火源位置定位系统等。导弹消防车是我国首创的一种消防车类型，可用

图 10-5　导弹消防车

于森林、草原等火场灭火作业，同时也适用于建筑高度 100～300m 的超高层建筑的火灾扑救工作。

# 10.3 | 航空灭火技术及装备

航空灭火装备由发动机、机身、机翼、尾翼和起落架五部分组成，其中灭火方式主要有直接洒水灭火、喷洒化学灭火剂灭火和投弹灭火三种。根据飞机类型的不同，航空灭火装备可以分为固定翼飞机、直升机和无人机。

## 10.3.1　固定翼飞机

固定翼飞机是指机翼位置、后掠角等参数固定不变，由动力装置产生前进的推力或拉力，由机身的机翼产生升力的飞机。

**1. 灭火优点**

1）速度快。喷气式固定翼飞机的巡航时速可以达到 900km/h 左右，在机场与火场间飞行耗时较短，能够有效把握灭火的最佳时机。

2）飞行高度高。固定翼飞机可以在数千米高度飞行，可以不受高山等地面高大障碍物的阻隔和干扰。

3）航行时间长。固定翼飞机可以连续飞行数小时，远程支援能力强，能够远距离扑救火灾。

4）载量大。固定翼飞机可以携带从数百千克至数十吨不等的灭火用水或药剂，在灭火效能方面优势明显。

**2. 灭火缺点**

1）起降场地要求严格。大部分固定翼飞机均需要在机场内较长的跑道上起降，而大部分中小城市不具备起降条件。

2）成本高昂。固定翼飞机具有自身价格昂贵、飞行过程耗油量大、对飞机机组要求高等特点，配备成本高昂，使得地方财政很难支撑。

3）火场情况限制。固定翼飞机由于飞行体积大、飞行速度快的特点，仅适用于空旷区域火场的高空作业，无法承担火场周围一定高度上有障碍物的灭火作业，对于火场面积小、火点集中的火灾精准扑救和低空灭火作业有较大困难。

**3. 固定翼灭火飞机**

（1）喷气式灭火飞机

喷气式灭火飞机主要通过喷气式客机改进而来，具有载剂量大、飞行速度快以及灭火效率高等优点。波音公司在波音 747 喷气式客机的基础上研发了 Supertanker 灭火飞机，该飞机可携带 77600L 化学灭火剂或水对着火区喷洒，数秒内即可一次性喷洒完毕，能有效覆盖 4km 长的着火区域。Supertanker 利用独特的压缩传输系统可多次精准喷洒灭火剂，灭火过程中既可高压急速喷洒也可缓慢自然喷洒，具有较高的灭火效率。

（2）水陆两栖灭火飞机

水陆两栖灭火飞机具有喷洒—汲水—喷洒循环作业时间短、装载量大以及可在水体表面吸水及起降等优点，被广泛应用于俄罗斯、加拿大、美国、中国等 20 余个国家。下面将分别介绍几种常用的水陆两栖灭火飞机。

别-200 是俄罗斯别里耶夫航空设计局研制的双发涡扇式多用途水陆两用飞机，其机翼翼展为 32.88m，机长为 32.05m，机高为 8.9m，最大起飞质量为 36000kg，在 8000m 高空的最大巡航速度 700km/h，实用升限为 11000m，航程为 2100~4000km。该飞机在机舱中部配备容量为 12m³ 的水箱以及 1.2m³ 的液态化学灭火剂箱，既可用于扑救森林及草原火灾，还用于客运、货运、救护和搜索救援工作。

CL-215 是加拿大推出的水陆两栖消防飞机，采用上单翼、单船体机身、平直翼双发动机、翼尖浮筒的总体布局，机翼翼展为 28.6m，机长为 19.82m，机高 6.88m，最大起飞质量 19900kg，最大巡航速度为 376km/h，巡逻飞行速度为 204km/h，最大航程为 2085km。该飞机用于执行其他救援任务时，可对机舱内空间进行相应改装。

TA600 是我国自主研发并投入使用的世界上最大的水陆两栖飞机，该机为单船身四发涡轮螺旋桨式综合灭火救援飞机，适用于森林灭火以及水上应急救援。TA600 超高的汲水和投水效率以及超大的汲水量对阻止森林和草原火灾的火势蔓延、挽救生命和财产损失起到决定性的作用。TA600 可抗 2m 海浪，适应 3~4 级海况，机身下方设置的 7 个水密舱，具有很高的可靠性和安全性。TA600 的最大起飞质量可达 53.5t，可以在 12s 内汲水 12t，最大航程超过 5300km。

## 10.3.2 直升机

直升机主要由升力（含旋翼和尾桨）、动力、传动三大系统，机体以及机载飞行设备等组成。旋翼一般由涡轮轴发动机或活塞式发动机通过传动轴及减速器等组成的机械传动系统来驱动，也可由桨尖喷气产生的反作用力来驱动。直升机发动机驱动旋翼提供升力将直升机举托在空中，旋翼还能驱动直升机倾斜来改变方向。

**1. 灭火优点**

直升机可以垂直起降，对火场、机场和水源环境的地形环境要求低，具有机动灵活、反应迅速、空中悬停以及能在低空和超低空抵近飞行等优点。

直升机被广泛用于开阔区域或高空区域的巡逻监视、空中指挥、洒水（或化学灭火剂）灭火、发射灭火弹、开设森林防火隔离带、机降索（滑）降灭火、吊桶（囊）灭火、机群航化灭火、伞降灭火、人工降雨、空中防火宣传、火场急救、运送扑火物资以及火场服务等作业，尤其在空中巡护、火场侦察、空中灭火、火场救援和防火宣传等方面优势明显。

**2. 灭火缺点**

直升机总重相对较轻且由螺旋桨产生升力，易受气流影响造成飞行姿态不稳定。当发生森林、草原、油库区、高层和超高层建筑火灾时，火场上空烟雾弥漫，局部小气候瞬息万变，乱流较强，给飞行带来极大的困难和危险。当直升机在烟雾中飞行时，直升机发动机易缺氧熄火导致飞机坠落。因此，直升机灭火时需与火场保持一定距离以减少气流对飞行的影响，保证飞行安全。

**3. 直升机灭火方式分类与应用**

（1）吊桶（囊）灭火

吊桶（囊）灭火是利用直升机外挂吊桶（囊）载水或化学药剂直接撒布在火头、火线上或者撒布在火头、火线附近未燃物上，起到扑灭火灾或阻隔火灾蔓延的作用。吊桶（囊）灭火具有取水或化学药剂方便、受水源条件影响较少、撒布位置相对准确及灭火效率较高等优点。吊桶（囊）灭火不仅可以单独实施，还可与地面灭火力量配合完成，主要起到扑灭初发火灾、小火或抑制大火快速蔓延的作用。

吊桶（囊）灭火方式适用于扑救森林、草原、油库区、单层厂房等场所火灾，特别是在地面交通不畅的火场情况下灭火优势明显。吊桶（囊）灭火具有如下优势：

1）居高临下，直接投撒。直升机吊桶（囊）灭火不需要使用水泵、水枪等工具，将灭火药剂运抵火场上空即可自上而下对火场直接投撒，能够对火场进行有效覆盖，既能提高灭火药剂的利用率，又能保证灭火效果。

2）行动迅速，机动灵活。直升机吊桶（囊）灭火相对于地面扑火队伍而言具有更快的行动速度，更容易实现"打早"及"打小"，将火灾控制在萌芽状态。同时，直升机不受火场周边环境影响，可以根据火灾发展态势随时快速调整灭火位置，灭火成功率更高。

3）运载能力强。直升机吊桶（囊）载水量可达 $1.5 \sim 15t$，相对于地面的灭火救援力量而言，灭火药剂运载能力相对较高。

4）不受地形和交通条件制约。地面灭火力量受地形因素、交通因素影响较大，到达火场往往需要较长的时间，不利于初起火灾扑救。直升机吊桶（囊）灭火在空中完成，水源方便的情况下可以在数分钟内完成取水、洒水作业，不受地面因素影响，优势明显。

5）扑救面积大。地面灭火力量火灾扑救效果取决于现场灭火工具开展情况，一般灭火先同时出动数支水枪或水炮，单支灭火工具的扑救面积为数平方米，撒布灭火剂面积较小。直升机吊桶（囊）灭火时可在地面形成约 $5m \times 200m$ 的灭火区域，扑救面积较大。

6）灭火能力强。直升机吊桶（囊）单次灭火药剂量大，可以快速压制地面灭火人员无法就近灭火的高位火点和复杂火点的火势蔓延。

以俄罗斯米-26T型重型消防直升机为例。该机是在米-26型重型直升机基础上改装研制的，装有两台涡轮轴发动机，旋翼直径32m、机长约40m、机高约8m、货舱容积达121m³。米-26T的空重28200kg，最大有效载荷20000kg，最大平飞速度295km/h，实用升限4600m，悬停高度1800m，航程800km。米-26T载有特殊的水容器VSU-15，可以携带15000L灭火剂或吊挂17260L水进行空对地强力灭火，也可将大量消防队员及装备器材运送到灾害现场执行灭火救援任务。米-26T的容器设计可使其在空中悬停状态下从湖泊、河流中吸水进行重新装填，有利于直升机快速穿梭于水源地和火场之间实现高效灭火。

（2）机降、索（滑）降灭火

机降灭火是利用直升机作为运载工具，运送灭火队员和灭火工具快速降落到火场附近参与火灾扑救的方法。索（滑）降灭火是利用直升机作为运载工具，从悬停的直升机上通过绞车装置、钢索、背带系统或滑降设备将灭火队员降至火场附近参与火灾扑救的方法。机降灭火方式有利于灭火队员和灭火工具更安全和快速地参与灭火，但需要平坦、安全的机降场地供直升机直接降至地面。索（滑）降灭火时直升机不需要机降场地，对火场周边环境要求较低，但要求扑火队员具备足够的索（滑）降能力。

相对于其他直升机携带灭火药剂直接进行灭火不同，采用机降、索（滑）降灭火方式时，真正参与灭火的仍然为以直升机为运载工具而快速到达火场的地面灭火人员，直升机并不直接携带灭火药剂进行灭火作业。

对于森林及草原火灾而言，地面灭火力量很难快速到达火灾现场进行部署，而通过直升机机降、索（滑）降的方式则能迅速将"全副武装"和训练有素的灭火人员投放至火场附近进行灭火作业。

对于部分城市建筑物火灾而言，建筑物结构相对封闭，火灾主要在建筑物内部蔓延，利用直升机吊桶（囊）无法将灭火药剂有效覆盖，灭火效果较差。而对于地面交通工具和灭火力量无法及时到达或者当地辖区灭火力量不足的火灾现场，利用机降、索（滑）降的形式快速将灭火人员和简易灭火器具投送至火场附近，既可以快速部署救援力量进行灭火，还可调动其他辖区消防力量远距离增援，进而高效控制和扑救火灾。

（3）消防炮灭火

随着经济的快速发展和政府对消防工作的不断重视，加之近年来"上海11·15特大火灾""北京央视大火""沈阳2·3火灾"等一系列社会影响较大高层建筑火灾的发生，全国在消防装备建设发展方面迎来了一轮新的高潮。各地在高层和超高层火灾中开始尝试使用消防直升机参与火灾扑救和应急救援，以弥补现有举高消防车举升高度的不足。

通过对国内外高层建筑火灾处置中消防直升机的成功应用案例分析发现，直升机在扑救高层建筑火灾时主要还是以疏散救人和间接灭火（派遣消防员和运送消防设施等）为主，近年来才逐步开展直升机直接喷射灭火剂或发射灭火弹进行城市高层建筑火灾的扑救工作。

直升机灭火的消防炮可分为固定式和随动式两种类型。固定式消防炮可以通过调整直升机位置，对准最佳灭火点；随动式消防炮可在直升机悬停不动的情况下，通过调整炮管水平和俯仰的角度，对准最佳灭火点，最终达到直接灭火或控制火势的目的。相对于固定式消防炮，随动式消防炮优势更为明显，是未来直升机消防炮的发展方向。

1）随动式消防炮的灭火优势。

① 集成化、智能化。随动式消防炮能自动发现火灾，判断火源的位置，自动调整炮管的回转和俯仰角度，并对准起火点喷射，灭火后自动关闭系统。同时，消防炮还能自行检测故障、液位，自动充装灭火药剂等。灭火剂喷射时能自动解算风向、风速、喷射角度、空气阻力等因素以保证喷射的准确性，还能根据火势、灾情需要选择水柱、水雾、泡沫等多种喷射方式以更有效地抑制火势蔓延并扑灭火源。同时，遥控消防炮设置有全自动遥控操纵模式和手动操纵模式，并集成了装液、待机、灭火、排故四种工作方式。

② 高机动性。消防直升机具有机动灵活的飞行特性，可以在空中悬停，朝任意方向飞行，同时机载消防炮继承了直升机的特点，灭火保护空间大，作用面积广。机载消防炮在应对高层建筑火灾时，不受地面道路和交通的限制，能够较短时间抵达火灾现场执行任务。

③ 高安全性。消防员只需根据显示器显示的目标图像信息锁定火点并遥控操作消防炮，完全不受飞机姿态的限制，大大改善了消防人员的工作环境，降低了危险火灾场所对人身安全的威胁。

2）随动式消防炮的系统组成。随动式消防炮系统主要由消防炮系统、任务处理系统、观瞄系统及水箱等组成。消防炮系统由喷液管、变流机构、随动系统等组成，用于实现消防炮的自由运转以及喷液的变流控制，并实时反馈位置信息给任务处理系统。

任务处理系统由任务处理机、控制面板、手控杆以及显示器组成，主要用于消防炮的人机交互、视频采集与显示、随动运转范围控制、水箱的汲水控制、目标的手动识别与自动跟踪、喷水水流解算、任务规划与分配、故障定位与处理等任务，是整个直升机消防炮系统的"大脑"。消防炮操作人员可以通过控制面板与手控杆输入控制指令，任务处理机根据接收的指令综合处理并负责采集观瞄系统发送的视频信息，再将图像处理结果输出对目标的自动跟踪指令；随动控制系统接收自动跟踪指令后可实现对目标的跟踪，而当目标进入喷水范围内，任务处理机对水流进行解算后启动喷水，执行灭火任务。

观瞄系统由红外热像仪、激光测距仪及壳体等组成。激光测距仪和红外热像仪分别用于采集距离信息和视频信息，并将采集到的信息提供给任务处理系统进行图像预处理，通过目标特征、位置提取获取目标位置信息。

水箱系统主要由箱体、泵、阀、管路等组成。

（4）航空灭火弹灭火

对于超高层建筑物火灾而言，现有的地面消防装备难以直达超高层建筑物火场内部进行灭火，而投弹式消防车虽可远距离向超高层建筑物火场直接投射灭火弹，但考虑到距离、发射角度、空气阻力和障碍物的影响，仍难以满足精准灭火要求。航空消防炮灭火虽然可以直达超高层建筑物外部进行精准打击，但易受火场高温、建筑物间距和航空消防炮灭火距离等因素的影响，在超高层建筑物火灾扑救中仍存在一定的局限性。而航空灭火弹则是对投弹式消防车的精度问题和航空消防炮的距离问题进行了有效的弥补。

当超高层建筑物火灾发生时，携带灭火弹的直升机飞至着火楼层附近，利用热成像技术和精确制导技术，在压缩空气或火药的推力作用下，可以将灭火弹通过建筑物外窗投射到建筑火场内，引爆灭火弹进行精准灭火。航空灭火弹灭火方式具有较好的灭火精度和灭火距离，不仅适用于精准扑救超高层建筑火灾，还适用于扑救森林、草原等开敞区域火灾及其他常规火灾类型。

航空灭火弹灭火方式的不足：

1）空间要求高。当超高层建筑物周边障碍物较多及间距较小的情况下，大型消防直升机因安全飞行空间的要求，无法正面、就近发射灭火弹，此时对航空灭火的距离、精度要求更高。

2）载量要求大。航空灭火弹补给难度较大，要及时控制和扑灭火灾，就需要更大型的消防直升机或者多架直升机同时作业以满足灭火剂用量需求。

3）控制要求高。航空灭火弹灭火方式以直升机和大载量无人机为灭火力量载体，这需要大量具备直升机或无人机飞行和控制能力的专业人员，对飞行器控制要求较高。

4）危险性大。航空灭火弹灭火使用的航空器由于载量要求高，因此均为燃油型航空器，该航空器在空间飞行时如果操作失误或发生机械故障等情况，易造成航空器坠毁、航油燃烧爆炸等灾害事故，具有一定的危险性。

**4. 国内外消防直升机介绍**

图 10-6 所示为美国 S-64E 消防直升机，全长 27.2m，高 7.8m，基本空重 10200kg，满载质量 21360kg，乘员 3 人。S-64E 消防直升机水炮系统包括水箱和水炮两个部分。机身中下部安装有容量为 9500L 的可拆卸水箱，内部包含一个容量 290L 的 A 类灭火剂储箱。机体下部设有水炮吸水管，可使水箱在 45~60s 时间内从深度大于 0.5m 的水源中吸满水。直升机灭火时投放灭火剂的流量可在 4~33L/s 之间分 8 个档次调节，也可在 3s 内将 9500L 水或灭火剂全部投放。此外，机身左前下方位置还安装了一座长 5m、出口直径 50mm 的固定式航空水炮炮管，每分钟可射水或灭火剂 1100L，射程可达 55m，可持续喷射 8min。

图 10-7 为中国航空工业集团公司制造的 AC313 城市消防型直升机，适用于城市高层建筑、悬崖复杂地形环境、大面积火源及多个火点的火灾扑救工作。AC313 城市消防型直升机消防炮灭火系统主要由机腹式水箱系统和水炮系统两部分组成。机腹式水箱系统由水箱箱体、吸水泵、控制面板、PLC 控制盒、电缆组件等组成，可以采用悬停吸水和消防龙头地面注水两种加水方式，其中水箱最大载水量 4t，最快加水时间 70s，最快放水时间 10s。水炮系统由炮塔、炮管、操作控制与显示装置、增压泵、安装板等组成，具有精确测距、红外影像以及 360°旋转功能，并可在 6min 内射水 3.5t 且射水距离可达 40m。

图 10-6　S-64E 消防直升机

图 10-7　AC313 城市消防型直升机

### 10.3.3 消防无人机

**1. 消防无人机的分类与特点**

根据外观特征的不同，消防无人机可以分为固定翼无人机、无人直升机、多旋翼无人机三类。

1）固定翼无人机。固定翼无人机具有技术成熟、安全性高、飞行距离远等优点，被广泛应用于森林和草原防火巡护和火线侦察。但固定翼无人机起降要求高、无法悬停、巡航速度过快以及飞行高度相对较高，在军用无人机中很常见，在一般民用场合应用相对较少。

2）无人直升机。传统的无人直升机具有起降方便、航速适中、空中悬停、载荷量大、续航能力强等优点，可用于火场直接灭火和火场物资投运救援工作，但购机成本较高。

3）多旋翼无人机。多旋翼无人机是一种新型的主流无人机，具有起降简单、操控方便、成本低廉以及飞行时振动小等优点，但质量轻、动力弱、飞行时受气流影响大、载荷较小以及续航能力低。该类无人机一般用于火情侦察和灭火指挥工作，也可用于小范围初起火灾扑救工作及大型火场的辅助火灾扑救工作。

根据质量不同，无人机还可以分为微型、轻型、小型和大型无人机，具体见表10-3。

**表 10-3 无人机按质量分类**

| 类型 | 微型 | 轻型 | 小型 | 大型 |
|---|---|---|---|---|
| 质量/kg | ≤7 | >7 且 ≤116 | >116 且 ≤5700 | >5700 |

根据飞行半径不同，无人机还可以分为超近程、近程、短程、中程和远程无人机，具体见表10-4。

**表 10-4 无人机按飞行半径分类**

| 类型 | 超近程 | 近程 | 短程 | 中程 | 远程 |
|---|---|---|---|---|---|
| 半径/km | ≤15 | >15 且 ≤50 | >50 且 ≤200 | >200 且 ≤800 | >800 |

此外，无人机的动力源包括活塞航空发动机、涡轮航空发动机、锂电池电动机、油电混合（燃油发动机＋锂电池）、氢燃料电池和太阳能动力六类，其中消防无人机的动力源主要为活塞航空发动机、涡轮航空发动机和锂电池电动机。

1）活塞航空发动机。活塞航空发动机是一种四冲程由火花塞点火的发动机，具有体积小、成本较低、工作可靠等优点。它通过螺旋桨旋转产生推进力，使无人机能在空中稳定飞行，适合于低速、低空小型无人机使用，其中用于火情侦察和灭火指挥工作的多旋翼无人机可采用活塞航空发动机。

2）涡轮航空发动机。根据能量输出不同，涡轮航空发动机可分为涡轮风扇航空发动机、涡轮螺旋桨航空发动机和涡轮轴航空发动机。该类发动机具有推力大、飞行高度高及航行时间长等优点，其中，涡轮轴航空发动机多用于执行火场灭火和物资投运的无人直升机，涡轮风扇航空发动机多用于森林及草原防火巡护和火线侦察的固定翼无人机。

3）锂电池电动机。锂电池电动机多用于执行任务用时在1h范围内且质量较小的无人机，如用于火情侦察和灭火指挥工作的多旋翼无人机。锂电池无人机的动力系统包括螺旋桨、电动机、电子调速器和锂电池等。

**2. 消防无人机任务载荷**

单一的无人机升空是无法执行任务的，必须搭载任务载荷才可以实施各种应用。无人机的基本任务载荷包括相机、摄像机、红外热成像、喊话器、探照灯等，而云台、吊舱则是搭载任务载荷必不可少的辅助平台。

1）相机。无人机上搭载的运动相机具有防水、防尘、防撞及质量轻等特点，可以在移动过程中拍摄火场清晰图片，为火情分析判断提供有效素材。

2）摄像机。无人机中一台遥控器可控制多台摄像机且拍摄效果可及时分享，可为火场监控、巡视、火情判断和灭火扑救提供保障。

3）红外热成像。无人机搭载的高性能模拟图像传输系统可以实时传输红外热像的影像，并能实时测绘出场景的温度信息，给消防指战员提供强有力的决策支撑。

4）云台。云台是多旋翼无人机主体上安装、固定运动相机、摄像机、红外热成像仪、喊话器和探照灯等的支撑、控制设备。

5）吊舱。吊舱主要用于安装灭火和救援用消防设备、灭火药剂和喷射装置、灭火弹和发射装置等，广泛装在固定翼无人机、无人直升机和多旋翼无人机的机身、机腹和机翼悬挂式的短舱体上。

**3. 消防无人机的火场应用**

（1）火场物资投送

火灾发生后可利用消防无人机将火场被困人员所需物资快速投送至被困区域。无人机物资投送的控制方式有两种：一种是按照规划的线路自动飞行，并躲开飞行线路上的障碍，实现物资的准确投送；另一种是通过遥控器操控无人机进行指定投送。

（2）火场监测巡查

火场及其他各类灾害事故现场往往瞬息万变，在灾害事故的处置过程中利用消防无人机可进行实时灾情监测追踪以提供准确的灾情变化情况，便于各级指挥部及时掌握动态灾害情况，从而快速、准确地对策，最大限度地减少损失。

消防无人机应用于灾情侦察具有以下显著优势：一是可以用于一些急难险重任务及侦察无法开展作用的灾害现场；二是具有较高的侦察效率，能第一时间查明灾害事故的关键因素，使指挥人员全面、细致掌握现场情况；三是能够有效规避人员伤亡；四是能集成可燃气体探测仪和有毒气体探测仪等侦查模块，可以判定危险部位的关键信息。如 2019 年 4 月法国巴黎圣母院发生大火，中国大疆创新科技有限公司生产的两架配备了热像仪的多旋翼无人机飞抵火场，有效追踪了火势蔓延情况，为火场扑救工作提供了有效帮助。

（3）火场灭火救援

利用无人直升机载荷量大及续航能力强的优势，在直升机吊舱内安装灭火药剂和喷射装置（如消防水枪或消防炮等）、灭火弹和灭火弹发射装置，可对着火区域直接实施灭火作业。此外，超大载荷无人直升机还可以直接实施伤员吊运作业。

# 10.4 消防机器人

消防机器人是指由移动载体、控制装置、自保护装置和机载设备等系统组成的具有人工遥控、半自主或自主控制功能，可替代或协助消防员从事特定消防作业的移动式机器人。

1）移动载体由动力源、传动机构、行走机构、机架等组成，是用于实现消防机器人行走和承载功能的组件。

2）控制装置用于消防员在灾害现场对消防机器人的行走或消防作业进行可靠控制。

3）自保护装置适用于实现消防机器人在进行消防作业中一定的冷却、防倾覆、防碰撞和抗爆功能。

4）机载设备是指安装在移动载体上的用于执行灭火、侦察、排烟、救援、洗消、照明、防爆、排爆等特定任务的装置，如消防炮、气体探测仪、排烟机、机械手、照明灯具等。

## 10.4.1 消防机器人的优点

消防机器人可替代消防人员进入灾害现场完成消防救援工作，其自带的消防灭火装置具有成本低廉、反应时间短、灭火效率高等优点，可协助消防人员完成灭火工作且具备强大的信息传输功能，能将采集到的信号进行综合判断和处理，并通过通信模块与控制中心进行数据交流以及接收控制中心指令并采取相应行动。消防机器人应用于火灾救援当中，可以大大减少消防人员的伤亡人数，提高火灾救援效率。消防机器人作为一种人工智能体，自诞生之日起就被赋予了特殊历史使命，其利用价值远超过了本身具有的价值。但要普及使用消防机器人，需要不断降低其制造及使用成本。

## 10.4.2 消防机器人的功能

各类消防机器人的具体功能依据不同配置要求有所不同，但均需满足控制、行走和防倾覆的要求，具体见表10-5。控制功能应满足消防人员在灾害现场对消防机器人进行可靠控制的要求；行走功能应满足消防机器人在灾害现场实现直行、转弯、爬坡、越障等要求；防倾覆功能应满足消防机器人在不大于其工作坡度的环境条件下行走或实施消防作业的要求。

表 10-5　各类消防机器人功能配置

| 功　　能 | | 灭火 | 排烟 | 侦察 | 洗消 | 照明 | 救援 |
|---|---|---|---|---|---|---|---|
| 基本功能 | 控制 | √ | √ | √ | √ | √ | √ |
| | 行走 | √ | √ | √ | √ | √ | √ |
| 消防作业功能 | 灭火 | √ | | | | | |
| | 排烟 | | √ | | | | |
| | 侦察 | | | √ | | | |
| | 洗消 | | | | √ | | |
| | 供电 | | | | | √ | |
| | 照明 | | | | | √ | |
| | 救援 | | | | | | √ |
| 自保护功能 | 耐高温 | √ | | | | | |
| | 防倾覆 | √ | √ | √ | √ | √ | √ |
| | 防碰撞 | | | √ | | | |

（续）

| 功　　能 | | 灭火 | 排烟 | 侦察 | 洗消 | 照明 | 救援 |
|---|---|---|---|---|---|---|---|
| 信息采集功能 | 气体 | | | √ | | | |
| | 环境 | | | √ | | | |
| | 视频 | | | √ | | | √ |
| | 音频 | | | √ | | | √ |
| 通信功能 | 双向 | | | √ | | | √ |
| | 冗余 | | | √ | | | |
| 防爆功能 | | | | | √ | | |
| 声光报警功能 | | √ | √ | | √ | √ | √ |

注：√表示该分类机器人必须配置的功能，其余功能可选配。

### 10.4.3　消防机器人的分类

根据行走机构形式的不同，消防机器人分为轮式、履带式、关节轮式、关节履带式和其他型式消防机器人。

根据控制方式的不同，消防机器人分为人工遥控、半自主控制、自主控制消防机器人。

根据机载设备主体功能的不同，消防机器人分为灭火、侦察、排烟、救援、洗消、照明、防爆、排爆及其他消防机器人。

按工作领域的不同，消防机器人可分为特种机器人、安防机器人及救援机器人。

1）特种机器人是指应用于专业领域，一般由经过专门培训的人员操作或使用，用于辅助和（或）替代人执行任务的机器人。

2）安防机器人是指在安保、警用、消防等安全防护领域，用于巡检、侦查、排爆、处突、灭火、排烟、破拆、洗消、搬运等任务的机器人。

3）救援机器人是指在危险或救援人员难以开展救援作业的环境中辅助或替代救援人员完成幸存者搜救、环境探测等任务的机器人。

按照功能的不同，消防机器人可分为灭火机器人、侦察机器人、排烟机器人、救援机器人、洗消机器人、照明机器人六种。

（1）灭火机器人

灭火机器人由底盘、遥控器、液控炮、环境与车体内部温度探测系统、水喷雾冷却自卫系统、水和泡沫灭火剂供给系统和电液控制系统等组成，具有防倾覆功能，在高温、强热辐射环境下能靠近火源并进行灭火、冷却等作业，并同时提供声、光警示信号。

灭火机器人主要应用于消防车辆及人员无法靠近的危险场所的火灾扑救等工作，如油罐、液化石油气罐、石化装置等火灾现场以及易燃、易爆、易坍塌和存在毒性气体泄漏的高危场所等。在消防员的远程控制下，灭火机器人进入灾害现场进行灭火喷射、冷却保护，或对灾害事故中泄漏的有毒有害物质进行洗消和稀释。

（2）侦察机器人

侦察机器人由底盘、遥控器、实时监测系统、防爆超声传感器、定位跟踪系统等组成，如图10-8所示。侦察机器人具有防爆功能，能实时定量探测火灾现场的温度、热辐射及有毒有害气体的种类、浓度及变化趋势等灾害现场参数。此外，该类机器人还能采集现场的声音信号、多通道的视频信号，并利用声光信号呼唤和引导危险区域内的被困者及时撤离，具有实时双向无线通信功能。

侦察机器人主要应用于易燃、易爆、有毒、有害、缺氧、浓烟及易坍塌建筑物等危险现场，能替代消防员进行探测、侦察，并可将采集到的数据、图像、语音等信息进行实时处理和传输。

（3）排烟机器人

图10-8　侦察机器人

排烟机器人由履带行走系统和排烟机构等组成，具有良好的环境适应性，能够进行排烟、送风等作业，主要应用于隧道、地铁、地下建筑等充满烟雾的灾害现场。此外，排烟机器人可同时配置水雾喷射系统、无线视频侦察系统、照明系统等，消防员也可远程遥控排烟机器人进入黑暗、高温、毒性等复杂环境，并向灾害现场喷射水雾以降低现场烟气浓度、有毒有害气体浓度和火场温度，减少人员伤亡。

（4）救援机器人

救援机器人由行走系统、机械手、救援拖斗和电液控制系统等结构组成，具有良好的环境适应性和一定的除障能力。救援机器人能够利用声光信号呼唤和引导危险区域内的被困者，探测灾害现场的温度、热辐射等环境参数以及采集现场的声音信号和视频信号并进行实时双向无线通信。此外，救援机器人还具有多自由度机械手，能抓取一定质量物品和救助灾害现场被困者。

救援机器人主要应用于有毒、有害化学物品泄漏、化学腐蚀性、生物毒性、浓烟、缺氧和易坍塌等灾害现场，能替代消防员完成危险物品搬运、障碍物清除和被困者救援等工作。

## 10.4.4　消防机器人的应用场景

（1）高层建筑火灾

高层建筑由于楼层较高且内部结构复杂，一旦出现火灾，现有消防装备难以满足灭火和救援的需求。针对高层建筑的建筑特征，开发配置不同灭火装置的消防机器人，可以轻松上下楼梯进入高层建筑火场内部，以有效满足有烟、有毒的建筑内部火灾现场的灭火救援工作。

（2）密闭空间及地下建筑火灾

在地下建筑以及密闭空间一旦出现火灾事故，产生浓烟和释放的有毒气体很难排出，这给灭火救援造成了极大的难度。消防救援行动当中，在密闭空间窒息和中毒牺牲的消防员比例很高且难以有效解决这一技术难题。而消防机器人不惧怕浓烟和有毒环境且集各种消防灭火装置于一身，在火场中还能利用自带的摄像头为指挥中心传输密闭空间火灾现场视频，便于指挥者准确向机器人发出指令，可在密闭空间以及地下建筑的灭火救援中表现出较高的灭火和救援效率。

（3）石油化工、危险品泄漏等高危场所火灾

人体承受的最大热辐射值为 $6kW/m^2$，而石化危险品等高危场所火灾通常会伴有很强的热辐射，热辐射强度甚至可以达到 $75kW/m^2$。此外，石化危险品等高危场所火灾事故很容

易伴随出现爆炸事故，使得消防人员和装备进入火灾现场内部的危险性增大。而将消防机器人应用于石化危险品等高危场所的火灾救援中能够有效减少消防人员的伤亡并提高灭火救援效率。

（4）冷库等特殊场所火灾

在冷库等一些特殊场所，由于温度很低，出现火灾之后，燃烧不充分，就会产生大量的浓烟和毒气。低温环境下产生烟气的减光性比一般的热烟气要强，造成浓烟、有毒和减光性较强的火场现场，火灾救援难度较大。利用消防机器人自带的大功率排烟装置可以快速排出浓烟，提高冷库等特殊场所火灾现场的能见度，方便消防人员深入火灾内部实施救援。

## 10.5 | 新能源汽车灭火技术及装备

### 10.5.1 新能源汽车火灾

#### 1. 新能源汽车火灾原因

目前，市场上的新能源汽车可以分为纯电动汽车和混合动力电动汽车两种，其中混合动力电动汽车的动力源为电机和内燃机，而纯电动汽车的动力源为电机。纯电动汽车的主要部件包括动力电池、控制器、电机驱动系统、功率转换器、高压线路等。动力电池作为新能源汽车的核心，其中应用较广的有钴酸锂电池、三元锂电池、锰酸锂电池和磷酸铁锂电池等锂离子电池。锂离子电池虽具有较高的储能密度（$360 \sim 870kJ/kg$），但热失控后会持续释放出大量热量和可燃性气体，且明火完全扑灭后仍会发生放热反应，极易出现复燃现象。此外，锂离子电池是一个封闭的体系，燃烧释放的热量和气体还易造成电池内压力急剧上升而引发爆炸。

新能源汽车的火灾原因很多，大致可归纳为内部和外部两种原因。内部原因主要指电池在生产、安装、使用的过程中由于自身缺陷导致的热失控，如极片产生毛刺、正负极错位、正极材料纯度不高、金属粉尘等。外部原因是指电动汽车受到外部刺激之后内部短路导致的热失控，如电池过充、碰撞、挤压、刺穿、涉水、高温等。此外，电动汽车在碰撞后，动力电池的损坏有时不会立即体现出来，而是经历一个缓慢的化学反应过程，最终才会导致火灾及爆炸事故的发生。大量的火灾统计数据表明，新能源汽车发生火灾的主要原因是充电时温度过高引起的自燃以及碰撞导致的电池起火。

#### 2. 新能源汽车火灾特点

（1）事故突发性强、火势发展迅猛

新能源汽车的火灾诱因多，并且在充电、驾驶以及静置停车过程中均存在起火风险，事故突发性强并难以预防。新能源汽车内的电池组一旦发生热失控，火势发展速度迅猛，而且汽车内饰大多是可燃、易燃物，火灾蔓延迅速，火势难以控制。上海市消防局 2016 年 1 月的试验表明，新能源汽车的火灾发展速率远大于燃油车辆，从起火到完全燃烧的时间仅有 90s 左右。此外，当新能源汽车在车流量大的路口、街道、高速公路、地下停车场等场所发生火灾时，可能引燃周边其他车辆而造成连锁反应，扩大火灾规模。

（2）潜在危险性大、易导致中毒和爆炸

相比传统燃料汽车，新能源汽车的动力电池受到外部刺激短路后，并不会立刻起火，而是当内部的热量积累到一定的程度时才会引起火灾，这就造成了潜在的危险性。此外，新能源汽车的燃烧温度远高于一般的燃料汽车，其中动力电池发生热失控后其中心区域温度可达800~1200℃。锂离子电池燃烧时，含钴的正极材料会受热分解产生有毒有害的含钴氧化物，负极材料会受热产生一氧化碳等有毒物质，电解质等材料在高温下会产生大量的烯烃、烷烃、醚等化合物，这些物质都具有一定的毒性，严重威胁人员的健康安全。

（3）火灾扑救困难、灭火技术要求高

动力电池中的部分成分在高温下会产生氧化物，即使在缺氧环境下也能继续燃烧，无法有效发挥灭火剂的窒息灭火作用。此外，动力电池的电芯外部由外壳材料包裹，灭火剂难以作用于电芯内部，这使得常规的干粉、气凝胶等灭火剂难以有效扑救动力电池火灾，进而对灭火技术提出了较高的要求。此外，动力电池燃烧过程中电解液挥发、分解产生的可燃性气液混合物易冲开安全泄压装置发生喷溅，危害救援人员的人身安全，其中最远喷溅距离可达5m。电动汽车的高压线路一旦处置不当，还会对救援人员造成电击危险。

（4）易复燃、火灾持续时间长

锂离子电池明火扑灭后内部仍然处于热失控的状态，存在着复燃的潜在风险。对于新能源汽车而言，为防止动力电池复燃现象的重复发生，在明火熄灭后仍需要维持一定时间的灭火剂喷射，以保证电池的冷却降温。同时，灭火过程中应当特别注意对动力电池部分的持续冷却和监控。

## 10.5.2　新能源汽车灭火剂

冷却降温是阻止锂电池火灾蔓延的关键因素，干粉、二氧化碳无法有效扑救锂电池火灾，水灭火剂经济实用、方便易得，适合扑救锂电池火灾，但存在耗用量大、扑救时间长的问题，通常需要添加助剂制备水基型灭火剂以减少灭火时间和降低耗水量。

锂电池火灾扑救过程中，若火焰未蔓延到高压电池部分，可用二氧化碳或 ABC 类干粉灭火剂进行扑救工作，但 ABC 类干粉灭火器无法熄灭电池火焰。而当锂电池在火灾中变形时，要用足够的水进行持续冷却；当电池系统、电池箱体受破坏的情况下，如果发生着火现象，应尽量选用砂土、气溶胶或不含氯化钠的 D 类干粉灭火剂喷射火苗或电池组。

## 10.5.3　新能源汽车自动灭火装置

### 1. 新能源汽车自动灭火技术要求

针对锂电池火灾的火势发展迅猛，外部的灭火手段缺乏时效性的特点，应考虑设计运用电池包自动灭火装置。根据《电动汽车安全要求》（GB 18384—2020）的规定，车长大于等于6m 的单层电动客车车载电池包要配置自动灭火器总成。交通部交运发〔2015〕34 号文件中也明确指出：新能源公交车应满足《公共汽车类型划分及等级评定》（JT/T 888—2020）的规定配置安全监控管理系统、电池箱专用自动灭火装置等安全设备。

考虑到线型感温电缆自启动灭火装置存在动作时间严重滞后、探火管感温自启动灭火装置监测覆盖应用范围小、车载烟雾报警系统误报率高等技术限制，应研发主动探测、连续监控、广范围覆盖的高精度传感器，并满足手动和自动启动方式的自动灭火装置。此外，动力电池组选用的专用自动灭火装置日常应无压力储存，选用的灭火药剂应防潮、耐温、抗腐蚀且对环境及人员无毒害。火灾发生时，自动灭火装置通过电启动或感温启动方式引发灭火药剂发生作用，迅速产生大量亚纳米级固相微粒和惰性气体混合物，以高浓度烟气状立体全淹没式作用于着火区域，通过物理降温、化学抑制、稀释氧气等多重作用快速高效扑灭火灾。

**2. 新能源汽车自动灭火装置**

某公司推出的 DCMH-01 系列新能源汽车车载自动灭火装置，能从电池内部直接灭火，如图 10-9 所示。该自动灭火装置能够有效探测到储能装置舱内的锂离子电池或超级电容的初期火灾并发出警报，同时自动扑灭电池火灾并持续抑制电池、电容器的火灾复燃。此外，DCMH-01 自动灭火装置集系统故障自检、火情预警、火灾位置自动识别、自动实施灭火、

图 10-9　DCMH-01 系列电池箱专用自动灭火装置

多点综合安全保护等智能化管理于一身，可针对失火电池组进行精确灭火，该设备固定底座与设备主机采用滑道式配合安装，安装便利，维护简便。

## 复 习 题

1. 超高层建筑常用的外部消防供水技术有哪些？
2. 火箭弹灭火装备根据运动方式可划分为哪些类型？
3. 航空灭火装备的灭火方式有哪些？
4. 消防直升机的优点有哪些？
5. 消防直升机的灭火方式有哪些？
6. 简述消防无人机的分类和特点。
7. 按照功能的不同，消防机器人可分为哪些类型？
8. 简述消防机器人的功能及适用范围。
9. 简述新能源汽车的内部和外部火灾原因。
10. 新能源汽车的火灾特点有哪些？
11. 简述新能源汽车火灾的灭火方式。

# 参 考 文 献

[1] 胡源，宋磊，尤飞. 火灾化学导论 [M]. 北京：化学工业出版社，2007.

[2] 魏东. 灭火技术及工程 [M]. 北京：机械工业出版社，2013.

[3] 徐晓楠. 灭火剂与应用 [M]. 北京：化学工业出版社，2006.

[4] 郭子东，罗云庆，王平. 灭火剂 [M]. 北京：化学工业出版社，2015.

[5] 蒋军成. 化工安全 [M]. 北京：中国劳动社会保障出版社，2010.

[6] 李引擎. 建筑防火工程 [M]. 北京：化学工业出版社，2004.

[7] 美国全国火灾防控委员会. 美国在燃烧 [M]. 司戈，译. 北京：北京大学出版社，2014.

[8] 陈长坤. 燃烧学 [M]. 北京：机械工业出版社，2017.

[9] 杜建科，王平，高亚萍. 火灾学基础 [M]. 北京：化学工业出版社，2010.

[10] 张军，纪奎江，夏延致. 聚合物燃烧与阻燃技术 [M]. 北京：化学工业出版社，2005.

[11] 李建军，欧育湘. 阻燃理论 [M]. 北京：科学出版社，2013.

[12] 覃文清，李风. 材料表面涂层防火阻燃技术 [M]. 北京：化学工业出版社，2004.

[13] 公安部消防局. 2018 中国消防年鉴 [M]. 昆明：云南人民出版社，2018.

[14] 李本利，陈智慧. 消防技术装备 [M]. 北京：中国人民公安大学出版社，2014.

[15] 崔克清. 安全工程燃烧爆炸理论与技术 [M]. 北京：中国计量出版社，2005.

[16] 宋广瑞，但学文，刘静. 气体灭火工程 [M]. 成都：西南交通大学出版社，2014.

[17] 程远平，朱国庆，程庆迎. 水灭火工程 [M]. 徐州：中国矿业大学出版社，2011.

[18] 岳鸿宝. 气溶胶灭火技术 [M]. 北京：化学工业出版社，2005.

[19] 秘义行，智会强，王璐. 泡沫灭火技术 [M]. 北京：中国计量出版社，2016.

[20] 王强. 实用灭火技术指南 [M]. 北京：化学工业出版社，2016.

[21] 刘玉伟. 灭火救援安全技术 [M]. 北京：中国石化出版社，2015.

[22] 伍和员，陈志斌. 灭火战术 [M]. 南京：江苏教育出版社，2009.

[23] 罗永强，杨国宏. 石油化工事故灭火救援技术 [M]. 北京：化学工业出版社，2018.

[24] 徐晓楠. 灭火剂与灭火器 [M]. 北京：化学工业出版社，2006.

[25] 颜龙，徐志胜，徐烨. 膨胀型防火涂料生烟机理与抑烟技术 [J]. 消防科学与技术，2016 (7)：997-1000.

[26] 颜龙，徐志胜，张军，等. 五合板的燃烧特性及其动态和静态生烟特性 [J]. 中南大学学报 (自然科学版)，2015 (10)：3619-3624.

[27] 全国消防标准化技术委员会基础标准分技术委员会. 消防词汇：第1部分　通用术语：GB/T 5907.1—2014 [S]. 北京：中国标准出版社，2014.

[28] 傅学成，叶宏烈，包志明，等. A类泡沫灭火剂的发展与瞻望 [J]. 消防科学与技术，2008，27 (8)：

590-592.

[29] 中华人民共和国住房和城乡建设部. 自动喷水灭火系统设计规范：GB 50084—2017 [S]. 北京：中国计划出版社，2017.

[30] 中华人民共和国住房与城乡建设部. 泡沫灭火系统设计规范：GB 50151—2010 [S]. 北京：中国计划出版社，2010.

[31] 王克辉. 具有深远意义的革命：多功能环保泡沫灭火剂诞生记 [J]. 消防技术与产品信息，2007 (9)：30-32.

[32] 白云，张有智. 压缩空气泡沫灭火技术应用研究进展 [J]. 广东化工，2015，42 (6)：86-87.

[33] 郑迪莎，唐宝华，李本利，等. 三相泡沫灭火剂性能及应用研究进展 [J]. 防灾科技学院学报，2014，16 (2)：14-18.

[34] 刘福燕，刘天军，刘娟，等. S型热气溶胶灭火剂成分选择及其配方的研究进展 [J]. 安全与环境工程，2018，25 (5)：169-173.

[35] 周文英，任文娥，左晶. 冷气溶胶灭火剂研究进展 [J]. 消防技术与产品信息，2010 (11)：41-46.

[36] 潘桂森. 新型热气溶胶灭火剂的研究 [D]. 淮南：安徽理工大学，2016.

[37] 戴彪，张树海，陈亚红. 新型冷气溶胶灭火剂灭火性能的研究 [J]. 科学技术与工程，2016，16 (28)：308-312.

[38] 周文英，吕晓东，胡新赞，等. 超细干粉灭火剂研究进展 [J]. 消防技术与产品信息，2016 (3)：14-20.

[39] 刘慧敏，杜志明，韩志跃，等. 干粉灭火剂研究及应用进展 [J]. 安全与环境学报，2014，14 (6)：70-75.

[40] 华敏. 超细干粉灭火剂微粒运动特性研究 [D]. 南京：南京理工大学，2015.

[41] 盛彦锋，董海斌，刘连喜，等. IG541灭火剂水分及组分含量一致性控制 [J]. 消防科学与技术，2016，35 (9)：1288-1291.

[42] 中华人民共和国建设部. 干粉灭火系统设计规范：GB 50347—2004 [S]. 北京：中国计划出版社，2004.

[43] 中华人民共和国建设部. 气体灭火系统设计规范：GB 50370—2005 [S]. 北京：中国计划出版社，2006.

[44] 杨震铭，刘连. IG100（氮气）灭火系统设计与应用 [J]. 消防科学与技术，2003，22 (3)：219-220.

[45] 张凡，李深梁. 气体灭火剂用量的确定分析 [J]. 消防科学与技术，2002 (1)：47-48.

[46] 董海斌，羡学磊，伊程毅，等. 活泼金属D类实体火灭火试验研究 [J]. 消防科学与技术，2018，37 (4)：493-496.

[47] 杜德旭，沈晓辉，冯立，等. 复合超细干粉灭火剂灭火性能研究 [J]. 中国安全科学学报，2018，28 (2)：69-74.

[48] 刘慧敏，庄爽，李姝，等. 利用干粉灭火剂灭金属火 [J]. 消防科学与技术，2009，28 (5)：346-348.

[49] 董海斌，刘连喜，李姝，等. D类干粉灭火系统 [J]. 消防技术与产品信息，2007 (5)：43-46.

[50] 周详，林佳，陈添明，等. 重型粉剂多功能举高消防车的研究 [J]. 消防科学与技术，2018，37 (6)：788-790.

[51] 周详，林佳，陈添明，等. 气力输送水泥粉体扑灭金属镁火灾研究 [J]. 消防科学与技术，2018，37 (8)：1114-1117.

[52] 中华人民共和国公安部. D类干粉灭火剂：GA 979—2012 [S]. 北京：中国标准出版社，2012.

[53] 宋辉. 中国消防辞典 [M]. 沈阳：辽宁人民出版社，1992.

［54］魏茂洲，王克印．森林灭火装备的现状与展望［J］．林业机械与木工设备，2006（7）：11-14.

［55］尚超，王克印．森林航空灭火技术现状及展望［J］．林业机械与木工设备，2013，41（3）：4-8.

［56］南江林．消防无人机研究与应用前景分析［J］．消防科学与技术，2017，36（8）：1105-1107，1112.

［57］秦富仓，王玉霞．林火原理［M］．北京：机械工业出版社，2014.

［58］王鑫．折叠臂式登高平台消防车总体设计研究［D］．大连：大连理工大学，2007.

［59］肖方兵．国产系列消防车简介：四　专勤消防车［J］．消防技术与产品信息，2010（1）：81-87.

［60］卢炜．通讯指挥消防车的技术与市场前景分析［J］．专用汽车，2000（4）：42-43.

［61］公安部消防局．举高消防车构造与使用维护［M］．北京：中国人民公安大学出版社，2010.

［62］姬永兴，赵新文．涡喷消防车在化学事故中的抢险救援功能［J］．中国安全科学学报，2000，10（4）：41-44.

［63］姬永兴，刘玉身．国内外涡喷消防车的设计特点［J］．消防技术与产品信息，2007（9）：3-6.